危险化学品从业人员安全培训系列教材

危险化学品应急处置

方文林 主编

中国石化出版社

内　容　提　要

本书从突发事件概念入手，描述了事发之初的突发事件、事发之后的伤亡事故的分类、管理及报告的区别；介绍了应急管理最新概念、主要内容、应急管理机制和应急管理体系的建设；分析和评估了不同类型企业的风险类型和应急能力；介绍了应急预案编制的关键步骤和应急预案的四大结构形式，特别是国家安监总局所做的应急预案卡片的试点内容；全面讲述了危险化学品应急处置的通用程序、处置要点和各种类型危险化学品处置技术；叙述了危险化学品企业防灾减灾规划和针对各类自然灾害的应急处置措施；结合新的应急标准讲解了应急演练的策划与组织、应急物资装备的配备与管理的内容以及化学品事故调查处理技术和危险化学品防火防爆技术。

本书可供从事化学工业的工程技术人员、环保和安全管理人员、危险化学品生产经营单位的管理人员、技术人员及政府安全监督部门工作人员等培训和参考使用，也可作为高等院校化工类专业和安全工程专业的教学参考用书。

图书在版编目(CIP)数据

危险化学品应急处置／方文林主编. —北京 ：中国石化出版社，2016. 1
危险化学品从业人员安全培训系列教材
ISBN 978-7-5114-3690-0

Ⅰ. ①危… Ⅱ. ①方… Ⅲ. ①化工产品-危险物品管理-事故处理-安全培训-教材 Ⅳ. ①TQ086. 5

中国版本图书馆 CIP 数据核字(2015)第 257119 号

中国石化出版社出版发行
地址:北京市东城区安定门外大街 58 号
邮编:100011　电话:(010)84271850
读者服务部电话:(010)84289974
http://www. sinopec-press. com
E-mail:press@ sinopec. com
北京柏力行彩印有限公司印刷
全国各地新华书店经销
*
787×1092 毫米 16 开本 16 印张 400 千字
2016 年 1 月第 1 版　2016 年 1 月第 1 次印刷
定价:55. 00 元

《危险化学品应急处置》

编　委　会

主　　编　方文林

编写人员　綦长茂　鲜爱国　程　军

　　　　　　马洪金　张鲁涛　陈凤棉

审稿专家　李东洲　杜红岩　李福阳

前言

20世纪以来，一些特别重大突发事件频繁发生，比如美国三里岛核电厂核泄漏事件、埃克森公司石油泄漏事件、印度博帕尔危险化学品泄漏事故、天津“8·12”滨海新区港务集团瑞海物流危化品仓库爆炸事故等，给人类的生命安全、生存环境和财产造成了巨大的损失，同时也造成了极大的社会影响。

如何应对和处置突发事件，是人类社会面对的主要课题。应急管理最初用于国际政治和外交领域，古巴导弹危机时期才明确被作为一个独立分支领域加以研究。现代的应急管理起源于20世纪60年代，但在之后一段时间里，应急管理并没有受到很大重视，直到而今应急管理已是公共管理研究的重要内容。

企业应急管理就是对企业生产经营中的各种安全生产事故和可能给企业带来人员伤亡、财产损失的各种外部突发公共事件，以及企业可能给社会带来损害的各类突发公共事件的预防、处置和恢复重建等工作，是企业管理的重要组成部分。为了防止和减少生产安全事故，保障人民群众生命和财产安全，针对从事危险化学品生产、经营、储存、运输、使用、废弃的企业日常的应急管理和突发事件的处置，作者联合“危险化学品从业人员安全培训系列教材”丛书的编写专家，对我国的危险化学品应急处置技术进行了全面的归类梳理，对危险化学品企业的应急管理要求和具体内容进行了归纳整理，围绕着突发事件处置的“事前、事发、事中和事后”四大阶段，全面介绍了突发事件事前的预防、防火防爆、应急物资装备的配备与管理、应急演练的策划与组织、应急预案编制，事发的应急报告、信息处置、应急上报和启动应急预案，事中的应急处置程序、处置要点、各种类型危险化学品处置技术和针对各类自然灾害的应急处置措施，事后的善后处置、伤亡事故的分类、管理及化学品事故调查处理技术和危险化学品防火防爆技术。

由于水平有限和时间仓促，书中不妥之处请各位提出宝贵意见和建议，以便再版时修正。

目　录

第1章　突发事件的分类与管理

从世界范围看，无论是发达国家，还是发展中国家，各种突发公共事件时有发生，近几年尤为突出。地震、山体滑坡、台风等自然灾害，煤矿瓦斯爆炸、危险化学品泄漏、火灾、道路交通事故、海难、大规模停电等事故灾难，“非典”、重大食物和职业中毒等严重影响公众健康的公共卫生事件，恐怖袭击、涉外突发事件以及规模较大的群体事件等，这些突发公共事件考验各国应急管理能力，使突发公共事件的应急管理成为各国政府关注的重点问题。

据统计，世界上每年在石油石化行业中因突发公共事件造成的经济损失高达200亿美元。近年来，国内外重特大事故频繁发生，其严重度和密集度是相当罕见的，譬如：BP墨西哥湾海上平台爆炸事故、印度斋普尔罐区火灾爆炸事故、大连输油管道爆炸火灾事故、南京丙烯管道爆炸事故，这些事故所造成后果的严重程度、对世界的影响和其经验教训总结是整个国内石油化工行业必须学习和吸收的。

事故突然发生，迅速开展应急救援，这里的事故就是突发事件；应急救援之后，展开事故的原因调查分析处理，调查分析针对的对象就是事故。

1.1　突发事件分类

突发公共事件，又称突发事件，是指突然发生，造成或者可能造成重大人员伤亡、生态环境破坏、严重社会危害和财产损失，危及公共安全的紧急事件。

突发公共事件具有不确定性、紧急性和威胁性三个特征：

(1) 不确定性：即事件发生的时间、形态和后果往往无规则，难以准确预测。

(2) 紧急性：即事件的发生突如其来或者只有短时预兆，必须立即采取紧急措施加以处置和控制，否则将会造成更大的危害和损失。

(3) 威胁性：即事件的发生威胁到公众的生命财产、社会秩序和公共安全，具有公共危害性。

根据突发事件的发生过程、性质和机理，经危害识别、风险评估，突发事件分为：事故灾难、自然灾害事件、公共卫生事件、社会安全事件。

1.1.1　生产安全事故分类

生产安全事故属于事故灾难。国家有关生产安全事故的分类，包括火灾事故、爆炸事故、人身事故、生产事故、设备事故、交通事故和放射事故。

火灾事故：在生产过程中，由于各种原因引起的火灾，并造成人员伤亡或财产损失的事故。

爆炸事故：在生产过程中，由于各种原因引起的爆炸，并造成人员伤亡或财产损失的事故。

设备事故：由于设计、制造、安装、施工、使用、检维修、管理等原因造成机械、动力、电气、电信、仪器(表)、容器、运输设备、管道等设备及建(构)筑物等损坏造成损失或影响生产的事故。

生产事故：由于“三违”或其他原因造成停产、减产以及井喷、跑油、跑料、串料的事故。

交通事故：车辆、船舶在行驶、航运过程中，由于违反交通、航运规则或因机械故障等造成车辆、船舶损坏、财产损失或人身伤亡的事故。

人身事故：员工在劳动过程中发生的与工作有关的人身伤亡和急性中毒事故。

放射事故：放射源丢失、失控、保管不善、造成人员伤害或环境污染的事故。

1.1.2　企业职工伤亡事故分类

《企业职工伤亡事故分类》(GB 6441—86)规定的20种事故类别：物体打击、车辆伤害、机械伤害、起重伤害、触电、淹溺、灼烫、火灾、高处坠落、坍塌、冒顶片帮、透水、放炮、火药爆炸、瓦斯爆炸、锅炉爆炸、容器爆炸、其他爆炸、中毒和窒息、其他伤害。

依据人身伤亡事故的严重程度人身伤亡事故分为轻伤事故、重伤事故、死亡事故和重大死亡事故四类。

轻伤事故：指职工负伤后休息1个工作日以上，构不成重伤的事故。

重伤事故：一般能引起人体长期存在功能障碍，或劳动能力有重大损失的伤害。重伤标准按原劳动部([60]中劳护久字第56号)《关于重伤事故范围的意见》执行。

死亡事故：指一次死亡1~2人的事故。(含负伤后30天内死亡)。

重大死亡事故：指一次死亡3人以上(含3人)的事故。

1.1.3　突发事件分级

突发事件分级，就是确定危险目标发生可能事件的等级并明确管理主体的过程，也可以称危险(险情)等级划分。

科学、合理的突发事件等级划分，是企业及所属单位准确启动相应级别应急行动预案的关键因素。某突发事件发生后，如果突发事件等级划分过高，基层单位完全有能力处理却启动了高一级别(或更高级别的)的应急预案，出动大量的人力、物力，会造成应急资源无谓的“浪费”；如果突发事件等级划分的过低，基层难以处理，再请求救援，会贻误战机，造成更大的损失。因此，准确的、实事求是的划分突发事件的等级，是为了准确的启动应急预案，既能把损失减少到最低限度，也避免在应急救援中造成人力、物力的浪费。

国家突发公共事件总体应急预案中，将突发事件分为四级：特别重大、重大、较大和一般，与国务院第493号令《生产安全事故报告和调查处理条例》根据生产安全事故(以下简称事故)造成的人员伤亡或者直接经济损失进行的分级基本一致，具体为：

特别重大事故，是指造成30人以上死亡，或者100人以上重伤(包括急性工业中毒，下同)，或者1亿元以上直接经济损失的事故；

重大事故，是指造成10人以上30人以下死亡，或者50人以上100人以下重伤，或者5000万元以上1亿元以下直接经济损失的事故；

较大事故，是指造成3人以上10人以下死亡，或者10人以上50人以下重伤，或者1000万元以上5000万元以下直接经济损失的事故；

一般事故，是指造成3人以下死亡，或者10人以下重伤，或者1000万元以下直接经济

损失的事故。(本条第一款所称的"以上"包括本数，所称的"以下"不包括本数)

海洋石油天然气作业事故分级：按事故灾难的可控性、严重程度和影响范围，将海洋石油天然气作业事故分为一般(Ⅳ级)、较大(Ⅲ级)、重大(Ⅱ级)、特别重大(Ⅰ级)四个等级。

中国石油对各类突发事件按照其性质、严重程度、可控性、影响范围等因素，对涉及的突发事件分为四级：Ⅰ级事件(集团公司级)、Ⅱ级事件(企事业级)、Ⅲ级事件(企事业下属厂矿、公司级)、Ⅳ级事件(企事业下属基层站队级)。

中国石化按照突发事件的性质、严重程度、可控性、影响范围等因素，根据现有企业机构设置情况将突发事件分为中国石化级、直属企业级、二级单位级、基层单位级。

中国石化级：突然发生，事态非常复杂，对中国石化、地方乃至国家生产安全、公共安全、政治稳定和社会经济秩序带来严重危害或威胁，已经或可能造成特别重大人员伤亡、特别重大财产损失或重大生态环境破坏，需中国石化、地方政府乃至国家统一组织协调，调集各方资源和力量进行应急处置的紧急事件。

直属企业级：突然发生，事态复杂，对中国石化、直属企业、地方一定区域内的生产安全、公共安全、政治稳定和社会经济秩序带来严重危害或威胁，已经或可能造成重大人员伤亡、重大财产损失或严重生态环境破坏，需中国石化、地方政府多个部门及直属企业统一组织协调，调集相关资源和力量进行应急处置的紧急事件。

二级单位级：突然发生，事态较为复杂，对一定区域的生产安全、公共安全、政治稳定和社会经济秩序带来一定危害或威胁，已经或可能造成特别较大人员伤亡、较大财产损失或生态环境破坏，需调度中国石化、地方政府个别部门、直属企业、二级单位统一组织协调，调集相关资源和力量进行应急处置的紧急事件。

基层单位级：突然发生，事态比较简单，对小范围内的生产安全、公共安全、政治稳定和社会经济秩序带来严重危害或威胁，已经或可能造成人员伤亡、财产损失，基层单位、二级单位乃至直属企业统一组织协调，调集资源和力量进行应急处置的紧急事件。

1.1.4 突发事件实行分类分级的目的

通过对突生事件的分类分级进一步明确了各级管理层次应急管理的职责和权限，有利于各级管理层级单位进行本单位的应急管理职能分配，使各级应急管理落实到单位、人头。

层级分类是贯彻安全管理"全员、全过程、全方位、全天候"四全原则，提高应急管理系统本质安全化的有效措施，为实现宏观控制和微观管理紧密结合，各下属单位建立应急管理的子系统提供了基本框架，有利于各二级企业在应急管理上实现自我管理、自我约束、自我运行，保证安全生产。

1.2 突发事件管理

1.2.1 突发事件发展的基本特征

一般情况下，突发事件发展的基本特征是由常态向非常态发展(见表1-1)，分5个阶段。

表 1-1　突发事件发展的基本特征

预警和预防		应急控制		恢复
1	2	3	4	5
正常阶段	非正常阶段	事件爆发	紧急对应	恢复常态

1.2.2　突发事件的识别

对突发事件进行识别是一个网络、清理、讨论、辨析、认识的过程。这不仅是突发事件本身的需要，而且是 HSE 管理体系应急管理的需要，是制定应急预案的需要。只有通过网络、清理把本单位发生和可能发生的潜在的危险源和危害找全、找准，通过讨论、辨析提高对突发事件的认识，我们才能制定出符合实际情况的应急预案。

（1）企业现状分析

a. 回顾内部现有预案和政策；

b. 联系外部机构；

c. 法规与规程分析；

d. 分析关键产品、服务和行动；

e. 内部资源和能力分析；

f. 外部资源分析；

g. 保险要求。

（2）脆弱性分析

分析单位的脆弱性——各种紧急情况的可能性和对单位的潜在影响。利用脆弱性分析，通过数值系统详细说明紧急情况的可能性、评估事故的影响和所需要的资源，分值越低越好。

a. 潜在紧急情况表；

b. 可能紧急情况的估计；

c. 评价对人的潜在影响；

d. 评价对财产的潜在影响；

e. 评价对生产经营的影响；

f. 评价内部和外部资源；

g. 各栏叠加。

1.3　事故快报的要求

1.3.1　快速

快速：指事故发生后必须以最快的方式，如电话、电邮、传真等通讯方式报告事故情况。

国务院第 493 号令《生产安全事故报告和调查处理条例》规定：事故发生后，事故现场有关人员应当立即向本单位负责人报告；单位负责人接到报告后，应当于 1 小时内向事故发生地县级以上人民政府安全生产监督管理部门和负有安全生产监督管理职责的有关部门报告。

情况紧急时，事故现场有关人员可以直接向事故发生地县级以上人民政府安全生产监督管理部门和负有安全生产监督管理职责的有关部门报告。

中国石化规定：若发生上报中国石化事故或备案事故，事故单位应立即上报。直属企业接到报告后，应在1小时内报告安全环保局。情况特别紧急时可先用电话口头报告，并应当在事故(事件)发生12小时内填写《中国石化事故快报》或《中国石化备案事故快报》上报安全环保局。同时应当按照国家有关规定，及时向事故发生地人民政府安全生产监督管理部门和负有安全生产监督管理职责的有关部门报告有关事故情况。当关键装置要害部位发生火灾、爆炸或可燃物质、有毒有害气体非正常排放、严重泄漏，危及周边社会公共安全时，各单位要立即用简明文字或电话报告中国石化办公厅总值班室和安全监管局。

1.3.2 扼要

扼要：指报告内容简单、明了。包括：

a. 事故发生的时间、地点、单位；

b. 事故的简要经过及已经造成的后果；

c. 事故发生原因的初步判断；

d. 事故发生后采取的措施及事故控制情况；

e. 事故报告单位、报告人。

1.4 事故报告的要求

1.4.1 报告时间

(1) 国务院第493号令《生产安全事故报告和调查处理条例》要求

事故报告应当及时、准确、完整，任何单位和个人对事故不得迟报、漏报、谎报或者瞒报。自事故发生之日起30日内，事故造成的伤亡人数发生变化的，应当及时补报。道路交通事故、火灾事故自发生之日起7日内，事故造成的伤亡人数发生变化的，应当及时补报。事故报告后出现新情况的，应当及时补报。

(2) 中国石化规定

凡发生集团公司级事故或单位应承担一定责任的备案事故，各单位应在事故发生后30天内，按照《中国石化事故调查报告》的要求提交事故调查报告，连同《中国石化“四不放过”登记表》一并上报安全监管局。各单位辖区周边发生的，可能对企业造成影响的重大事故、事件，也要作为紧急信息报告安全监管局。

1.4.2 报告内容

(1) 国务院令第493号《生产安全事故报告和调查处理条例》要求的事故报告内容

a. 事故发生单位概况；

b. 事故发生经过和事故救援情况；

c. 事故造成的人员伤亡和直接经济损失；

d. 事故发生的原因和事故性质；

e. 事故责任的认定以及对事故责任者的处理建议；

f. 事故防范和整改措施；

g. 事故报告应当附具的有关证据材料及事故调查组成员在事故调查报告上签名。

(2) 中国石化规定的报告内容

a. 发生事故的直属企业名称。

b. 发生事故的直属企业下属单位名称。

c. 发生事故的时间。

d. 事故类别。

e. 事故经过(附事故现场示意图、工艺流程图、设备图)。

f. 事故伤亡情况。伤亡人数及伤亡者姓名、性别、年龄、工种、级别、本工种工龄、文化程度、直接致害原因、伤害部位及程度。

g. 事故直接经济损失和间接经济损失(附计算依据)。

h. 事故原因。

i. 事故教训及防范措施。

j. 事故责任分析及处理情况(包括直接责任、主要责任、领导责任、管理者责任的分析及对事故责任者的处理意见)。

k. 附件：包括相关图片、资料、记录和口录、证明材料及调查组人员签名等。

第2章 应急管理

现代的应急管理起源于20世纪60年代，最初用于国际政治和外交领域，古巴导弹危机时期应急管理才明确被作为一个独立分支领域加以研究，但在之后一段时间里，应急管理并没有受到很大重视。直到20世纪80年代后，一些频繁发生的突发事件开始引起管理者们的极大关注，比如美国三里岛核电厂核泄漏事件、埃克森公司石油泄漏事件、印度博帕尔危险化学品泄漏事故等。而今应急管理已是公共管理研究的重要内容。

应急管理作为一门新兴学科，目前还没有一个公认的标准定义。《国务院办公厅转发安全监管总局等部门关于加强企业应急管理工作意见的通知》(国办发【2007】13号)指出，企业应急管理是指对企业生产经营中的各种安全生产事故和可能给企业带来人员伤亡、财产损失的各种外部突发公共事件，以及企业可能给社会带来损害的各类突发公事件的预防、处置和恢复重建等工作，是企业管理的重要组成部分。

一般而言，应急管理是在应对突发事件的过程中，为了预防和减少突发事件的发生，控制、减轻和消除突发事件引起的危害，基于对突发事件的原因、过程及后果进行分析，有效集成社会各方面的资源，对突发是事件进行有效预防、准备、响应和恢复的过程。

2.1 应急管理的四个阶段

应急就是应对突发事件，突发事件应对工作实行“预防为主、预防与应急相结合”的原则。

安全应急管理(以下简称“应急管理”)工作，是指在突发事件的事前预防、事发应对、事中处置和善后管理过程中，通过建立必要的应对机制，采取一系列必要措施，保障员工和公众的生命安全，最大限度减少环境破坏、社会影响和财产损失的有关活动，是企业管理的重要组成部分。

现场应急管理就是指通过应急计划(应急预案)和应急措施，充分利用一切可能的力量，在突发事件发生后迅速进行应急救援，控制事件发展并尽可能排除事件，保护现场人员和场外人员的安全，将事件对人员、财产、环境造成的损失和社会影响降低至最小程度。

应急管理又是一个过程，包括预防预备、预测预警、应急处置与救援和评估与恢复重建四个阶段，见图2-1。

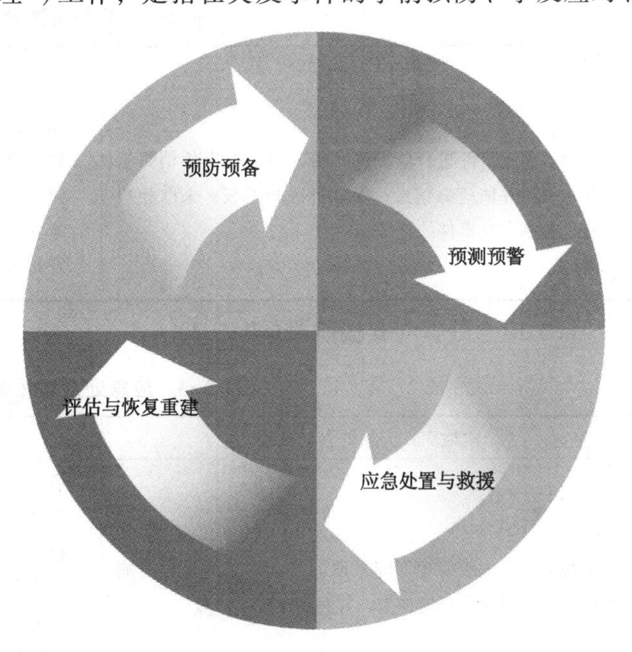

图2-1 应急管理四个阶段

（1）预防预备阶段（表 2-1）

表 2-1　预防预备阶段

阶段一：预防预备	内容与措施
为预防、控制和消除事故对人类生命财产的长期危害所采取的行动，目的是减少事故的发生。（无论事故是否发生，企业和社会都处于风险之中）	法律、法规、标准 灾害保险 安全信息系统 安全规划 风险分析、评价 土地勘测 监测与控制 应急教育 安全研究 税收和强制等激励措施
事故发生之前采取的行动，目的是提高事故应急行动能力并提高响应效果	应急方针政策 应急预案（计划） 应急通告与警报 应急医疗系统 应急救援中心 应急公共咨询材料 应急培训、训练与演习 应急资源 互助救援协议 实施应急预案

（2）预测预警阶段（表 2-2）

表 2-2　预测预警阶段

阶段二：预测预警	内容与措施
对潜在突发事件进行监测和预警，将突发事件消弭于萌芽；及时评估应急信息，保障公民知情权；采取相应措施，控制突发事件的蔓延和发展	建立监测网络与信息数据库 建立突发事件信息报告制度 建立与健全监测制度 建立健全预警制度 发布突发事件的警报

（3）应急处置与救援阶段（表 2-3）

表 2-3　应急处置与救援阶段

阶段三：应急处置与救援	内容与措施
事故即将发生或发生期间采取的行动。目的是尽可能降低生命、财产和环境损失，并有利于灾害恢复	启动应急通告报警系统 启动应急救援中心 提供应急医疗援助 报告有关政府机构 对公众进行应急事务说明 疏散与避难 搜寻与营救

（4）评估与恢复重建阶段（表2-4）

表2-4　评估与恢复重建阶段

阶段四：评估与恢复重建	内容与措施
使生产、生活恢复到正常状态或进一步改善	清理废墟 损害评估 消毒、去污 保险赔偿 贷款或拨款 失业复岗 应急预案复审 灾后重建

2.2　国外应急管理现状

中国应急管理体系的建设起步相对较晚，尤其是针对综合性灾害的应急管理体系来说，更是如此。这就需要参考海外比较成熟、完善的应急管理体系，在美国、日本、澳大利亚和加拿大等国，都已经建立起一套有针对性的应急管理体系，形成了特色鲜明的应急体制与机制。

2.2.1　美国应急管理体系

美国是目前世界上应急管理体系建设得比较完备的国家之一，不断完善的体制、机制和法制建设使其应对突发事件的能力越来越强。

美国在应急管理方面的具体做法包括以下方面。

（1）不断在灾害中完善组织结构

1979年前，美国的应急管理也和其他国家一样，属于各个部分和地区各自为战的状态。直到1979年，当时的卡特总统发布12127号行政命令，将原来分散的紧急事态管理机构集中起来，成立了联邦应急管理局（Federal Emergency Management Agency，FEMA），专门负责突发事件应急管理过程中的机构协调工作，其局长直接对总统负责。联邦应急管理局的成立标志着美国现代应急管理机制正式建立，同时也是世界现代应急管理的一个标志。

2001年发生在纽约的9·11事件引起了美国各界对国家公共安全体制的深刻反思，它同时诱发了多个问题。政府饱受各方指责：多头管理带来的管理不力，情报工作失误，反恐技术和手段落后等。为了有效解决这些问题，布什政府于2003年3月1日组建了国土安全部，并入22个联邦部门，FEMA成为紧急事态准备与应对司下属的第三级机构。两年后，美国南部墨西哥湾沿岸遭受“卡特里娜飓风”袭击，由于组织协调不力，致使受灾最严重的新奥尔良市沦为“人间地狱”，死亡数千人，直到今天在新奥尔良生活的人口还没有达到灾前的一半。在这个事件后，国土安全部汲取教训，进行了应急功能的重新设计，机构在2007年10月加利福尼亚州发生的森林大火中获得重生，高效地解决了加州50多万人的疏散问题。

美国的其他专业应急组织例如疾病预防与控制中心，在应急管理中也发挥着重要作用。目前，他们已经拥有一支强有力的机动队伍和运行高效的规程，在突发公共事件中有权采取及时有效的措施。

从以上应急机构演变的过程可以看到，美国的应急管理组织体系在经验和教训中不断成熟，逐渐走向完善。

(2) 健全应急法制体系

1976年实施的美国《紧急状态管理法》详细规定了全国紧急状态的过程、期限以及紧急状态下总统的权力，并对政府和其他公共部门(如警察、消防、气象、医疗和军方等)的职责做了具体的规范，此后，又推出了针对不同行业、不同领域的应对突发事件的专项实施细则，包括地震、洪灾、建筑物安全等。1959年的《灾害救济法》几经修改后确立了联邦政府的救援范围及减灾、预防、应急管理和恢复重建的相关问题。9·11事件之后，美国对紧急状态应对的相关法规又做了更加细致而周密的修订，现在的体系已经是一个相对全面的突发事件应急法制体系。

现在的美国已形成了以国土安全部为中心，下分联邦、州、县、市、社区五个层次的应急和响应机构，通过实行统一管理，属地为主，分级响应，标准运行的机制，有效地应对各类突发的灾害事件。

2.2.2 日本应急管理

日本地处欧亚板块、菲律宾板块、太平洋板块交接处，处于环太平洋火山带，台风、地震、海啸、暴雨等各种灾害极为常见，是世界易遭自然灾害破坏的国家之一。在长期与灾难的对抗中，日本形成了一套较为完善的综合性防灾减灾对策机制。

(1) 完善的应急管理法律体系

作为全球较早制定灾害管理基本法的国家，日本的防灾减灾法律体系相当庞大。《灾害对策基本法》中明确规定了国家、中央政府、社会团体、全体公民等不同群体的防灾责任，除了这一基本法之外，还有各类防灾减灾法50多部，建立了围绕灾害周期而设置的法律体系，即基本法、灾害预防和防灾规划相关法、灾害应急法、灾后重建与恢复法、灾害管理组织法五个部分，使日本在应对自然灾害类突发事件时有法可依。

(2) 良好的应急教育和防灾演练

日本政府和国民极为重视应急教育工作，从中小学教育抓起，培养公民的防灾意识；将每年的9月1日定为“灾害管理日”，8月30日~9月5日定为“灾害管理周”，通过各种方式进行防灾宣传活动；政府和相关灾害管理组织机构协同进行全国范围内的大规模灾害演练，检验决策人员和组织的应急能力，使公众能训练有素地应对各类突发事件。

(3) 巨灾风险管理体系

日本经济发达，频发的地震又极易造成大规模经济损失。为了有效地应对灾害，转移风险，日本建立了由政府主导和财政支持的巨灾风险管理体系，政府为地震保险提供后备金和政府再保险。巨灾保险制度在应急管理中起到了重要作用，为灾民正常的生产生活和灾后恢复重建提供了保障。

(4) 严密的灾害救援体系

日本已建成了由消防、警察、自卫队和医疗机构组成的较为完善的灾害救援体系。消防机构是灾害救援的主要机构，同时负责收集、整理、发布灾害信息；警察的应对体制由情报应对体系和灾区现场活动两部分组成，主要包括灾区情报收集、传递、各种救灾抢险、灾区治安维持等；日本的自卫队属于国家行政机关，根据《灾害对策基本法》和《自卫队法》的规定，灾害发生时，自卫队长官可以根据实际情况向灾区派遣灾害救援部队，参与抗险救灾。

近年来，日本其他类型的人为事故灾害也在不断增加。例如，东京地铁沙林毒气事件就造成了10人死亡，75人重伤，4700人受到不同程度的影响。如何完善应急管理机制，提高应急管理能力，迎接新形势下的新的危机和挑战，也成为日本未来应急管理工作的一项新任务。

2.2.3 澳大利亚应急管理

澳大利亚位于南半球的大洋洲，地广人稀，人口主要集中在悉尼这样的中心城市和沿海地区。在过去的几十年里，由于周围都是无边无际的大海，澳大利亚在战略上一直是一个处于低威胁的国家，其突发事件主要是自然灾害这一类，如洪水、暴雨、热带风暴、森林大火等，相应的应急管理也带有自己的鲜明特色。

（1）层次分明的应急管理体系

澳大利亚设立了一套三个层面、承担不同职责的政府应急管理体系。联邦政府层面，隶属于澳大利亚国防部的应急管理局（EMA）是联邦政府主要的应急管理部门，负责管理和协调全国性的紧急事件管理；在州和地区政府层面，已经有六个州和两个地区通过立法，建立委员会机构以及提升警务、消防、救护、应急服务、健康福利机构等各方面的能力来保护生命、财产和环境安全；社区层面，澳大利亚全国范围内约有700个社区，它们虽然不直接控制灾害响应机构，但在灾难预防、缓解以及为救灾进行协调等方面承担责任。

（2）森林火灾防治

澳大利亚地处热带和亚热带地区，在干旱季节，气温高、湿度小、风大，森林植被以桉树为主，桉树含油脂多，特别易燃，一旦发生火灾，极易形成狂燃大火，并产生飞火，很难扑救，森林损失十分严重。针对这些情况，澳大利亚经多年试验研制出了以火灭火的办法，采取计划火烧措施防治森林火灾，并采用气象遥感、图像信息传输和计算机处理等技术，实现了实时、快速、准确地预测预报森林火灾。此外，社会民众还成立了森林防火站、“火灾管理委员会”（AFAC）等民间组织来应对火灾。

（3）志愿者为特色的广泛社会参与

在澳大利亚，应急响应志愿者是抗灾的生力军，他们来自于社区，服务于社区，积极参与社区的减灾和备灾活动。州应急服务中心是志愿者抗灾组织中比较普遍的一种形式，帮助社区处理洪灾和暴雨等灾害，而且志愿者并不是业余的，他们都参加培训且达到职业标准，并能熟练操作各种复杂的救灾设备。

2.2.4 加拿大的应急管理

加拿大大部分地区属于寒带，冬季时间长，40%的陆地为冰封冻土地区，蒙特利尔冬季的温度可至零下30℃，主要的自然灾害是冬季的暴风雪。所以，加拿大的应急管理是“以雪为令”。

（1）重视地方部门作用的应急管理体系

加拿大自1948年成立联邦民防组织，到1966年，其工作范围已延伸到平时的应急救灾。1974年，加拿大将民防和应急行动的优先程序倒过来。1988年，加拿大成立应急准备局，使之成为一个独立的公共服务部门，执行和实施应急管理法。加拿大的应急管理体制分为联邦、省和市镇三级，实行分级管理。政府要求，任何紧急事件首先应由当地官方进行处置，如果需要协助，可再向省或地区紧急事件管理组织请求，如果事件不断升级以致超出了省或地区的资源能力，可再向加拿大政府寻求帮助。

(2) 应对雪灾的全国协作机制

加拿大各级政府形成了一套针对雪灾的高效和系统的应急对策。清雪部门是常设机构，及时清理积雪，保障道路畅通，责任主要在各省市政府。其中，省政府负责辖区内高速路，市政府负责市内道路。据统计，加拿大全国每年清雪费用高达10亿加元，各级政府也都有专门的年度清雪预算。加拿大清雪基本是机械化，每个城市都配有系统的清雪设备，为把暴风雪的影响降到最低，加拿大各省市特别注重调动全社会的配合和参与。加拿大环境部网站不仅每天分时段公布各地市详细的天气预报，还提供未来一周的每日天气预报，并及时发布暴风雪等极端天气警报；各省市设有免费的实时路况信息热线；电台和电视台一般是每隔半小时播报一次当地天气和路况情况；各省市也都把清雪的预算、作业程序和标准以及投诉电话等公布在其官方网站上，供公众监督。加拿大各省市还常常通过多种方式向公众介绍防范冰雪天气的知识和技巧，提高公众应对暴风雪的能力。

2.3 国内应急管理现状

2.3.1 我国突发事件分类和分级

我国作为世界上人口最多的发展中国家，正处在经济与社会发展的快速转型期，也是突发事件的易发期。突发事件是影响我国构建和谐社会主义社会的一个重要不利因素，要从根本上减少突发事件的发生，加强应急管理体系建设，促进经济和社会的全面发展。

在《中华人民共和国突发事件应对法》发布之前，我国通常将事故、未遂事件等统称为“突发公共事件”。在国务院2006年1月8日发布的《国家突发公共事件总体应急预案》对突发公共事件的定义是：突发公共事件是指突然发生，造成或可能造成重大人员伤亡、财产损失、生态环境破坏和严重社会危害，危及公共安全的紧急事件。

在突发公共事件中，“突发”强调的是事件发生的不可预测性和结果的不确定性；“公共”强调的是事件本身属性与纯粹的个体和私人利益无关，需要调动相当的公共资源、整合社会力量加以解决；“事件”强调一旦这样的情景出现，则对公共组织会造成较大的影响，存在或潜藏着对整个公共组织的威胁。

在《中华人民共和国突发事件应对法》发布后，将“突发公共事件”改为“突发事件”。《中华人民共和国突发事件应对法》对“突发事件”的定义是：指突然发生，造成或者可能造成严重社会危害，需要采取应急处置措施予以应对的自然灾害、事故灾难、公共卫生事件和社会安全事件。突发事件主要特点包括不确定性、紧急性和威胁性。不确定性，即事件发生的时间、形态和后果往往无规则，难以准确预测。紧急性，即事件的发生突如其来或者只有短时预兆，必须立即采取紧急措施加以处置和控制，否则将会造成更大的危害和损失。威胁性，即事件的发生威胁到公众的生命财产、社会秩序和公共安全，具有公共危害性。

我国突发事件主要包括：

(1)自然灾害。如水旱灾害、气象灾害、地震灾害、地质灾害、海洋灾害、生物灾害和森林草原火灾等。

(2)事故灾难。如工矿商贸等企业的各类安全事故、交通运输事故、公共设施和设备事故、环境污染和生态破坏事件等；

(3)公共卫生事件。指突然发生，造成或者可能造成社会公众健康严重损害的公共事件，如传染病疫情，群体性不明原因疾病，食品安全和职业危害，动物疫情以及其他严重影响公众健康和生命安全的事件；

(4)社会安全事件。如恐怖袭击事件、民族宗教事件、涉外突发事件和群体性事件等。

各类突发公共事件按照其性质、严重程度、可控性和影响范围等因素，一般分为四级：Ⅰ级(特别重大)，Ⅱ级(重大)，Ⅲ级(较大)，Ⅳ级(一般)。

一般情况下，按照《中华人民共和国突发事件应对法》、《生产安全事故报告和调查处理条例》等现行法律法规的规定，国务院及有关部门、省级人民政府及有关部门负责处置特别重大、重大等级的事故(事件)，市、县级地方政府及其部门负责处置较大和一般级别的事故(事件)。对一些事件本身比较敏感或发生在敏感地区、敏感时间，或可能演化为特别重大、重大突发公共事件的，不受分级标准限制。各类突发公共事件往往是相互交叉和关联的，某类突发公共事件可能和其他类别的事件同时发生，或引发次生、衍生事件，应当具体分析，统筹应对。

2.3.2 我国应急管理体系基本构架

应急管理一般是指为了降低突发事件的危害，达到优化决策的目的，应急管理要基于对突发事件的原因、过程及后果的分析，有效集成社会各方面的资源，对突发事件进行有效的应对、控制和处理。也可理解为政府和其他公共机构在突发公共事件的事前预防、事发应对、事中处置和善后管理过程中，通过建立必要的应对机制，采取一系列必要措施，保障公众生命财产安全，促进社会和谐健康发展的有关活动。

2003年5月，在抗击非典型性肺炎的关键时刻，国家公布和实施了《突发公共卫生事件应急条例》，将应对突发公共卫生事件纳入法制化轨道。从2003年下半年开始，党中央和国务院随即开始认真总结防治非典工作的经验和教训，布置了应急管理“一案三制”(即：应对突发公共卫生事件所制定的应急预案、管理体制、运行机制和有关法律制度)建设工作，拉开了我国应急管理体系构建工作的序幕。

2006年1月，《国家突发公共事件总体应急预案》经国务院第79次常务会议讨论通过。2006年4月，国务院作出关于实施国家突发公共事件总体应急预案的决定。随后，依据《国务院有关部门和单位制定和修订突发公共事件应急预案框架指南》，各级地方政府编写了各自的公共突发事件应急预案，在安全生产领域，我国目前已经形成了全国性的应急预案体系。为指导企业编写应急预案，规范企业应急预案格式和内容。国家安全生产监督管理总局于2006年9月发布了《生产经营单位安全生产事故应急预案编制导则》(AQ/T 9002—2006)。

2007年8月，《中华人民共和国突发事件应对法》的出台标志着我国应对各类突发事件已进入法制化进程。《突发事件应对法》是我国应对非常态行政法制秩序的基本法，为我国应对各类突发事件提供了法律意义上的支持。在《突发事件应对法》的第二章——预防与应急准备中，国家第一次从法律意义上规定了全国的应急预案体系建设、预案主要内容等。

2009年5月，国家安全生产监督管理总局审议通过《生产安全事故应急预案管理办法》、《生产经营单位生产安全事故应急预案评审指南(试行)》，并开始实施。《生产安全事故应急预案管理办法》主要界定了生产安全事故应急预案体系的编制、评审、发布、备案、培训、演练和修订等各方面工作。同年，各级地方人民政府安全监督管理机构也相继发布了针对本地区和行业的应急预案管理办法，例如：河南省、黑龙江省、山东省等，这些地方性的管理办法和要求在国家的基础上结合本地区的实际，做的更加细化，为下级所属企业安全管理和应急预案管理提供了方法和依据。

2011 年 4 月 19 日，国家主管部门发布了《生产安全事故应急演练指南》(AQ/T 9007—2011)，规定了生产安全事故应急演练的目的、原则、类型、内容和综合应急演练的组织实施，当年 9 月 1 日实施。2013 年 7 月 19 日，发布了新的《生产经营单位应急预案编制导则》GB/T 29639—2013)，并升级为国标，取代 AQ/T 9002—2006，规定了生产经营单位编制生产安全事故应急预案的编制程序、体系构成和综合预案、专项预案、现场处置方案以及附件的要求，当年 10 月 1 日实施。2013 年 12 月 17 日发布了《危险化学品单位应急救援物资配备要求》(GB 30077—2013)，规定了危险化学品单位应急救援物资的配备原则、总体配备要求、作业场所配备要求，企业应急救援队伍配备要求、其他配备要求和管理维护，2014 年 11 月 1 日实施。2015 年分别发布了《生产安全事故应急演练评估规范》(AQ/T 9009—2015)、《应急管理人员培训及考核规范》(AQ 9008—2015)和《危险化学品事故应急救援指挥导则》(AQ/T 3052—2015)，进一步规范了应急演练评估、应急培训和应急救援指挥相关要求。

2.3.3 我国应急管理体系概述

我国应急管理体系核心是“一案三制”，“一案”是指我国国家的总体应急预案，这就相当于一个行动纲要，对我们整个的应急管理体系具有非常重要的指导意义。“三制”首先是涉及“法制”，应急管理不管是政府还是各方面都要采取很多非常措施，要保证这些措施能够有效执行，依法行使，努力使突发公共事件的应急处置逐步走向规范化、制度化和法制化轨道，并注意通过对实践的总结，促进法律、法规和规章的不断完善。第二“制”是“体制”，主要是在党中央、国务院的统一领导下，坚持分级管理、分级响应、条块结合、属地管理为主的原则，将原来比较常见的事件发生之后成立一个指挥部，处理结束以后把指挥部解散，改变为建立健全集中统一、坚强有力的指挥机构；发挥我们的政治优势和组织优势，形成强大的社会动员体系；建立健全以事发地党委和政府为主，有关部门和相关地区协调配合的领导责任制。第三“制”是“机制”，在突发事件发生时，各个部门怎样更好地组织协调各方面的资源和能力，建立健全社会预警体系，形成统一指挥、功能齐全、反应灵敏、运转高效的应急机制，包括建立健全监测预警机制、应急信息报告机制、应急决策和协调机制、分级负责与响应机制、公众沟通与动员机制、应急资源配置与征用机制、奖惩机制和社会治安综合治理、城乡社区管理机制等。

应急管理体系的总的目标是：控制事态发展、保障生命财产安全、恢复正常状态。一个完整的应急管理体系由四部分构成：组织体制、运作机制、法制基础、应急保障系统。

标准化应急管理体系如图 2-2 所示。

我国应急管理体系主要包括：应急组织体系、应急预案体系、运行机制、应急保障等方面。

(1) 应急组织体系

a. 领导机构。国家层面上，国务院是应急管理工作的最高行政领导机构。在地方层面上，各级政府是所在地区应急管理工作的领导机构，一般都设立应急委员会。

b. 办事机构。国务院办公厅设置国务院应急管理办公室(国务院总值班室)，是应急管

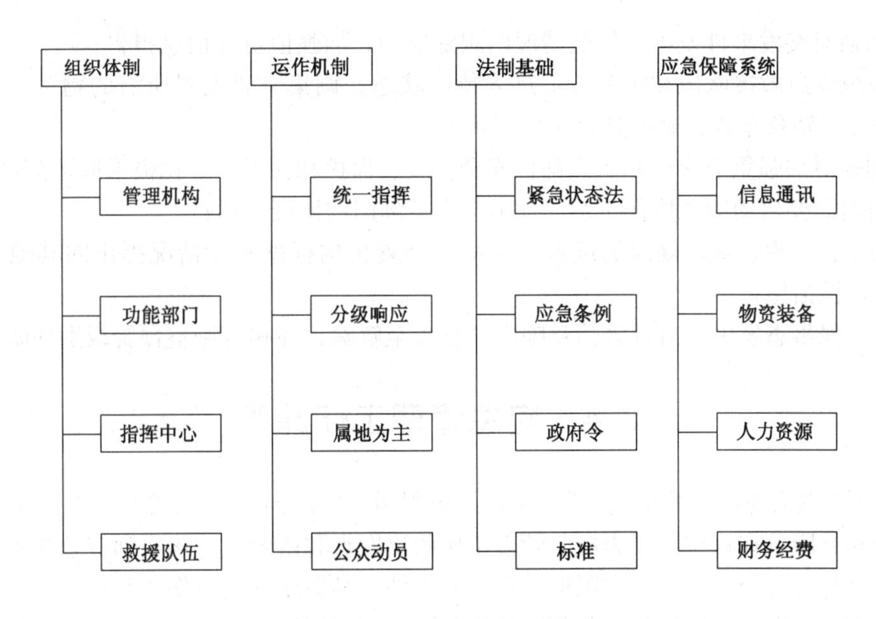

图 2-2　标准化应急管理体系

理的办事机构。各级政府也设立与国务院应急办职能相对应的应急管理办事机构。

c. 工作机构。国务院及地方政府的主管部门依据有关法律、行政法规和各自的职责，负责相关类别应急管理工作。

d. 专家组。国家、地方政府及其主管部门根据实际需要聘请有关专家组成专家组，为应急管理提供决策建议，参加应急处置工作。

（2）应急预案体系

我国的应急预案体系主要有国家总体应急预案、国家专项应急预案、国家部门应急预案、地方政府应急预案和基层单位应急预案组成。我国应急预案体系具有部门齐全、种类繁多、规模宏大、规划详细、属地为主、以人为本、关口前移、强调预防等特点。

我国的 5 级应急预案体系，与应急法制体系、应急组织体系和应急运行机制一起构成了我国的应急管理体系。

应急预案体系应当建立突发事件风险趋势分析机制，对可能发生的突发事件进行综合性分析，有针对性的采取预防措施；加强对重大危险源的管理，明确操作规程和应急处置措施，配备必要的监测监控设施，加强重点岗位和重点部位监测监控，发现事故预兆立即发布预警信息，采取有效防范和处置措施，防止事故发生和事故损失扩大，做到早防御、早响应、早处置。建立突发事件信息管理系统，及时收集、获取、掌握有关突发事件的预警信息，并对信息分析、评估，确定预防措施及应急处置措施。

要理顺应急管理工作运行机制，加强各项制度建设。要建立应急管理责任制、应急预案管理制度、应急值守值班制度、突发事件信息报告制度、事故分级响应制度、应急救援队伍管理制度、培训制度、应急演练制度、应急装备和物资管理制度、应急监督检查制度等，逐步形成规范各类突发事件预防和处置工作的制度体系。

对国家、当地政府、有关部门和集团公司发布的可能影响安全生产的自然灾害、事故灾难的预警信息，一定要正确对待，根据紧急程度和发展势态，及时采取以下措施：

a. 及时启动相关级别的应急预案；

b. 加强对突发事件发生、发展情况的跟踪监测，加强值班和信息报告；

c. 组织应急救援队伍和相关人员进入待命状态，调集应急处置所需的物资、设备、工具，准备疏运转移车辆，确保其处于良好状态；

d. 加强对加强重点岗位和重点部位安全检查、保护和保卫，并积极采取防范措施。

e. 根据需要启动应急协作机制，加强与有关部门的协调沟通；

f. 法律、法规、规章规定的或者有关应急处置机构根据实际情况提出的其他必要的防护性、保护性措施。

应当根据事态发展，对预警信息随时调整直至解除，并相应调整预警级别和防范措施。

2.4 应急管理工作原则

a. 坚持“以人为本，减少危害”的原则。牢固树立“安全第一”的思想，把保障员工、公众的生命和健康放在首位，作为应急管理工作的出发点和落脚点，落实到应急准备、抢险救援、恢复重建等各个环节，最大限度减少突发事件及其造成的人员伤亡和危害。

b. 坚持“预防与应急并重、常态与非常态结合”的原则。把应急管理融入日常生产管理之中，工作着力点前移，在做好各项应急准备工作的同时，强化避险防灾，加强风险隐患排查治理，完善监测预警系统。切实做到准备在先、防患未然，确保突发事件一旦发生，能够及时有效处置。

c. 坚持“统一领导，分级负责”的原则。在公司应急指挥中心的统一领导下，建立健全应急组织体制，落实应急职责，实行应急分级管理制度，充分发挥各级应急机构的作用。

d. 坚持“依法规范，加强管理”的原则。依据国家法律、法规、企业管理制度和标准规范，理顺运行机制，加强各项应急管理的制度建设，逐步形成规范各类突发事件预防和处置工作的制度体系，使应急管理工作规范化、制度化、法制化。

e. 坚持“整合资源，协同应对”的原则。建立和完善区域应急中心，整合企业现有应急资源，实行区域联防制度，充分利用社会应急资源，加强地企联动，实现组织、资源、信息的有机整合，实现组织、资源、信息的有机整合，形成统一指挥、反应灵敏、功能齐全、协调有序、运转高效的应急联动机制。

f. 坚持“依靠科技，提高素质”的原则。加强企业应急技术的研究和开发，利用安全预防与应急处置方面的先进技术及装备，提升处置重特大事件的科技含量和指挥水平；强化宣传和培训教育工作，提高广大员工自救、互救和应对各类重特大事件的综合素质。

g. 坚持“信息公开，正确引导”的原则。按照及时、主动、公开、透明的原则和正面宣传为主的方针，完善信息发布快速响应、舆情收集和分析机制，坚持事件处置与信息发布工作同步安排、同步推进，统一信息发布归口，坦诚面对公众、媒体和各利益相关方。

2.5 应急管理运行机制

我国正处于经济快速发展期，正处于生产方式、生活方式快速转型期，特别是在经济全球化和系统开放化的时代，今后可能还会遇到这样或那样的突发事件和危机。当这些突发事件和危机来临时，如何做出及时、精确、有效的响应，减少损失，缩小负面影响，是摆在我们面前的一个重要课题。

应急管理运行机制，是指应急组织体系中各部分之间相互作用的方式和规律。为应对和处理突发事件而建立的应急体系和工作机制。应急管理运行机制有统一指挥、分级响应、属地管理、公众动员四个基本原则。

2.5.1 预警和预防机制

针对各种可能发生的突发公共事件，完善预测预警机制，开展风险分析，做到早发现、早报告、早处置；要综合分析可能引发突发公共事件的预测预警信息并及时上报上级政府及部门。依据突发事件可能造成的危害程度、紧急程度和发展势态，预警级别一般划分为四级：Ⅰ级(特别严重，用红色表示)，Ⅱ级(严重，用橙色表示)，Ⅱ级(较重，用黄色表示)，Ⅳ级(一般，用蓝色表示)。凡事预则立，不预则废。所谓“预警”，就是事前报警。所谓“预防”，就是事前要有一套完整的防范体系，防止不利事件的发生。一般情况下，突发事件发展的基本特征是由常态向非常态发展(见表1-1)，分5个阶段。如果在第1阶段和第2阶段没有做好工作，没能及时化解矛盾，就会导致第3阶段的事件爆发，因此预警机制的重要性不言而喻。以美国对非典疫情的防控为例，他们提早下达紧急警报和防治指导方案，把疫情控制得很好，这一做法，值得我们借鉴。

随着体制改革的深化，原有的管理机制被打破，新的问题会相伴而来，但长期“和平”的环境使整个社会对紧急突发事件警觉不够。政府的重要职能之一就是要对突发事件及早做出预警，不放过任何蛛丝马迹，早发现事件苗头，早根据不同情况发出警报。发现问题，还要采取有效措施进行防范，开展培训，进行危险预知教育等；同时也包括人力、资金等方面的投入。

2.5.2 响应控制机制

任何时候我们都不希望发生意外，但要未雨绸缪，建立起一套完整的响应控制机制，在事发之前和事发期间采取行动，使损失减到最小。这个响应控制机制应包括：应急预案，包括事先对有关事件的预测和评估、提供人力和物资准备、明确应急组织和人员的职责以及抢险等；应急训练和演习，它主要是通过培训和演练，验证和完善应急预案，确保在突发事件发生时有效；应急救援行动，指一旦发生突发事件，按事先的方案立即采取措施和行动；事发后的恢复，指在应急行动结束后对系统进行恢复，确保尽快进入正常程序。

2.5.3 协调指挥机制

建立应对突发事件的协调指挥机制非常重要。相对其他地区而言，北京市政府对非典的响应一度较迟钝，为此付出了很大代价，这个教训很深刻。但从根本上说，教训的实质是政府管理体制仍存在薄弱环节，缺乏应对市场化、开放化条件下的快速响应能力，没有应对和处理突发事件的应急协调机制。这次成功控制非典的一条重要经验就是成立了高层协调机构，全面负责处理各有关事务，提高决策者对突发事件的敏感度，缩短突发事件的延续时间，降低突发事件的负面影响。决策者既要有对常规情况和问题做出敏感响应的能力，又要有对突发事件做出敏感响应的能力。在专家认知的基础上，根据综合分析，尽快做出判断和选择。

决策核心要有权威性，有广泛的参与性，确保决策的科学、准确、快速。所以建立以政府为核心的中枢指挥系统，并赋予特殊的权力很有必要。在这方面，有些国家的做法值得参考。美国的中枢指挥系统是总统和国家安全委员会；韩国是由总统、总理及相关部长组成国家保障会议；日本组成了以内阁首相为危机管理最高指挥官的应对体系，全面负责应急指挥工作。

2.5.4 信息收集与分析机制

及时、严格、高效的情报收集和分析系统是有效应对突发事件的基本前提。只有及时掌握准确的信息，才能做出科学合理的决策。必须制定一套严格的信息报告程序，通过内部报告制度，外部信息收集网络，使这些信息能够在第一时间到达决策层，以便有效决策。国家应设专门机构，及时接收、处理信息，并迅速、畅通地报告各有关部门。

2.5.5 信息披露机制

突发事件发生后，向社会公众提供及时、准确、可靠的信息是政府的责任。大量事实证明，对突发事件进行及时准确的报道，主动引导公众，能赢得好的社会效果；反之，往往会造成工作上的被动，导致政府形象受损。在全球化时代，这些信息不仅关系到本国公民的利益，也直接或间接地关系到外国公民的利益。对那些需要全社会成员知晓的信息进行公开披露，需要有专门的机构和人员负责与媒体联系，通过新闻媒体把有关信息传达给社会，以便全社会成员和政府采取一致的行动。

非典疫情发生后，一些传言一度造成了公众心理恐慌，甚至引发了社会成员对政府公布的疫情信息的怀疑和不信任，为控制疫情增加了难度。究其原因，主要是政府主流媒体的缺位和信息流的不对称。信息公开和知情权是一个问题的两个方面，政府有公开信息的义务，公众有了解信息的权利。在现代化和建设小康社会过程中，要把提高政府信息公开化、透明度作为政治文明建设的重要内容。所以，在突发事件期间，应允许有关媒体进行全面、细致甚至是现场报道，防止不切实际的新闻炒作；还要让社会公众及时准确地了解事态的进展情况，引导公众的态度和行为。

突发公共事件的信息发布要及时、准确、客观、全面。由国务院负责处置的特别重大突发公共事件的信息发布，由国务院办公厅会同新闻宣传主管部门和牵头处置的国务院主管部门负责；由国务院部门负责处置的特别重大突发公共事件和跨省级行政区划的重大突发公共事件，由国务院主管部门发布有关信息；其他突发公共事件信息由事发地政府组织发布。

2.5.6 应急处置机制

应急处置是应急运行机制的核心内容，须按照相关的原则和程序进行。应急处置需要制定详细、科学的应对突发公共事件处置技术方案；明确各级指挥机构调派处置各类应急队伍和应急物资的权限和数量。应急处置程序主要包括：信息报告程序、先期处置程序、应急响应程序、应急终止程序等。

2.5.7 恢复与重建机制

主要包括：善后处置、调查与评估和恢复重建。

2.5.8 应急保障机制

在发生重特大突发事件时，按照国家和地方政府的要求，切实做好人力、物力、财力、交通运输、医疗卫生及通信等保障工作，保证应急救援工作的需要和灾区群众的基本生活，以及恢复重建工作的顺利进行。

2.5.9 责任追究机制

现在有些干部特别看重 GDP 等政绩考核指标，而不顾人民生命财产安全，这种状况要尽快改变。第一，要把应对突发事件的措施和最终效果列入考核指标体系，做到“一票否决”。第二，通过公正严格的司法程序，惩处那些对事故有重大责任的官员、临阵脱逃的有关责任人员，消除人民群众的不满情绪，真正对人民负责、对政府负责。奉行群众利益无小事、人民至上、生命至上的原则。

2.5.10 全社会参与机制

对于突发事件要打好人民战争，这又是一条重要的经验。依靠和相信社会力量，拓宽社会参与渠道。一个发达的民间社会，它可以与国家形成良好的互动关系，可以有效控制突发事件。要建立社会各界、各类专业组织和民间组织积极参与的良性机制，调动各方面力量，发挥国际性专业组织及志愿者组织的作用，把不利情况及早控制住。

2.5.11 法律强制机制

针对非典疫情，国家已制定和颁布了一系列法律法规。2003 年 5 月国务院颁布了《突发性公共卫生事件应急条例》，为应对突发事件提供的法律依据。该《条例》的出台，标志着我国进一步将突发公共卫生事件应急处理工作纳入了法制化的轨道，将促使我国突发事件应急处理机制的建立和完善，为今后及时、有效地处理突发事件，建立起“信息畅通、响应快捷、措施有效、指挥有力、责任明确”的法律制度打下基础。但还要看到，我国这方面的法律法规还不健全，立法相对滞后，实施力度也不够。所以，要总结经验教训，及早制订有关突发事件应急方面的法律，如有的学者已提出要尽快制定《紧急状态法》等，并加强法律法规的宣传力度和严格执法的力度。

总之，通过建立突发事件应急的管理运行机制，有效应对突发事件，就可以把不良后果和负面影响降到最小。

2.6 应急管理新概念

人类在当今世界上面临最大的挑战就是灾难。尤其近几年，不用说 2008 年的“5 · 12”汶川地震和印尼大海啸；就是墨西哥湾的爆炸和漏油事故所造成的后果，有的环境科学家说墨西哥湾 100 年不能恢复到常态，有的科学家更悲观，说它造成的环境及环境灾难性的后果根本是没有办法恢复的。人类面对这些灾难的时候，屡犯错误。“9 · 11”以后，人们对突发事件管理正在产生革命性的变化，这个变化对中国的冲击是巨大的。中国的应急管理是从 2003 年的非典开始的，2008 年之后，出现了一个新的概念，引起了学界和管理学界的高度重视。这就是“应急管理新概念”。

人类在从面对巨灾的时候，变得聪明起来，他们认识到现代的文明脆弱性，当面对巨灾的时候，几乎是不堪一击的。

在面临灾难的时候，似乎有了法律，有了制度，也有了管理机构，甚至声称自己取得了很大的胜利，但是当下一个灾难来临的时候，我们同样是混乱和失误。国际上应急管理领域有位非常著名的学者叫罗森·卡尔，在上海的管理研讨会上有人问他你认为巨灾特点是什么？他说是混乱和失误组成的混合体。所以我们对巨灾或者危害的第一个认识就是对危机事件的认识。

一般的传统灾难分类按自然属性来分，分成自然灾害、技术事故和社会事件，我国是分成自然灾害、事故灾难、公共卫生事件和社会安全事件。突发事件按照这样的分类，从管理学上是有问题的，其中最大的问题就是不能分出对它的管理的关注度和投入程度。

所以现在世界上大多数学界和国家开始认识到，事件应该有另一个分类，第一个把它叫事件和事故；第二类叫灾难；第三类叫巨灾或者危机。对于一般性的事故，甚至灾难，人类是完全能够应对的。我们有成套规范的法律基础，有专门的应对机构，比如火灾有消防队，矿山也有矿山救援，还有比较成熟的经验和技术，包括装备。但是对巨灾，我们现在还做不到，那三点对我们来说都是非常匮乏的。

一个巨灾，跟过去的传统分类的关系形成了一个矩阵。现在的分类方法是按照强度进行分类的，传统的办法是按照自然属性和来源分类的，但两者并不矛盾，在矩阵里强调的是对危机的处理，对巨灾的处理。一个企业可以10天、20天，可以几个月、几年、几十年平安无事，但是一旦出现巨灾的时候，常规的认识和方法是应对不了的。所以要重点关注对危机事件的认识，危机事件是极端小概率，但是是风险极高的事件。在计算危机事件的时候，我们要特别强调的是破坏性和突然性，就是所谓的极端小概率，极大的破坏事件。

目前危机事件体现出四个特点：第一是概率小、发生突然。这种突然性是几乎没有前兆，人类尚不能预测。举个例子，在墨西哥湾发生的事件，没有哪位科学家预测到了，汶川地震，也没有谁预测到了。有一位专家给中央领导写信，说他预测到了。可是大家知道，他一年发出了120个预测，其中有预测说在我国西南地区要发生一个地震。一个预测如果没有精确的时间和空间分布，它毫无意义！没有办法预测的。比如说非典，没有办法预测，所以非典会不会卷土重来，没有哪位科学人员能告诉我们，没有人能做到，这就是极端小概率事故。第二个特点就是破坏的特别严重，这种破坏不是一般的经济损失，主要包括三个方面。第一重大的人员伤亡，是要死人，而且死很多人；第二就是高额的财产损失，这种损失使一个地区乃至一个国家遭受毁灭性打击；第三个就是他对社会价值观和社会秩序的一种崩溃性的冲击。这样我们管它叫破坏特别严重，尤其是第一个，造成大量人员伤亡的是最为关注的。第三个特点就是容易造成混乱和失误。从汶川地震的现场到南方冰雪灾害，那些伟大成就的背后，我们必须冷静地看到，在处理这样危机事件的时候出现了大量的混乱和失误。这是一个共性的问题，关键是混乱和失误的程度，第四个特点就是恢复非常困难。汶川，那不叫恢复，叫重建，但是原来的历史、原来的文化不复存在了。

但是这样的危机是有基本形成条件的：

第一，它必须具有巨大的、破坏性的能量释放。能量释放不一定造成危害，但它是破坏性的释放，致使我们失控了。

第二，要有形成灾难的环境条件。比如飓风、地震，这样的巨灾发生在荒芜人烟的地方没有破坏力，但恰恰在一个人口密集地区，而且在一个特殊的自然环境下，它就容易造成非常大的破坏。比如说“12·23”井喷，那次井喷造成了243人死亡。但是在若干年前，在美国、在加拿大都发生同样性质的井喷，硫化氢的涌出量甚至大于“12·23”井喷，但是没有造成人员伤亡，原因就是不在一个居民密度区里，当然还有应急准备比我们略好一点。另外一个形成条件就是抵御灾害存在着明显的脆弱性，即抵抗灾害的能力和公众的抗御水平非常低。

在认识这样灾难的时候，尤其在卡特里娜飓风、印尼大海啸之后，我们有一个新的认识的产生，就是应急准备。其实应急准备不是一个新的概念，但是从卡特里娜飓风之后，在美国这样一个抗灾能力很强的国家，造成这么大的破坏，主要就是应急准备上不够充分，如果事先做好了准备，那么结果是完全不一样的。应急准备过去是应急管理的四个阶段的第一个阶段，现在的应急准备支撑管理的全过程，这是革命性的变化，所以现在的应急管理准备是一个新的概念。

应急准备已成为当今应急管理中大家最关注的问题。我们国家在“十二五”规划中，应急准备的科学研究成为了一个非常重要的方向。应急准备最重要的基础是要形成国家的应急体系，推行“一案三制”。国家修改整体预案，遇到一个最大的问题，就是它在整个框架中的位置很难界定，不能提供很好的系统支持。

一个完好的国家应急体系，必须具备三个基本要素：第一个要素，灾害处置方面的完备法律。《突发事件应对法》的配套法规几乎是没有的，只有一个基本法，而没有配套的规章制度标准支持是没有办法运行的。就像汽车一样，有很好的发动机，但是没有轮子是不行的。我们现在的法律体系还不够完善。

第二个因素，要有一个强大的应急管理机构。我国应急管理机构不够强大，不够权威，就很难发挥作用。

第三个因素，要有完整的应急机制体系。应急的机制经过近百年的努力，尤其是近10年的完善，国外的应急机制方面已经形成了一个比较完整的体系，是一个三角形的构架。首先构架的基础就是应急准备系统，美国在2008年8月发布了一个重要的文献叫NRF，是应急的一个总体框架。它是准备了基础，但是真正的行动一个要靠应急管理系统，另一个要靠应急管理预案，叫NRP。

这三个要素是缺一不可的。我国具有应急预案了，但是还没有形成管理系统和应急准备预案，所以它不能形成一个非常稳定的框架结构。

应急准备，究竟在整个应急预案中处于什么位置？应急准备是一个循环过程，概括了从准备一直到结束的全过程。在应急准备的时候，要做12件事：第一，就是要制订应急预案；第二，在突发事件发生之后，有一个统一指挥的指挥体系，我们叫SS系统；第三，根据这个国家和这个地区或者这个企业发生的顶级事件，你最大的破坏性事件是什么，然后按照峰值需求配制资源；第四就是持续培训，这种持续培训不仅仅是一般性的教育，重要的是对应急管理人员的培训。美国有一个培训叫“TOP OFFICE”，规定包括总统在内，每年至少要参加1~2次的培训。在培训的时候不参加可以，但是要通过考试，包括克林顿、布什，以及现在奥巴马，都是要答题，如果通不过还要参加学习。当然每个高级官员都要完成，包括议员都要参加这样的学习，他必须了解国家整个应急体系框架和基本操作程序。

某省举行一个全省的大规模的停电演练，规模之大、耗费的资源之多，但是演练是必要的。但更需要的是针对实际情况设定情景，而且这些演练主要应以两种演练为主，一种叫桌面演习，一种叫功能演练，所有做的事情必须经过评价改进，确认确实有效，从中发现缺陷和不足，然后进行改善。

应急准备工作的起始点就是预案。实际上，现在的预案已经发生了革命性的变化。过去做预案的人，几乎全世界所有的国家都是这样认识的，认为应急预案就是在事件发生之后才被启动的一条具体的操作方案。现在不这样认识，现在认为预案恰恰是在事故发生之前要做好哪些准备工作，而且对准备工作不断的进行评估和改进，然后把它用之于突发事件的处理。按照这样一个新的模式，NRF 中提出新的总体框架，这个框架根据预案的要求做好指挥系统，资源配备和培训工作，达没达到应对灾害的要求，要进行演练实战，这样的演练活动对预案的修正要进行专门的评审改进，我们在这方面是最为缺陷的。我们在演练之后，对事件的总结，往往侧重于它取得的成绩，对它的缺陷和不足，尤其表现的是脆弱性，估计不够。而且评审改进主要找的是缺陷不足，然后对预案进行进一步修改，使预案更加完善，更加接近实际，这样形成周而复始的循环框架。

在应急管理里面，大家普遍关注的就是脆弱性的理论和实践。风险评价包括两个主要的要素：一个就是发生事故的概率和影响程度。一个新的风险评价的思想正在出现，就是将概率乘以破坏性。还要有一个要素，就是脆弱性。实践告诉我们，当一个灾害来临的时候，它的破坏程度不仅仅取决于固有能量，还取决于抗打击能力，还有就是抗御能力。人类精神文明、物质文明现在很发达，而精神文明、物质文明越高级、越发达，系统的脆弱性就越强。像网络，大家赖以生存，但是全世界的网络是靠什么？海底电缆和海底电缆上的几百个节点，太容易受到攻击了。

脆弱性大概是接近 S 形的曲线，在脆弱性很低的时候，变化幅度很小，当脆弱性达到一预值的时候，每一个脆弱性变化都会引起风险程度上升。但是接近极端值的时候，基本上也是平滑的，大多数国家和地区，脆弱性正处在中间枝节。

脆弱性究竟是怎么形成的？美国有位科学家提出一个“M”模型，我们对它进行了一点调整，脆弱从一个角度来看来源于破坏力，脆弱性的破坏力有两个方面，一个就是大的物理破坏力，包括技术的；另一个是社会的和组织的破坏力。这样的破坏力在物理方面，它当然具有风险，比如像中石油、中石化这样的大型石油化工企业，还有中海油，他庞大的生产系统，聚集着巨大的能量，有人数众多的劳动人员，会有很高的脆弱性评价。对风险取决于抵抗力，对自然的抵抗力。社会风险就是来自抗逆力，抗逆力就是抗打击能力和迅速恢复的能力，这是民族素质的表现。一个优秀的民族，抗打击能力很强，而且能够迅速的恢复而不发生巨大的社会动荡。

从另一个角度看，脆弱性就是易感性，易损害性，易遭受打击性。再有是抵抗力，抵抗力指的是物理的结构，抗逆力是指人文的，精神观的结构。任何一个要素的薄弱都可能造成脆弱性，如果这些要素都很薄弱，那么它造成的脆弱性就会很高。当面对一个巨灾的时候，抗打击能力就很差，损失就很重。

脆弱性如何进行分类？现在学界已经提出了分类方法，从管理学角度应该分成四类，第一个是自然属性的脆弱性；第二个是技术属性的脆弱性，产品质量、工程质量；第三个就是社会属性的脆弱性，包括政治、文化、宗教、教育跟制度等。第四个就是管理环节的脆弱性。管理制度、管理体制、运行机制、应急准备的水平都会对脆弱性有影响。

脆弱性的来源可以具体的分成 10 个、20 个，几十个来源，我们一般按照学科的分类，分成 15 个、16 个来源，而且每个来源都有具体的特点。比如有的来源是从人类学方面，一些脆弱性是和贫穷、和收入不公平相关，这些问题必须采取相应的办法来应对。这些来源是非常复杂的，是多方面的，只有把这些来源都清晰的认识到，进行评估，才能制定出相应的对策，使社会的政治体制、行政管理体制更加强大，我们的社会更加成熟，公众更加聪明，就会减少各类灾害对我们国家、对我们民族、对公众的破坏。

要把脆弱也纳入风险管理系统，这也是一种基本的模拟就是PDCA模型。在应急准备和能力评估的时候，一定要侧重做好脆弱性的分析，然后提出改进措施。

比如说在若干年前，在一个地方建小学的时候，把一个小学建在整个镇子里最低洼的地区，而且建在一个河的拐弯处。这样的错误还在犯，比如解放军一个部队进行营房建设的时候，建在一个山谷平坦的沙滩上，但是当山洪来临的时候，十几分钟就把营地席卷而去，70名解放军战士牺牲了！类似这种，这种脆弱性和风险分析的时候要提出改进措施。

比如说中国有几个主要的地震带，30年前"胡氏曲线"使我们对地震的分布是非常清楚的，没有办法判断什么时间、什么地点发生什么样裂度的地震，但是我们大概知道在某一个地区发生地震的概率是非常高的。在这样一个地区，我们就不能容忍任何像土坯房和没有抗震结构房子的存在，而且建设基础设施的时候，像地铁、还有公共设施，必须满足基本的安全要求，要进行改造。不能等房子都震塌了再进行恢复重建。

对所有的措施还要进行评价，进行检验，这些检验措施要进一步地反应在应急预案和日常的评估中。

2.7 企业安全生产应急管理九条规定

2015年2月28日，国家安全生产监督管理总局发布第74号令，公布《企业安全生产应急管理九条规定》，自公布之日起施行。企业安全生产应急管理九条规定具体内容为：

（1）必须落实企业主要负责人是安全生产应急管理第一责任人的工作责任制，层层建立安全生产应急管理责任体系。

依据：《安全生产法》第18条有关要求。

解读：企业是生产经营活动的主体，是保障安全生产和应急管理的根本和关键所在。做好应急管理工作，强化和落实企业主体责任是根本，强化落实企业主要负责人是应急管理第一责任人是关键，这已经被我国的安全生产和应急管理实践所证明。企业主要负责人作为应急管理的第一责任人，必须对本单位应急管理工作的各个方面、各个环节都要负责，而不是仅仅负责某些方面或者部分环节；必须对本单位应急管理工作全程负责，不能间断；必须对应急管理工作负最终责任，不能以任何借口规避、逃避。《安全生产法》及《九条规定》对此进一步明确重申和强调，具有重要的现实意义。

安全生产应急管理责任体系是明确本单位各岗位应急管理责任及其配置、分解和监督落实的工作体系，是保障本单位应急管理工作顺利开展的关键制度体系。实践证明，只有建立、健全应急管理责任体系，才能做到明确责任、各负其责；才能更好地互相监督、层层落实责任，真正使应急管理有人抓、有人管、有人负责。因此，层层建立安全生产应急管理责任体系是企业加强安全生产应急管理的最为重要的途径。

在实践中，由于企业生产经营活动的性质、特点以及应急管理的状况不同，其应急管理责任制的内容也不完全相同，应当按照相关法律法规要求，明确在责任体系中各岗位责任人员、责任范围和考核标准等内容，这是所有企业应急管理责任体系中必须具备的重要内容。通过这些手段，最终达到层层落实应急管理责任的目的。

事故案例：2014年1月14日某鞋业公司发生火灾事故，造成16人死亡，5人受伤，过火面积约1080m^2。经调查，该公司内部安全管理混乱，安全生产和应急管理主体责任不落实，应急管理、消防安全等工作无专职人员负责，并因计件工资及员工流动性大等原因，企业内部组织管理松散，没有建立安全生产应急管理责任体系，各项安全生产规章制度均得不到有效执行。

（2）必须依法设置安全生产应急管理机构，配备专职或者兼职安全生产应急管理人员，建立应急管理工作制度。

依据：《安全生产法》第4条、第21条、第22条、第79条，《突发事件应对法》第22条有关要求。

解读：《安全生产法》新增的第22条对生产经营单位的安全生产管理机构以及安全生产管理人员应当履行的职责进行了明确规定，分项职责中有4项与应急管理工作相关；第79条对高危行业建立应急救援组织作出了明确规定，体现出应急管理在安全生产工作中的重要地位。

落实企业应急管理主体责任，需要企业在内部机构设置和人员配备上予以充分保障。应急管理机构和应急管理人员，是企业开展应急管理工作的基本前提，在企业的应急管理工作中发挥着不可或缺的重要作用。特别是在危险性较大的矿山、金属冶炼、城市轨道交通、建筑施工和危险物品的生产、经营、储存、运输单位，应当按照《安全生产法》的要求，将设置应急救援机构作为一项强制要求。

应急管理机构的规模、人员结构、专业技能等，应根据不同企业的实际情况和特点确定。为了保证应急管理机构和人员能够适应应急管理工作需要，应对应急管理人员进行必要的培训演练，使其适应工作需要。对于企业规模较小，设置专职应急管理人员确有困难的，《九条规定》体现了实事求是的原则，企业规模较小的，可以不设置专职安全生产应急管理人员，但必须指定兼职的安全生产应急管理人员。兼职应急管理人员应该具有与专职应急管理人员相同的素质和能力，能够承担企业日常的应急管理工作，并在企业发生事故时具有相应的事故响应和处置能力。

《安全生产法》第4条新增“安全生产规章制度”内容，主要是考虑到建立、健全安全生产规章制度在加强安全生产工作中的重要作用，因此有必要在法律中予以强调。进一步加强应急管理制度建设，对提升企业安全生产应急管理水平具有重要意义。企业建立的应急管理工作制度，是企业根据有关法律、法规、规章，结合自身情况和安全生产特点制定的关于应急管理工作的规范和要求，是保证企业应急管理工作规范、有效开展的重要保障，也是开展工作最直接的制度依据。企业要强化并规范应急管理工作，就必须建立、健全应急管理各项工作制度，并保证其有效实施。

事故案例：2014年8月2日金属制品公司抛光二车间发生特别重大铝粉尘爆炸事故，造成97人死亡、163人受伤（事故报告期后，医治无效陆续死亡49人）。该公司安全生产和应急管理规章制度不健全、不规范，盲目组织生产，未建立岗位安全操作规程，现有的规章制度未落实到车间、班组；未建立隐患排查治理制度，无隐患排查治理台账。因违法违规组织项目建设和生产，造成事故发生。

（3）必须建立专（兼）职应急救援队伍或与邻近专职救援队签订救援协议，配备必要的应急装备、物资，危险作业必须有专人监护。

依据：《安全生产法》第40条、第76条、第79条，《突发事件应对法》第26条、第27条有关要求。

解读：《安全生产法》第76条规定，“鼓励生产经营单位和其他社会力量建立应急救援队伍，配备相应的应急救援装备和物资，提高应急救援的专业化水平。”《突发事件应对法》

第26条规定，“单位应当建立由本单位职工组成的专职或者兼职应急救援队伍。”2009年国务院办公厅印发的《关于加强基层应急队伍建设的意见》明确提出，重要基础设施运行单位要组建本单位运营保障应急队伍，推进矿山、危险化学品、高风险油气田勘探与开采、核工业、森工、民航、铁路、水运、电力和电信等企事业单位应急救援队伍建设，以有效提高现场先期快速处置能力。国务院国资委发布的《中央企业应急管理暂行办法》提出，中央企业应当按照专业救援和职工参与相结合、险时救援和平时防范相结合的原则，建设以专业队伍为骨干、兼职队伍为辅助、职工队伍为基础的企业应急救援队伍体系。以上规定均对企业建立救援队伍提出了明确要求。

企业建立的专(兼)职应急救援队伍，在事故发生时，能够在第一时间迅速、有效地投入救援与处置工作，防止事故进一步扩大，最大限度地减少人员伤亡和财产损失。考虑到不同行业面临的生产安全事故的风险差异，大中小各类企业的规模不同，《安全生产法》中并没有把建立专(兼)职应急救援队伍作为所有生产经营单位的强制性义务，除了有关法律法规做出强制要求的高危行业企业，对其他生产经营单位只作政策性引导。在无法建立专(兼)职应急救援队伍的情况下，应与邻近的专职应急救援队伍签订救援协议，确保事故状态下能够有专业救援队伍到场开展应急处置。

配备必要的应急救援装备、物资，是开展应急救援不可或缺的保障，既可以保障救援人员的人身安全，又可以保障救援工作的顺利进行。应急救援装备、物资必须在平时就予以储备，确保事故发生时可立即投入使用。企业要根据生产规模、经营活动性质、安全生产风险等客观条件，以满足应急救援工作的实际需要为原则，有针对性、有选择地配备相应数量、种类的应急救援装备、物资。同时，要注意装备、物资的维护和保养，确保处于正常运转状态。

《安全生产法》第40条明确了爆破、吊装等危险作业必须安排专人进行现场安全管理，确保操作规程的遵守和安全措施的落实。总局发布的《工贸企业有限空间作业安全管理与监督暂行规定》、《有限空间安全作业五条规定》中，明确提出了设立监护人员、加强监护措施等要求。安排专人监护，对于保证危险作业的现场安全特别是作业人员的安全十分重要。所谓专人，是指具有一定安全知识、熟悉风险作业特点和操作规程，并具有救援能力的人员。监护人员要严格履行现场安全管理的职责，包括监督操作人员遵守操作规程，检查各项安全措施落实情况，处理现场紧急事件，第一时间开展现场救援，确保危险作业的安全。

事故案例：2014年4月7日云南省某煤矿发生一起重大水害事故，造成21人死亡，1人下落不明。救援过程中，云南省调集省内9支专业矿山救护队、60支煤矿兼职救护队、3支钻井队，大型排水设备49台件，采购大型物资设备94台件，电缆8000m，排水管8000m，投入1800余名抢险救援人员参与救援工作。由于云南省及整个西南地区缺乏耐酸潜水泵及高压柔性软管等救援装备、物资，国家安全生产应急救援指挥中心及时协调河南、山西两省有关企业的大型排水设备，协调总参作战部、空军、民航运输排水管线，协调公安部、交通运输部为设备运输提供支持，保证了应急救援工作的顺利开展。

(4) 必须在风险评估的基础上，编制与当地政府及相关部门相衔接的应急预案，重点岗位制定应急处置卡，每年至少组织一次应急演练。

依据：《安全生产法》第37条、第41条、第78条有关要求。

解读：原《安全生产法》仅对政府组织有关部门制定生产安全事故应急预案做了规定，没有规定企业的这项职责。新《安全生产法》增加的第78条对企业制定应急预案作了明确规定，要求与所在地县级以上人民政府组织制定的生产安全事故应急预案相衔接，并定期组织演练。《生产安全事故应急预案管理办法》明确规定："生产经营单位应当依据有关法律、法规和《生产经营单位安全生产事故应急预案编制导则》，结合本单位的危险源状况、危险性分析和可能发生的事故特点，制定相应的应急预案。"

由于在企业生产经营活动中，作业人员所从事的工作潜在危险性较大，一旦发生事故不仅会给作业人员自身的生命安全造成危害，而且也容易对其他作业人员的生命和财产安全造成威胁。因此，要对企业存在的危险因素较多、危险性较大、事故易发多发区域和环节和重大危险源开展全面细致的风险评估，对各种危险因素进行综合的分析、判断，掌握其危险程度，针对危险因素特点和危险程度制定相应的应急措施，避免事故发生或者降低事故造成的损失。风险评估的结论，对于企业有针对性地开展应急培训、演练、装备物资储备和救援指挥程序等全环节的应急管理活动都具有重要的参考意义，应当高度重视并切实做好风险评估工作。

按照《国家公共突发事件总体应急预案》中"应急预案体系"的规定，企业根据有关法律法规制定的应急预案是应急预案体系的一部分，各预案之间应当协调一致，充分发挥其整体作用。县级以上地方人民政府组织制定的生产安全事故应急预案是综合性的，适用于本地区所有生产经营单位。企业制定的本单位事故应急预案应与综合性应急预案相衔接，确保协调一致，互相配套，一旦启动能够顺畅运行，提高事故应急救援工作的效率。企业应按照《生产安全事故应急预案管理办法》和《生产安全事故应急演练指南》的要求，对应急预案定期组织演练，使企业主要负责人、有关管理人员和从业人员都能够身临其境积累"实战"经验，熟悉、掌握应急预案的内容和要求，相互协作、配合。同时，通过组织演练，也能够发现应急预案存在的问题，及时修改完善。若企业关键、重点岗位从业人员及管理人员发生变动时，必须组织相关人员开展演练活动，并考虑增加演练频次，使相关人员尽快熟练掌握岗位所需的应急知识，提高处置能力。

《安全生产法》中将定期组织应急演练明确规定为企业的一项法定义务，督促企业定期组织开展演练。要坚决纠正重演轻练的错误倾向，真正通过演练检验预案、磨合机制、锻炼队伍、教育公众。企业要按照《生产安全事故应急预案管理办法》第 26 条关于演练次数的要求，每年至少组织一次综合应急演练或者专项应急演练。

重点岗位应急处置卡是加强应急知识普及、面向企业一线从业人员的应急技能培训和提高自救互救能力的有效手段。应急处置卡是在编制企业应急预案的基础上，针对车间、岗位存在的危险性因素及可能引发的事故，按照具体、简单、针对性强的原则，做到关键、重点岗位的应急程序简明化、牌板化、图表化，制定出的简明扼要现场处置方案，在事故应急处置过程中可以简便快捷地予以实施。这一方面有利于使从业人员做到心中有数，提高安全生产意识和事故防范能力，减少事故发生，降低事故损失；另一方面方便企业如实告知从业人员应当采取的防范措施和事故应急措施，提高自救互救能力。

事故案例：2003 年 12 月 23 日重庆市开县高桥镇"罗家 16H"井发生了特大井喷事故，造成 243 人死亡，9.3 万余人受灾，6.5 万余人被迫疏散转移。事故发生后，由于中央企业与地方政府特别是区县级人民政府在事故报告、情况通报方面程序不完善，没有制定相互衔接的应急预案，导致企业与地方政府之间缺乏及时沟通协调。钻探公司先报告四川石油管理局，再转报重庆市安监局，然后转报市政府，最后才通知开县县政府，此时距事故发生已有 1 个半小时，而人员伤亡最大的高桥镇却一直没有接到钻井队事故报告，致使事故应急救援严重滞后。

（5）必须开展从业人员岗位应急知识教育和自救互救、避险逃生技能培训，并定期组织考核。

依据：《安全生产法》第25条、第55条有关要求。

解读：新《安全生产法》第25条中明确了安全生产教育和培训应当包括的内容，增加规定了“了解事故应急处理措施以及熟悉从业人员自身在安全生产方面的权利和义务”两方面的内容。事故应急知识是应急培训的重要内容，从业人员掌握了这些知识，可以在事故发生时有效应对，在保护自身安全的同时，防止事故扩大，减少事故损失。

应急处置是一个复杂的系统工程，作为岗位从业人员，在事故发生后第一时间开展自救互救、避险逃生，对于减少事故造成的人员伤亡具有十分重要的作用。岗位从业人员是企业安全生产应急管理的第一道防线，是生产安全事故应急处置的首要响应者。加强岗位从业人员的应急培训，特别是加强岗位应急知识教育和自救互救、避险逃生技能的培训，既是全面提高企业应急处置能力的要求，也是有效防止因应急知识缺乏导致事故扩大的迫切需要。

企业要提高认识，认真履行职责，以全面提升岗位从业人员应急能力为目标，制定培训计划、设置培训内容、严格培训考核、抓好培训落实。要牢牢坚守“发展决不能以牺牲人的生命为代价”这条红线，牢固树立培训不到位是重大安全隐患的理念，全面落实应急培训主体责任。必须按照国家有关规定对所有岗位从业人员进行应急培训，确保其具备本岗位安全操作、自救互救以及应急处置所需的知识和技能，切实突出厂（矿）、车间（工段、区、队）、班组三级安全培训，不断提升岗位从业人员应急能力。

针对实践中安全生产教育和培训不落实、不规范甚至流于形式等问题，《安全生产法》第25条在修改中专门增加规定，要求企业应当建立安全生产教育培训档案，如实记录培训的时间、内容、参加人员以及考核结果等情况。企业要将应急知识培训作为岗位从业人员的必修课并进行考核，建立健全适应企业自身发展的应急培训与考核制度，确保应急培训和考核效果。将考核结果与员工绩效挂钩，实行企业与员工在应急培训考核上双向盖章、签字管理，严禁形式主义和弄虚作假，切实做到企业每发展一步，应急培训就跟进一课，考核就进行一次，始终保持应急培训和考核的规范化、制度化。

事故案例：2013年9月28日山西某煤业有限责任公司大巷掘进工作面发生重大透水事故，造成10人死亡。由于企业对从业人员的应急培训教育不足，也未认真落实《煤矿防治水规定》，致使从业人员安全意识、应急知识淡薄，水害辨识、防治能力差。事发前支护工在打锚杆时钻孔已出现较大水流，且水发臭、发红，现场作业人员在出现透水征兆的情况下未引起足够重视，及时采取停止施工、撤出人员等有效的应急措施，而是在水流变小后启动综掘机继续掘进，最终导致事故发生。

（6）必须向从业人员告知作业岗位、场所危险因素和险情处置要点，高风险区域和重大危险源必须设立明显标识，并确保逃生通道畅通。

依据：《安全生产法》第32条、第39条、第41条、第50条，《突发事件应对法》第24条有关要求。

解读：企业的生产行为多种多样，作业场所和工作岗位存在危险因素也是多种多样的。对于从业人员来说，熟悉作业场所和工作岗位存在的危险因素、应采取的防范措施和事故应急措施是十分必要的。因此，企业有义务告知从业人员作业场所和工作岗位存在的危险因素、应当采取的防范措施和事故应急措施、险情处置要点等。这一方面有利于从业人员做到心中有数，提高应急处置意识和事故防范能力，减少事故发生，降低事故损失；另一方面也是从业人员知情权的体现。因此，本条规定了对作业场所和工作岗位存在的危险因素、应当采取的防范措施和事故应急措施，企业应当如实告知从业人员。如实告知是指按实际情况告知，不得隐瞒、保留，更不能欺骗从业人员。

在高风险区域和重大危险源场所或者有关设施、设备上设立明显的安全警示标识，可以提醒、警告作业人员或者其他有关人员时刻清醒认识所处环境的危险，提高注意力，加强自身安全保护，严格遵守操作规程，减少事故的发生。因此，企业在高风险区域和重大危险源设立明显标识，是企业的一项法定义务，也是企业应急管理的重要内容，必须高度重视，认真执行。国家制定了一系列关于安全警示标识的标准，如《安全标示》《安全标示使用导则》《安全色》《矿山安全标示图》和《工作场所职业病危害警示标识》等，国家安监总局还建立了安全警示标志管理制度。这些标准和制度都是企业切实履行本条规定义务的重要依据。

关于逃生通道畅通，这是实践中血的教训总结出的结论。一些企业的生产经营场所建设不符合安全要求，不设紧急出口或出口不规范；有的虽然设了紧急出口，但没有疏散标志或标志不明显；有的疏散通道乱堆乱放，不能保证畅通，发生事故时从业人员无法紧急疏散。也有一些企业出于各种目的，锁闭、封堵生产经营场所或者员工宿舍的出口，致使发生事故时从业人员逃生无门，造成大量的人员伤亡。为了从制度上解决这一问题，避免类似悲剧再次发生，《安全生产法》第 39 条明确规定，“生产经营场所和员工宿舍应当设有符合紧急疏散需要、标志明显、保持畅通的出口。禁止锁闭、封堵生产经营场所或者员工宿舍的出口。”这就要求企业的生产经营场所和员工宿舍在建设时就要考虑好疏散通道、安全出口，出口应当有明显标志，即标志应在容易看到的地方，并保证标志清晰、规范、易于识别。出口应随时保持畅通，不得堆放有碍通行的物品。更不能以任何理由、任何方式，锁闭、封堵生产经营场所或者员工宿舍的出口。

事故案例：2013 年 6 月 3 日，吉林省长春市某禽业公司主厂房发生特别重大火灾爆炸事故，造成 121 人死亡、76 人受伤，17234m^2 主厂房及主厂房内生产设备被损毁。由于主厂房内逃生通道复杂，且南部主通道西侧安全出口和另一直通室外的安全出口被锁闭，火灾发生时主厂房内作业人员人员无法及时逃生，造成重大人员伤亡。

（7）必须落实从业人员在发现直接危及人身安全的紧急情况时停止作业，或在采取可能的应急措施后撤离作业场所的权利。

依据：《安全生产法》第 52 条、第 55 条有关要求。

解读：《安全生产法》明确规定，从业人员发现直接危及人身安全的紧急情况，如果继续作业很有可能会发生重大事故时（如矿井内瓦斯浓度严重超标），有权停止作业；或者事故马上就要发生，不撤离作业场所就会造成重大伤亡时，可以在采取可能的应急措施后撤离作业场所。《国务院关于进一步加强企业安全生产工作的通知》文件提出，赋予企业生产现场带班人员、班组长和调度人员在遇到险情第一时间下达停产撤人命令的直接决策权和指挥权。由于企业活动具有不可完全预测的风险，从业人员在作业过程中有可能会突然遇到直接危及人身安全的紧急情况。此时，如果不停止作业或者撤离作业场所，就极有可能造成重大的人身伤亡。因此，必须赋予从业人员在紧急情况下可以停止作业以及撤离作业场所的权利，这是从业人员可以自行做出的一项保证生命安全的重要决定，企业必须无条件落实。

在企业生产经营活动中，从业人员如何判断“直接危及人身安全的紧急情况”，采取什么“可能的应急措施”，需要根据现场具体情况来判断。从业人员应正确判断险情危及人身安全的程度，行使这一权利既要积极，又要慎重。因此，应不断提升从业人员安全培训教育，特别是应急处置能力的培训教育，全面提升从业人员的基本素质，使从业人员掌握本岗位所需要的应急管理知识，提高第一时间应急处置技能，不断增强事故防范能力。

事故案例：2013 年 3 月 29 日，吉林省某煤业公司发生特别重大瓦斯爆炸事故，造成 36 人死亡，12 人受伤。在事故现场连续 3 次发生瓦斯爆炸的情况下，部分工人已经逃离危险区(其中有 6 名密闭工升井，坚决拒绝再冒险作业)，但现场指挥人员不仅没有采取措施撤人，而且强令其他工人返回危险区域继续作业，并从地面再次调人入井参加作业。在第 4 次瓦斯爆炸时，造成重大人员伤亡。

（8）必须在险情或事故发生后第一时间做好先期处置，及时采取隔离和疏散措施，并按规定立即如实向当地政府及有关部门报告。

依据：《安全生产法》第 80 条，《突发事件应对法》第 56 条有关要求。

解读：《国务院安委会关于进一步加强生产安全事故应急处置工作的通知》对应急处置过程的管理和控制提出了严格要求。企业负责人的重要责任之一就是组织本企业事故的抢险救援。企业负责人是最有条件开展第一时间处置的，在第一时间组织抢救，又熟悉本企业生产经营活动和事故的特点，其迅速组织救援，避免事故扩大，意义重大。在开展先期处置的过程中，企业要充分发挥现场管理人员和专业技术人员以及救援队伍指挥员的作用，根据需要及时划定警戒区域，及时采取隔离和疏散措施。同时，企业要立即报告驻地政府并及时通知周边群众撤离，对现场周边及有关区域实行交通管制，确保救援安全、顺利开展。

《安全生产法》《突发事件应对法》等法律中明确规定：事故发生后，事故现场有关人员应当立即报告本单位负责人，企业负责人要按照国家有关规定立即向当地负有安全生产监管职责的部门如实报告。这里的“规定”是指《特种设备安全法》和《生产安全事故报告和调查处理条例》以及其他相关的法律、行政法规。这些法律、行政法规对单位负责人报告事故的时限、程序、内容等做了明确规定。按照要求，单位负责人应当在接到事故报告后 1 小时内向事故发生地县级以上人民政府安全生产监督管理部门和负有安全生产监督管理职责的有关部门报告。事故报告的内容包括事故企业概况或者可能造成的伤亡人数，已经采取的措施以及其他应当报告的情况。企业负责人应当将这些情况全面、如实上报，不得隐瞒不报、谎报或者迟报，以免影响及时组织更有力的应急救援工作。

（9）必须每年对应急投入、应急准备、应急处置与救援等工作进行总结评估。

依据：《安全生产法》第 20 条，《突发事件应对法》第 22 条有关要求。

解读：落实应急处置总结评估制度，是贯彻落实《国务院安委会关于进一步加强生产安全事故应急处置工作的通知》的一个重要体现，《通知》要求建立健全事故应急处置总结和评估制度，并对总结报告的主要内容作了明确规定，要求在事故调查报告中对应急处置作出评估结论。

《国家突发公共事件总体应急预案》中，对应急保障工作提出了明确要求，其中关于财力及物资保障方面的要求对企业开展应急投入和应急准备具有指导作用。企业作为安全生产应急管理工作的主体，必须强化并落实《安全生产法》、《突发事件应对法》中关于安全投入、应急准备和应急处置与救援的各方面要求。企业应当确保应急管理所需的资金、技术、装备、人员等方面投入，应急投入必须满足日常应急管理工作需要，且必须保障紧急情况下特别是事故处置和救援过程中的应急投入，确保投入到位。企业要针对安全生产和应急管理的季节性特点，进一步强化防范自然灾害引发的生产安全事故，加强汛期等重点时段的应急准备，强化应急值守、加强巡视检查、做好物资储备、做到有备无患。在事故应急救援和处置结束后，要及时总结事故应急救援和处置情况，按照国家安监总局办公厅印发的《生产安全事故应急处置评估暂行办法》的要求，详细总结相关情况，并按照要求向地方政府负有安全生产和应急管理职责的部门进行报告。

以上工作内容，企业需按年度进行总结评估，并通过总结评估不断改进、提升企业的应急管理工作水平。

事故案例：2014 年 3 月 1 日，某高速公路的隧道发生道路交通危险化学品爆燃特别重大事故，造成 40 人死亡、12 人受伤和 42 辆车烧毁。经事故调查组对应急处置和应急救援调查评估，提出了进一步加强公路隧道和危险货物运输应急管理的意见：一是抓紧完善危险货物道路运输事故应急预案和各类公路隧道事故应急处置方案；二是统一和规范地方政府危险货物事故接处警平台，强化应急响应和处置工作；三是当地政府及其有关部门、单位和涉事人员在事故发生第一时间要及时、安全、有力、有序、有效进行应急处置，准确上报和发布事故信息；四是要针对危险货物运输事故尤其是隧道事故特点，建立专兼职应急救援队伍，配备专门装备和物资，加强技能战术训练和应急演练；五是加强事故应急意识和自救互救技能教育培训，不断提高全民事故防范意识和逃生避险、自救互救技能。

《九条规定》是企业安全生产应急管理工作的基本要求和底线。地方各级安全生产应急管理部门和各类企业也应该以贯彻执行《九条规定》为契机，落实责任，突出重点，推动企业安全生产应急管理工作再上新台阶，严防事故特别是较大以上事故发生，促进全国安全生产形势持续稳定好转。

第3章　风险分析与应急能力评估

危险分析是确定突发事件、应急预案编制(修订)的基础和关键过程。一个企业或单位到底有哪些风险比较大的突发事件，到底应该编制哪些应急预案呢？为此应开展危险分析工作，预案编制(修订)小组首先应进行初步的资料收集，包括相关法律法规、应急预案、技术标准、国内外同行业事故案例分析、本单位技术资料、重大危险源等。

在危险因素辨识分析、评价及事故隐患排查、治理的基础上，确定本区域或本单位可能发生事故的危险源、事故的类型、影响范围和后果等，并指出事故可能产生的次生、衍生事故，形成分析报告，分析结果就是确定的突发事件，作为专项应急预案的编制依据。

3.1　危险源的简单致灾原理

3.1.1　多米诺骨牌原理

最著名的海因里希，以五个骨牌为例，说明了生产安全事故发生的原理，如图3-1所示。

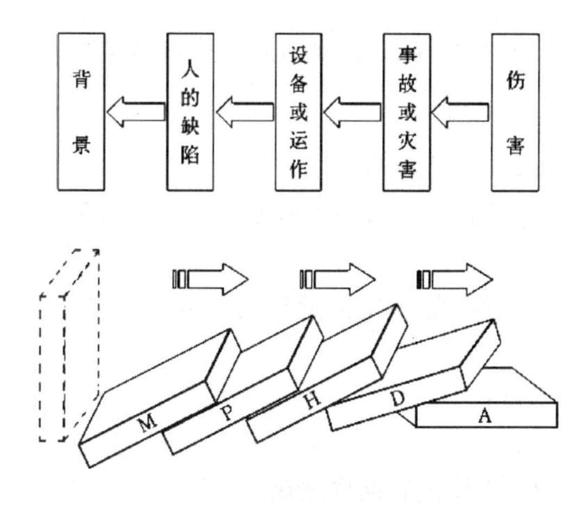

图3-1　灾害的原因与要因关系图

第五个骨牌是“伤害”要因。这个骨牌倒下去时，就表示作业伤害发生，而产生作业伤害发生的原因，乃是因第四个骨牌倒下去后所受的波及。

第四个骨牌是“事故或灾害”的要因，发生事故、灾害时，其结果必会造成伤害，而第四骨牌的倒下是因为第三骨牌的倒下，而受到牵连。

第三个骨牌是“设备”与“动作”的要因。灾害与事故的发生，是因为设备或作业动作有问题，才会产生，而这个骨牌的倒下是受第二个骨牌的影响。

第二个骨牌是“人的缺陷”的要因。人的缺陷是指人的身体状况不良、作业和知识的不足、作业态度的不良。而第二个骨牌是因为第一个骨牌而倒下。

第一个骨牌是“背景”的要因。人原本就有自己的生活环境、生活习惯、居住的条件与工作的条件，第一个要因“人的缺陷”之所以会发生，这是个人的背景、条件所产生的结果。

3.1.2 事故致因理论

事故是一种不正常或不希望的能量释放，即能量意外释放理论。预防和控制危险化学品事故就是在能量或危险物质意外释放的情况下，控制、约束能量或危险物质，防止人体与之接触，或者一旦接触，将作用于人体或财物的能量或危险物质尽可能得小，使其不超过人或物的承受能力。见图 3-2。

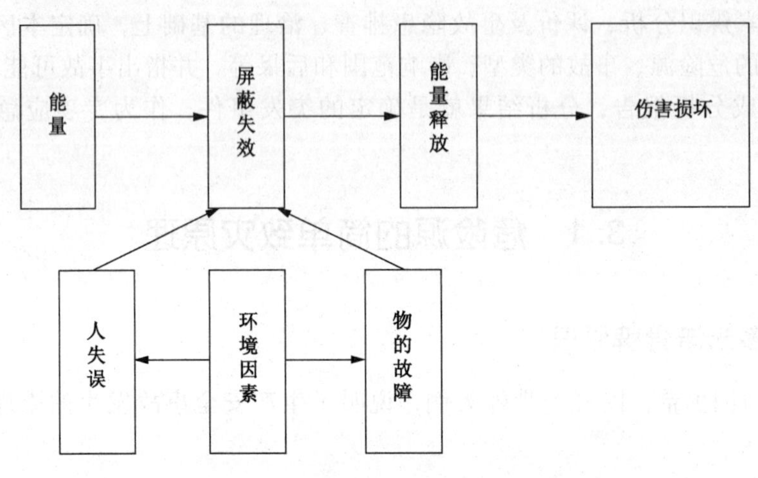

图 3-2　系统安全观点的事故因果连锁图

（1）物的原因（不安全的状态）

a. 设施的构造不良（如地板容易滑倒）；

b. 机械、器具、设备的缺陷（不完全的机械设备与工具，常是造成人员作业伤害的最主要原因）；

c. 通道与作业点的条件不良（如狭窄的通道与不安定的作业点，也是常发生事故的原因）；

d. 安全的装置与标志不良；

e. 采光与照明的不完全；

f. 工厂内部的整顿与清扫工作没有彻底地执行；

g. 作业空间不充足；

h. 材料或部分半成品的不良（工厂也经常因半成品或材料的不良，而造成作业迟滞与事故的发生）；

i. 作业的安全道具与护具的不良或完全不具备（经常看到有些工厂的员工，不知是穿戴安全护具会妨碍作业还是企业为了节省经营费用而不提供安全装备，要知道安全装备的穿着，对灾害或事故的发生，都可以最大的减轻受害）；

j. 其他的条件。

（2）人的原因（不安全的状态）

a. 程序的分配、作业的方式、作业时间等条件的安排有不合理的问题产生；

b. 基本作业知识与技术的不足；

c. 工厂内的作业指导与教育培训工作未彻底执行；

d. 员工对工厂的规则与上司的指示不重视，或管理者对作业规则与命令的执行疏于管理(如员工安全作业装备的不彻底穿着、机械运转速度经常超越规定的限制)；

e. 作业态度一般行为不良(不在乎工作态度与不良的私生活与行为)；

f. 作业动作与姿势的不良(作业处于不合理的位置、危险的动作与不良的作业姿势，都是影响其他同事的作业与造成事故的原因)；

g. 员工感情的兴奋与情绪的起伏；

h. 员工身体的不适；

i. 员工身心不平衡(如与同事之间产生不和、对家庭所产生的担心)；

j. 共同作业上的联络不充足。

3.1.3 两类危险源理论

第一类危险源是指系统中存在的、可能发生意外释放的能量或危险物质。第一类危险源具有的能量越多，发生事故的后果就越严重。一般情况下为控制系统中的能量或危险物质而采取相应的约束和限制措施，这些使约束和限制措施失效、破坏的原因因素称为第二类危险源。两类危险源共同决定危险源的危险性。

3.2 危险化学品企业风险分析

3.2.1 各种原材料、辅助材料、中间产品、成品的易燃易爆性

石油化工生产使用的各种原料都具有易燃易爆的性质，天然气、油田气、炼厂气、原料煤气、烃类以及各种油蒸气，它们的燃点低、爆炸下限低，点燃的能量低，当操作不当或设备问题发生外泄时，或者空气(氧气)混入系统中，则易发生燃烧爆炸。空分装置中的乙炔和碳氢化合物等危险物质超过允许含量时，极易引起爆炸。氧气是一种强氧化剂，能加速物质的燃烧，可引起许多不易燃烧物质的燃烧，在管道中高速流动时(超过安全流速)也可引起管道燃烧。

3.2.2 高温操作带来的危险性

石油化工生产中操作温度高是引起气体着火爆炸的一个重要因素。这是因为：

a. 高温设备和管道表面易引起与之接触的可燃物质着火；

b. 高温下的可燃气体混合物，一旦空气进入系统与之混合并达到爆炸极限时，极易在设备和管道内爆炸；

c. 温度达到或超过自燃点的可燃气体，一旦泄漏即能引起燃烧爆炸；如容器或管道内的介质温度达到燃点以上时，一旦泄漏立即燃烧。

d. 高温可加速运转机械中的润滑油的挥发和分解，使油气在管道中积炭、结焦，导致积炭燃烧和爆炸；

e. 高温使金属材料发生蠕变，改变金相组织，增强腐蚀性介质的腐蚀性，高温还能增强氢气对金属的氢蚀作用，这些都可降低设备的机械强度而产生裂纹，导致泄漏，甚至造成

爆炸；

f. 高温使可燃气体的爆炸极限扩大，如氨在常温下的爆炸极限为15.5%~27%，而在100℃时则变为14.5%~29.5%，由于爆炸范围加宽，危险性增大。

3.2.3 高压运行带来的危险性

高压操作有许多优点，如能提高化学反应速度，增加效率，提高设备的生产能力等。但是从安全生产角度来看，则带来了一系列的不安全因素。例如操作压力高，使可燃气体爆炸极限加宽，尤其是对上限影响较大。如常压下甲烷的爆炸上限为15%，而在12.5MPa时，则扩大到45.7%，使爆炸危险性增加。处于高压下的可燃气体一旦泄漏，高压气体体积迅速膨胀、扩散，与空气形成可爆炸混合气，又因流速大与喷口处摩擦易产生静电火花而导致着火爆炸。

另外，高压操作对设备选材、制造都带来一定困难，给平时的维护也增加了困难，同时易使设备发生疲劳腐蚀，造成泄漏。高压下能加剧氢气、氮气对钢材的氢蚀作用及渗氮作用，使设备机械强度减弱，导致物理爆炸。

3.2.4 人为因素带来的危险性

由于生产过程中，所处理或加工的物料均系易燃易爆物质，当操作不当或设备不严密时，空气或氧气窜入生产系统，或投料顺序有误，或投料比例不符合要求导致氧含量超过规定而造成爆炸。有自聚物生成的生产装置，由于控制不当，管理不严亦会引起自聚物的爆炸。

3.2.5 爆炸类型分析

石油化工生产，由于本身存在着固有的潜在危险因素，所以安全工作的难度较其他工业要大。多年来，爆炸事故时有发生，主要分为以下几种。

（1）过氧爆炸

可燃气体中的含氧量是石油化工生产过程中必须严格控制的工艺指标。氧含量超过安全界限，则容易形成爆炸混合物，在激发能源的作用下就能发生爆炸事故。

（2）物料互串引起爆炸

生产中的各种物料大多具有燃烧和爆炸性质，因此，当物料发生互串后，如氧气串入可燃气体中，可燃气体串入空气(氧气)中，或串入检修的设备中，均能引起爆炸。

（3）违章动火引起爆炸

生产过程中，常伴有设备检修的动火作业。如果图省事，怕麻烦，凭经验而不采取必要的安全措施，违章动火，则是引起爆炸事故的一个主要原因。

（4）静电引起火灾爆炸

石油化工生产所输送的介质绝大多数是易燃易爆的液体、气体或固体。这些物料的电阻率高，导电性能差，因此产生的静电不易散失，造成静电积累，当达到某一数值后，便出现静电放电。静电放电火花能引起火灾和爆炸事故，这是静电的最大危害，特别易发生在石油产品的装卸输送作业中。

（5）积炭引起火灾爆炸

压缩机由于积炭导致爆炸，主要是因为润滑油质量不符合要求，用量过大等原因。积炭在被压缩的空气中氧化，形成爆炸性混合物。

(6) 压力容器爆炸

压力容器由于设计、制造、使用、维护等方面存在问题，加之安全管理制度不健全，检测手段不完善，使设备超期服役或存在缺陷未及时发现造成爆炸事故屡见不鲜。

(7) 用汽油等易挥发液体擦洗设备引起爆炸

石油化工企业在设备检修时，按规定使用洗涤剂清污，但个别职工却用汽油等易挥发的可燃液体作为洗涤剂，从而引发了火灾爆炸事故。

(8) 安全装置失灵引起爆炸

使用化工企业常用的安全装置有防护、信号、保险、卸压、联锁等，这些安全装置是根据生产的需要而设置的，以便提高安全生产的可靠性，一旦失灵就会造成事故。

(9) 负压吸入空气引起爆炸

因生产联系不周，操作失误，设备和管道突然开裂，停车不及时，安全联锁失灵等原因，导致设备或生产系统形成负压，空气被吸入与可燃气体混合，形成爆炸性混合物，在高温、摩擦、静电等能源作用下即能引起火灾爆炸事故。

(10) 带压作业引起爆炸

带压作业在石油化工企业，特别是老装置采用的机会较多，因为装置老化，跑、冒、滴、漏经常发生，为了确保正常生产，采用切实可行的安全措施带压堵漏是允许的，也是安全的。但是有的企业在不减压的情况下热紧螺栓，消漏换垫等也常常引起爆炸事故。

(11) 过热液体和液化气体爆炸

水、有机液体等液体物质在容器内处于汽液两相共存的过热饱和状态，容器一旦破裂，气液平衡被破坏，液体就会迅速气化而发生爆炸；液化气体容器或贮罐在外壳破裂后气液平衡被破坏，液体突然气化发生爆炸。

注：过热液体和液化气体爆炸条件

a. 装置的泄漏部位。裂缝离液面越近，压力降速度越大；但在液相，由于有液封存在，同时液体阻力较大，压力不会马上降下来。

b. 裂缝的面积。若裂缝面积/液体面积>1/125，10ms 内可降压，若<1/125，不足以引起泄压，不会发生闪蒸。

注意：不同沸点的液化气体在相混时可能会发生爆炸，此时不需要设备破裂，而是相混时内部汽化引起。

(12) 粉尘爆炸

可燃性粉尘与空气形成爆炸性混合系的爆炸。一般情况下，粉尘爆炸事故发生的几率较低，但随着石油化工行业的发展，原料的多样化，生产的连续化，粉尘爆炸的潜在危险也在增大。粉尘爆炸的可能性与它的物理化学性质有关，即与粉尘的可燃性、浮游状态、在空气中的含量以及点火能源的强度等因素有关。

3.2.6 火灾转化为爆炸征兆分析

(1) 油气储罐火灾中的爆炸征兆

当液化石油气、天然气储存容器及管网，由于泄漏等原因而引起火灾时，如果不能及时控制火灾，经过一定时间有可能使容器内部液化石油气、天然气温度上升、体积膨胀、压力增大，最终使容器破坏而造成爆炸(先是物理爆炸，随后将发生严重的化学爆炸)。

a. 液化石油气、天然气储罐爆炸征兆：

储罐排气阀猛烈排气，并有刺耳哨声，罐体剧烈振动，火焰发白。

b. 液化石油气钢瓶爆炸的征兆：

钢瓶在火焰的直接作用下，持续约3min，就有爆炸的危险；钢瓶瓶体膨胀鼓肚变形，是爆炸的前兆；火焰颜色白亮刺眼，声音变细，发出“嘶嘶”声，如持续5~10s，声音与火焰突然消失，随即爆炸。

(2) 油罐燃烧的爆炸征兆

油罐发生火灾时，火焰一般是在罐顶呼吸阀、量油孔或裂缝处燃烧。灭火时，首先应根据火焰燃烧的特点来判断在短期内油罐是否会发生爆炸。一般认为，当火焰呈桔黄色、发亮、有黑烟时，油罐不会发生爆炸；而当火焰呈蓝色、不发亮、无黑烟时，说明罐内混合气体浓度处于爆炸极限范围内，有可能在短时间内发生爆炸。

3.3 危险源危害性分析

3.3.1 油田企业

油田企业生产作业现场主要是：钻井及测、录井；采油(气)及修井；油气处理及输送等生产作业过程的井场(平台)；站(联合站、转油站、天然气净化站、储油站)等场所。现场应急处置方案是针对具体的井站、场所或设施、岗位所制定的应急处置程序与措施。现场处置方案应具体、简单、针对性强。

现场应急处置方案主要包括但不限于以下几个方面。

对于油田企业“生产作业现场事故应急处理预案”编制的第一步来说，应系统地确定和评估本单位生产作业现场，特别是重大危险源或要害(重点)部位现场究竟会发生什么事故和可能导致什么紧急事件，即对生产现场进行事故特征分析。评估主要包括：

a. 危险性分析，可能发生的事故类型；

b. 事故发生的区域、地点或装置的名称；

c. 事故可能发生的季节和造成的危害程度；

d. 事故前可能出现的征兆。

编制现场事故应急处理预案前，不但要分析那些容易发生的事故，还应分析虽不易发生却会造成严重后果的事故。潜在事故分析应包括以下几个问题：

a. 可能发生的重大事故；

b. 导致发生重大事故的过程；

c. 非重大事故可能导致发生重大事故需经历的时间；

d. 如果非重大事故被消除后，它的破坏程度如何；

e. 事故之间的联系；

f. 每一个事故可能导致的后果。

3.3.2 炼油、化工企业

炼化企业包括多套生产工艺，项目规模大，工艺流程长，涉及多种危险化学品，且储运系统、公用系统也涉及大量的危险物质，具有易燃、易爆、有毒、有害等特性，在生产、储存、使用、经营、运输等环节中存在着较高程度的危险性，一旦发生事故，会对人员、设施、环境造成不同程度的伤害或损害，并且生产装置的大型化，一方面有效提高了生产效率，同时随着存储危险物料量的大增，潜在的危险能量也大增，事故造成的后果也往往更加严重。

具体来说，炼化企业存在以下几个方面的生产特点：

（1）石化生产中涉及物料危险性大，发生火灾、爆炸、群死群伤事故几率高

石化生产过程中所使用的原材料、辅助材料半成品和成品，如原油、天然气、汽油、液态烃、乙烯、丙烯等等，绝大多数属易燃、可燃物质，一旦泄漏，易形成爆炸性混合物发生燃烧、爆炸；许多物料是高毒和剧毒物质，如苯、甲苯、氰化钠、硫化氢、氯气等等，这些物料的处置不当或发生泄漏，容易导致人员伤亡；石化生产过程中还要使用、产生多种强腐蚀性的酸、碱类物质，如硫酸、盐酸、烧碱等，设备、管线腐蚀出现问题的可能性高；一些物料还具有自燃、暴聚特性，如金属有机催化剂、乙烯等。

（2）石化生产工艺技术复杂，运行条件苛刻，易出现突发灾难性事故

石化生产过程中，需要经历很多物理、化学过程和传质、传热单元操作，一些过程控制条件异常苛刻，如高温、高压，低温、真空等。如蒸汽裂解的温度高达1100℃，而一些深冷分离过程的温度低至-100℃以下；高压聚乙烯的聚合压力达350MPa，涤纶原料聚酯的生产压力仅1~2mmHg；特别是在减压蒸馏、催化裂化、焦化等很多加工过程中，物料温度已超过其自燃点。这些苛刻条件，对石化生产设备的制造、维护以及人员素质都提出了严格要求，任何一个小的失误就有可能导致灾难性后果。

（3）装置大型化，生产规模大，连续性强，个别事故影响全局

石化生产装置呈大型化和单系列，自动化程度高，只要有某一部位、某一环节发生故障或操作失误，就会牵一发而动全身。石化生产装置正朝大型化发展，单套装置的加工处理能力不断扩大，如常减压装置能力已达1000万吨/年，催化裂化装置能力最大为800万吨/年，乙烯装置能力已达100万吨/年。装置的大型化将带来系统内危险物料贮存量的上升，增加风险。同时，石化生产过程的连续性强，在一些大型一体化装置区，装置之间相互关联，物料互供关系密切，一个装置的产品往往是另一装置的原材料，局部的问题往往会影响到全局。

（4）装置技术密集，资金密集，发生事故财产损失大

石化装置由于技术复杂、设备制造、安装成本高，装置资本密集，发生事故时损失巨大。由于石化装置资金密集，事故造成的财产损失巨大。据有关资料对1969~1997年世界石化行业重大事故进行统计分析，发现单套装置的事故直接经济损失惊人。如1989年10月美国菲利浦斯石油公司得克萨斯工厂发生爆炸，财产损失高达8.12亿美元；1998年英国西方石油公司北海采油平台事故直接经济损失达3亿美元；2001年巴西海上半潜式采油平台事故损失5亿多美元。

炼化企业总体上属于风险较大的企业，其原料、中间产品和产品大都具有易燃易爆、毒性等危害特性，一旦发生泄漏，可导致火灾爆炸、人员中毒等重大事故。在炼油化工行业中发生比例较大的也是火灾和爆炸。

其他意外事故还包括供电、供水、供气等中断，管道爆裂，空中物体坠落、建筑物倒塌等风险。由于各地气象条件差异很大，不同企业所面临的自然灾害的风险类型和风险大小也

各不相同。雷击、暴风雨、洪水，以及其他自然灾害风险如地震、冰雹、泥石流、山崩、雪崩、火山爆发、地面下陷等有可能给某些企业带来不同程度的损失。

（1）火灾爆炸风险

石油石化行业的产品、中间体、副产物大多属于易燃易爆的危险化学品，同时生产工艺中存在高温、高压、低温、真空，均属于火灾爆炸风险较大的环节。

不同的危险化学品在不同情况下发生火灾、爆炸时，由于化学品本身及其燃烧产物大多具有较强的毒害性和腐蚀性，极易造成人员中毒、灼伤。比如液化石油气，极易燃，与空气混合能形成爆炸性混合物，遇热源和明火有燃烧和爆炸的危险。

（2）中毒风险

石油石化行业的许多产品、中间体、副产物具有毒性，且毒性危害非常大，如苯、环氧乙烷等。当发生泄漏时，其毒性危害范围可能超出装置区，波及临近区域，一旦发生泄漏会对人体造成极大危害，还可能导致中毒事故。不同的地区，自然条件和气候不同，泄漏扩散中毒影响范围也不同。因此，应根据泄漏扩散区域，严格按照相关规范的要求安装可燃气体检测报警仪和有毒气体检测报警仪，并做好相应防护工作。

（3）管道泄漏风险

装置及其配套的原料罐区、中间原料罐区、成品罐区等，一旦发生泄漏，会带来相应的危害。如液化石油气储罐发生泄漏时，可能导致的后果有闪火、喷射火、延迟爆炸等。泄漏的液化石油气如果立即遭遇火源可发生喷射火；如遭遇延迟点火，会发生延迟点火爆炸，爆炸的危害区域会依气体扩散达到的空间区域和点火源位置不同而不同。

（4）公用工程风险

公用工程系统出现问题或故障，如停风、停水、停电、停气等，一方面要按照国家和行业标准规范制定的公用工程系统故障应急处置方案来处理，同时必须防止次生灾害的产生，比如防止有害物质的逸散，避免公用工程系统故障引发火灾、爆炸等。

（5）重大环境污染风险

环境污染可以分为大气污染、水污染、噪声污染、固体污染、电磁污染等。炼化企业在生产过程中要产生一定的废水、废气、废渣等，如果处理不当或发生意外情况，难免会造成对环境的污染。

3.3.3 管道储运企业

管道储运企业具有点（输油气站场）多、线（管道）长，大中小型江河、水库穿跨越众多，单位、人员分布范围广，所输送的原油、成品油、天然气等具有易燃、易爆、有毒、有害等特性，运输及储存等环节存在较高程度的危险性，管道沿线经过地方环境复杂，地方建设工程施工及人为打孔破坏管道等不可控因素多，一旦发生管道泄漏事故，所输高温、高压介质极易着火、爆炸，将对周边居民、设施造成严重的伤害，对环境造成严重破坏。

基于管道储运生产特点，管道储运过程中比较典型的风险一般包括油气管道泄漏、火灾爆炸、工程施工、水（海）上溢油、气象灾害、地震、恐怖袭击及计算机信息系统事件等内容。

（1）油气管道泄漏风险

油气管道运行过程中由于管道本身腐蚀穿孔、超压运行、水击、外力（包括人为）破坏等原因，极易导致发生油气管道泄漏。

（2）火灾爆炸风险

油气管道及储存设施一旦发生油气泄漏，遇明火极易引起火灾爆炸；锅炉压力容器、变电所、泵房等重点要害(重点)部位，以及人员密集场所、员工生活社区等都有可能发生火灾爆炸的风险。

（3）工程施工风险

各类新建、扩建、改建工程，由于管理不善或其他原因，在施工过程中极易发生危及人员安全或导致人员伤亡、设备设施损坏，以及由于施工原因造成危及社会和公共安全，导致企业、国家和人民财产遭受严重损失的风险。

（4）水(海)上溢油风险

油气管道穿越、跨越大中小型江河、水库时，因管道泄漏而发生油品污染水域，造成水资源生态破坏等重大环境污染事故风险。

（5）气象灾害风险

管道沿线地区发生或可能发生的强风、暴雨、洪汛、雷电、大雾、高温、低温等，影响到正常油气储运、员工生活或财产损失的风险。

特别是洪汛灾害，极易造成管道穿、跨越段被冲刷引起断管的险情，或输油气站场、员工生活社区受到洪水严重威胁的风险。

（6）地震风险

地壳在内、外应力作用下，积聚的构造应力突然释放，产生震动弹性波，从震源向四周传播引起地面颤动，造成从该地区经过的管道、或地面油气储运设施、建构筑物损坏的风险。

（7）恐怖袭击风险

由极端分子组织实施的，对油气管道大中型穿跨越设施、油库区等装置造成或可能造成严重危害的袭击风险。

（8）计算机信息系统风险

油气管道运行调度指挥系统或工作计算机系统遭受大规模网络攻击或人为蓄意破坏，或由于不可抗力，造成多地点或多区域基础网络、重要信息系统、重点网站瘫痪，导致关键业务中断，造成或可能造成严重影响或较大经济损失的风险。

3.3.4 经营企业

a. 环境特点：经营企业油库、加油(气)站站点分布在全国各地，点多面广，不同油库、加油(气)站所处地域的地质条件及周边环境各有不同，还有部分油库、加油(气)站地处人口密集区、风景名胜区或临江、临湖。

b. 生产经营特点：销售企业油库、加油(气)站设备设施工艺相对简单，操作简便，危险性相对较小。

c. 人文特点：油库、加油(气)站一线操作员工流动性大，员工文化素质普遍不高。

油品销售企业风险：

a. 火灾爆炸：成品油、天然气具有易燃、易爆、易产生静电、易膨胀、易流动、有毒有害等特性，油蒸汽与空气混合形成爆炸性混合气体，遇明火、高温易引起燃烧、爆炸，造成人员伤亡及财产损失。

b. 油气泄漏：油罐、加油(气)机、管线等发生故障或遭人为、自然灾害破坏，造成破裂，导致油气泄漏；输油(气)管线与阀门、法兰、流量计、仪表等设备连接不严密导致油气泄漏；储罐、阀门、泵、管道等因质量或安装不当导致油气泄漏。泄漏的油气挥发，油蒸汽与空气混合形成爆炸性混合气体，遇明火、高温易引起燃烧、爆炸。泄漏的油气如未得到及时有效控制，还可能引起人员中毒、环境污染等次生灾害。

c. 油品数、质量风险：油库、加油(气)站在油品购、销、存过程中，由于油品质量、计量不符合现行石油产品标准要求，可能造成危害客户合法权益、影响企业信誉或严重社会影响的事件。

3.3.5 危险化学品设计施工企业

施工活动具有以下特点：公司主要从事石油化工工程建设的特点决定了公司生产经营活动同时具有石油化工行业的易燃易爆、高温高压、有毒有害和施工建筑行业的流动性大、人员复杂、露天作业、高空作业、动火作业、立体交叉作业多的特点。国外施工受工程所在国、地域、自然条件、政治等因素的影响，给施工生产带来了诸多的不安全因素，容易引发各类自然灾害、安全生产、公共卫生、社会安全等突发事件，可能造成的人身伤亡和经济损失。

因自然灾害而引起的突发事件：地震、洪灾等；

因人为因素而引起的突发事件：大型设备吊装、建(构)筑物或组合式脚手架倒塌、生产装置检修中的火灾、爆炸及油品和有毒有害介质泄漏、集体食物中毒、重大交通事故、压力容器爆炸、重大机械事故及伤害、辐射源泄漏等。

建设公司所属施工现场发生的(物体打击、高空坠落、构(建)筑物坍塌、吊装倾覆、受限空间事件、设备损毁、触电、场内交通运输、机械伤害、环境污染等)安全生产事件。

脚手架、模板、起重、基坑等作业及临建设施由于设计缺陷、工序错误、施工过程管理不到位、安全措施不落实等因素容易造成坍塌，造成群死群伤事故的发生；此类作业应严格按照危险性较大分部分项工程安全管理办法，对方案进行论证，加强施工过程管理，严格落实各项安全控制措施，加强监督检查。

建筑施工行业高空作业、交叉作业多，由于孔洞、临边等安全防护措施落实不到、人员不按规定使用劳动保护用品及劳动保护与主体工程施工不同步，很容易导致高空坠落、物体打击事故的发生；为避免此类事故的发生，应优化施工方案，加大现场预制深度，减少高空作业，施工过程中劳动保护应与主体工程同步施工、同步投入使用，如不能同步施工应及时采取隔离、封堵孔洞和临边、搭设脚手架、拉设安全网、生命绳、教育监督作业按规定使用劳动保护用品等措施。

施工现场临时用电多，由于配电不合理、电气保护元件失灵及受雨季影响很容易导致触电事故的发生；临时用电应严格执行“三相五线制、三级控制两级保护”的配电方式，当总用电设备容量超过50kW时应编制临时用电方案，雨季施工应编制雨季施工方案，并派专职电工进行临时用电安全检查，及时消除隐患，严防触电事故的发生。

石油化工装置动火(焊接、切割、打磨、锤击等产生明火或火花)作业、受限空间(塔、釜、罐、裙座、管道、地沟、炉等场所)作业多，再加上石油化工装置易燃易爆、高温高压、有毒有害的特点，由于安全条件不落实，违章冒险作业，不严格执行作业许可制度，很容易引发火灾、爆炸、中毒、窒息事故的发生；动火作业、受限空间作业必须严格执行作业许可证制度，作业前必须气体检测、危害分析和安全技术交底，各项安全防护控制措施和急救措施落实后方可进行作业，并严格执行监护人制度。

施工现场砂轮机、套丝机、切断机、滚板机、压缩机、钢筋拉直机等各种施工机械多，由于设计不符合人机学、保养维护不及时，施工人员违章，很容易导致机械伤害事故的发生；此类作业前必须对设备进行安全检查，设计不合理、安全附件不全的设备严禁使用，应加强作业人员安全操作规程的教育，严禁违章作业。

施工作业产生的边角余料、保温棉、焊条头、噪音、土方运输洒落、车辆废气、废水、油污会对环境造成一定的污染，作业过程中应对施工垃圾进行分类回收交由相关专业单位进行处理；应尽量减少夜间施工；土方运输应使用有遮盖的车辆进行运输，车辆尾气排放应达标；使用的设备应选用节能环保类型；施工用水应循环使用，最终排入业主指定的排污系统；通过各种措施减少对环境的污染。

3.4 应急能力评估

应急能力评估是突发事件分级的关键，是依据危险分析的结果，对应急资源准备状况的充分性和从事应急救援活动所具备的能力评估，以明确应急救援的需求和不足，为应急预案的编制奠定基础。应急能力包括应急资源(应急人员、应急设施、装备和物资)、应急人员的技术、经验和接受的培训等，它将直接影响应急行动的快速、有效性。编制(修订)应急预案时应当在评估与潜在危险相适应的应急能力的基础上，选择最现实、最有效的应急策略。

应急能力评估是从组织体制、应急预案、应急指挥、应急资源保障等方面的准备工作对生产事故应急管理的预防、预备、响应和恢复四个阶段所做的全面动态评估。通过评估，可以持续改进应急管理工作，确保应急预案的有效性，帮助提高组织应急救援的水平，在事故发生之前审查应急准备工作的进展情况。

美国《应急能力准备评估办法》着重应急管理中的法律依据、危险辨识和风险评估、资源管理、应急预案编制、控制与协调、计划管理等，共13个职能，1801个评估要素。日本注重防灾能力及危险管理应急能力评估。在我国，全面、系统的安全生产应急管理法律法规及标准体系正在建设阶段，还没有涉及生产经营单位应急能力评估的研究。要通过建立评估指标体系，分析应急准备，找出问题提高水平。

危险化学品企业应急能力评估具体内容：事故检测与预警能力、企业控制能力、员工反应能力、事故处置能力、事故救援能力、资源保障能力等。

事故检测与预警能力：危险、危害识别和评估与初期评估，如事故类型、规模、性质、范围、人员伤亡等。利用相关信息网络发布事故的能力。事故应急能力首先表现为对各种事故进行有效的实时检测和准确预报，为有效减轻事故损失做准备。

企业控制能力：企业应急管理规定和实施情况；应急行动行为的法律法规标准规章制度的符合性；应急组织机构建立有效性和发挥作用情况；现场处置方案制定有效性；事故应急预案的制定与演练效果；相关设备设施功能和物资完好性；企业内相关人员应急知识宣传教育、自防自救疏散的培训水平等。企业控制能力在应急管理中发挥着人员调动和配置资源作用，是实现事故应急管理目标的关键因素。

员工反应能力：员工对各种事故的了解程度；对有效防范、处置和减少事故损失知识的了解程度；员工自救互救的能力；员工对事故所产生的伤害(财产、人员、社会影响等)心里承受能力；事故对员工心里伤害的康复。员工既是应急管理的对象，又是应急管理得以发挥作用的主体。

事故处置能力：员工对各种事故的辨识能力；员工对事故预防预警能力；员工对应急技术处置能力；员工对各应急预案衔接能力；员工对工艺技术规程掌握程度的能力；员工对资源使用调动能力。事故处置能力是应急预案中的核心内容，是关键环节，是衡量应急管理效果主要指标。

事故救援能力：事故救援体系的建设与作用发挥的情况，企业事故紧急救援规定执行情况；事故救援企业内或是社会力量与资源配置情况；专兼职救援队伍与生产规模匹配、培训资格、资质等；事故救援力量的现场指挥协调能力、技术支持能力、后勤保障能力、医疗能力通讯能力、恢复能力等。科学完备的事故救援是企业应急能力的重要支撑。

资源保障能力：专兼职救援队伍分部情况，应急物资储存管理、数量、运输、使用以及回收等；救援装备、工具等配备、先进程度等；后勤保障能力等。全面、充足的资源储备是事故应急管理工作的基础和重要环节。

事故应急能力评价解决关键问题，是检验企业各级部门在应对突发事故时所拥有的人力、组织、机构、手段和资源等应急要素的完备性、协调性以及最大程度减轻灾害损失的综合能力。在实施应急能力评价时，紧密结合企业实际，构建应急管理系统，做好事故监测、识别、预警准备、救援、隔离控制、恢复等。

企业事故应急能力评价方法如下：

获得基础数据：用量表获得数据。有自陈式量表和投射式量表两种。

自陈量表由被评估对象自己判断得分：一是设定每一要素的参照标准，由被评者根据标准判断所属等级，如：3为完全有能力，2为有一定能力。二是不设参照标准，由被评者判断所属等级。对被评估者要求高，具备判断能力和经验以及客观公正。

投射式量表：由专家或培训过的观察者来打分的主观量化。存在着多位专家或观察者打分一致性。要素标准定量表：由企业专家将要素行为过程编制为

标准定性表，并赋予定量值，如：预警。对事故地点、性质、范围描述迅速准确为3，描述缺项为2等。推荐使用要素标准定量表。事先编制要素标准定量表，并要广泛征求意见。实际上也是行为过程的标准。

数据分析：

单一要素指标通常取算数平均值作为得分。

涉及多个指标值的综合评价相对复杂。主要是指标权重。

主观赋权法：由专家根据经验主观判断得到权重，有层次分析法(APH)和模糊综合评价法(FCE)。

客观赋权法：根据指标之间的相关关系或各指标之间的变异系数确定权数，有灰色关联度和主成分分析法等。

主观赋权法中常用的层次分析法。将各个指标通过划分相互之间的关系，分解为若干个有序层次，通过两两的比较方式确定每个层次中元素的相对重要性，建立判断矩阵，然后计算每个层次的判断矩阵中各指标的相对重要程度权数，通过各评价指标的加权求和计算综合

应急能力的评价值。

有模糊综合评价法常用方法和模糊层次评价法常用方法两种。

客观赋权法中常用的主成分分析方法：应急能力计算模型（受评估者对应急理解不同影响）和公式。

应急能力评价值=要素指标定量分值×指标权重

为此，本书介绍一种相对简单的企业安全生产应急救援能力评估表（如表 3-1 所示），通过汇总所选择的“优良中差”的数量，数量最多者为企业应急能力的评估主值，再看其上下选项的汇总数，数量多者为副值，比如对某企业应急救援能力进行分析评判，15 个“良”，28 个“中”，5 个“差”，最终得出该企业安全生产应急救援能力在中上等水平，仍有许多问题需要解决，特别在风险预警、事故发展趋势、后果影响预判、功能区划分和后勤保障方面，差距还很大。

表 3-1　安全生产应急救援能力评价指标体系

一级指标	二级指标		三级指标		说　明	选　择
1 应急准备能力	1.1	应急资源准备	1.1.1	应急机构设立与职责	机构健全、职责清晰	□优 □良 □中 □差
			1.1.2	应急救援队伍建设	队伍充足、专长突出	□良 □中 □差 □优
			1.1.3	专家组建设	队伍充足、专长突出	□中 □差 □优 □良
			1.1.4	装备资源配置	充足、与风险匹配性好	□优 □差 □良 □中
			1.1.5	通信保障	充足	□优 □中 □差 □良
			1.1.6	资金保障	充足	□良 □中 □优 □差
			1.1.7	医疗保障	充足	□差 □良 □中 □优
			1.1.8	应急设施建设	充足	□良 □中 □优 □差
			1.1.9	其他保障	充足	□中 □优 □良 □差
	1.2	日常应急管理	1.2.1	规章制度	健全	□差 □优 □良 □中
			1.2.2	应急信息化平台建设	有、功能先进	□中 □差 □优 □良
			1.2.3	危险性分析	充分识别辖区风险	□良 □中 □优 □差
			1.2.4	风险控制	措施有效	□优 □良 □中 □差
			1.2.5	风险预警	实时监控，动态跟踪	□中 □优 □良 □差
			1.2.6	应急预案体系	完整、质优	□良 □优 □良 □差
			1.2.7	培训教育	组织及效果好	□中 □优 □良 □差
			1.2.8	应急演习	组织及效果好	□良 □中 □优 □差

续表

一级指标	二级指标		三级指标		说明	选择
2 应急响应能力	2.1	政府初始应对	2.1.1	应急指挥机构成立	及时、迅速	□中 □差 □优 □良
			2.1.2	人员到位	及时、迅速	□良 □中 □优 □差
			2.1.3	应急平台启动	及时、迅速	□优 □中 □差 □良
			2.1.4	警戒疏散方案及执行	及时、迅速	□良 □中 □差 □优
	2.2	应急信息管理	2.2.1	信息接收、流转、报送	及时、准确、完整	□良 □优 □中 □差
	2.3	部门协调联动	2.3.1	指挥部成员	联动及时、有效	□良 □中 □优 □差
			2.3.2	上级政府	联动及时、有效	□差 □优 □良 □中
			2.3.3	属地政府	联动及时、有效	□良 □中 □优 □差
			2.3.4	企业	联动及时、有效	□中 □差 □优 □良
3 指挥救援能力	3.1	人员调动	3.1.1	应急救援队伍调动	及时、充足	□中 □优 □良 □差
			3.1.2	专家组征调	及时、充足	□良 □中 □优 □差
	3.2	资源调动	3.2.1	装备调动	及时、充足	□良 □优 □差 □中
			3.2.1	物资调动	及时、充足	□中 □优 □差 □良
	3.3	态势研判	3.3.1	事故发展趋势及后果影响预判	及时、准确	□中 □差 □优 □良
	3.4	现场应急处置方案	3.4.1	制定程序	有且科学	□中 □差 □优 □良
			3.4.2	修订	科学且及时	□良 □中 □优 □差
4 应急处置措施执行能力	4.1	现场应急救援任务执行力	4.1.1	应急队伍处理	有序、快速、高效	□中 □差 □良 □优
			4.1.2	应急资源保障	有序、快速、高效	□优 □良 □中 □差
			4.1.3	企业先期处置能力	有序、快速、高效	□优 □中 □差 □良
			4.1.4	人员搜救能力	有序、快速、高效	□优 □良 □中 □差
	4.2	防止事故扩大	4.2.1	防范次生衍生事故及事故扩大采取的措施执行情况	及时、充足	□良 □中 □优 □差
			4.2.2	防控环境影响措施执行情况	及时、充足	□优 □中 □差 □良

续表

一级指标	二级指标		三级指标		说　明	选　择
5 现场管理和信息发布情况	5.1	现场管理	5.1.1	功能区划分	合理，秩序良好	□中 □差 □优 □良
			5.1.2	后勤保障	运行顺畅	□良 □中 □优 □差
			5.1.3	人员防护	科学、有效	□良 □中 □优 □差
	5.2	信息发布	5.2.1	责任 机构	明确	□中 □差 □优 □良
			5.2.2	程序	合法性	□优 □差 □良 □中
6 事后恢复能力	6.1	现场清理与重建	6.1.1	现场清理	及时、有效	□差 □优 □良 □中
			6.1.2	重建	科学、有序	□良 □差 □优 □中
	6.2	善后处理	6.2.1	伤员救治	及时、有效	□中 □差 □优 □良
			6.2.2	抚恤、保险	及时、有效	□良 □中 □优 □差
			6.2.3	家属工作、社会稳定等	及时、有效	□差 □优 □中 □良
	6.3	事故调查	6.3.1	机构	有能力且合法	□优 □中 □差 □良
			6.3.2	职责	清晰	□中 □良 □优 □差

第4章　应急预案编制

4.1　应急预案体系现状

我国的应急预案工作开展于20世纪70年代，最先是要求各级生产、储存、使用危险化学品的企业针对其生产特点编写相关预案，这一时期企业所编写的应急预案没有一个统一的格式和内容要求。但是总体来讲，这一时期我国面临的一些重大的突发公共事件时，基本上还是处于兵来将挡、水来土掩的被动局面。尤其是非典和松花江的污染事件所暴露出的问题，使得制定一个国家总体应急预案的必要性凸显出来。

2003年，国务院办公厅成立了应急预案工作小组。

2004年，国务院应急预案工作小组重点推进全国预案编制工作。在北京和郑州召开了国务院有关部门和部分省及大城市应急预案编制工作会议，国务院办公厅印发了《国务院有关部门和单位制定和修订突发公共事件应急预案框架指南》和《省(区、市)人民政府突发公共事件总体应急预案框架指南》。

2005年，国务院及国务院各部门和各省、区、市人民政府全部完成了应急预案编制工作。国务院印发了《国家突发公共事件总体应急预案》和25项专项应急预案，国务院各有关部门也通过备案印发了相关部门应急预案。国务院召开了第一次全国应急管理工作会议，对“一案三制”工作进行了部署。因此，我国于2005年颁布出台了《国家突发事件总体应急预案》，《国家突发事件总体应急预案》标志着国家整体应急预案体系框架建立的开始。

《国家突发事件总体应急预案》在编制过程中，参考了美国、日本、俄罗斯等国以及联合国等国际组织的各种规划、预案和指南的内容，分析了美国“9·11”事件、印度洋海啸、疯牛病等国际危机事件的特点，总结了我国的经验教训并根据我国的国情进行了创新，具有鲜明的中国特色，具有一些其他国家没有的、超前的、创新的内容。《国家突发事件总体应急预案》将我国应急预案的模式制定为总体预案加专项预案形式，这一点是我国的应急预案与国外应急预案最大的区别。

2006年，国务院在深入推进全国“一案三制”建设，召开了第二次全国应急管理工作会议，印发了《关于全面加强应急管理工作的意见》，重点抓应急预案进企业工作，并在南京召开了中央企业应急管理和预案编制工作现场会。国家安全生产监督管理总局印发了《生产经营单位安全生产事故应急预案编制导则》，印发了《关于加强安全生产应急管理工作的意见》。在各级政府和各有关部门的共同努力下，我国应急预案编制工作取得了很大进展。

2006年5~6月，国务院印发4大类25件专项应急预案，80件部门预案以及省级总体应急预案也相继出台，至此，国家应急预案框架体系初步形成。中央企业应急预案编制工作经过重点培训和备案审查，154家中央企业总部及其所属单位全部完成了应急预案编制工作，共编制不同层次总体和专项应急预案39702个。其中：中央企业总部编制总体预案163个，专项预案664个；二级企业总体预案2499个，专项预案9499个；三级及以下企业总体预案3223个，专项预案23654个。据不完全统计，到2011年年末我国32个省级统计单位编制应急预案总数达到5926013个。

2007年，国务院重点推进应急管理进基层工作，在浙江诸暨召开了应急管理工作座谈会，进行了应急预案演练，对应急管理进社区、进乡村、进基层单位进行了工作部署，印发了《关于加强基层应急管理工作的意见》，转发了国家安全生产监督管理总局等部门《关于加强企业应急管理工作的意见》。经过4年多的努力，全国绝大部分生产经营单位和基层组织都制订了相应的应急预案。

2009年5月1日，国家安全生产监督管理总局发布了17号令《生产安全事故应急预案管理办法》，对预案的编制、评审、发布、备案、培训、演练和修订等工作做出了明确规定。

其他各类生产经营单位应急预案编制工作，在各级安全生产监督管理部门和其他负有安全生产监管部门的共同努力下，高危行业(煤矿、非煤矿山、危险化学品、烟花爆竹等)预案覆盖率达到100%。其他类型生产经营单位基本上都编制有不同类型的应急预案。我国目前基本形成了覆盖各地区、各部门、各生产经营单位“横向到边、纵向到底”的安全生产应急预案体系。

4.2 应急预案体系分类

《中华人民共和国突发事件应对法》将我国应急预案体系划分为：国家总体应急预案、国家专项应急预案、国家部门应急预案、地方政府应急预案、企事业单位应急预案和重大活动应急预案。

国家总体应急预案：是全国应急预案体系的总纲，是国务院应对特别重大突发公共事件的规范性文件，适用于涉及跨省级行政区划的，或超出事发地省级人民政府处置能力的，或需要由国务院负责处置的特别重大突发公共事件的应对工作，由国务院制定并公布实施。国务院根据各类突发公共事件的级别，相对启动总体预案，采取应对措施，共制定一个国家总体应急预案。

国家专项应急预案：是国务院及其有关部门为应对某一类型或某几种类型突发公共事件而制定的应急预案。由国务院有关部门牵头制定，报国务院批准后实施，共制定25个专项应急预案，包括：国家重大食品安全事故应急预案、国家突发公共卫生事件应急预案、国家突发环境事件应急预案、国家安全生产事故灾难应急预案等；待发布3个，包括：国家粮食应急预案、国家金融突发事件应急预案、国家涉外突发事件应急预案。

国家部门应急预案：是国务院有关部门根据总体应急预案、专项应急预案和部门职责，为应对突发公共事件制定的预案。由国务院有关部门制定印发，报国务院备案。现共制定80个部门应急预案，包括：危险化学品事故灾难应急预案、陆上石油天然气开采事故灾难应急预案等。

地方政府应急预案：包括省级人民政府的突发公共事件总体应急预案、专项应急预案和部门应急预案；各市(地)、县(市)人民政府及其基层政权组织的突发公共事件应急预案。这些预案在省级人民政府的领导下，按照分类管理、分级负责的原则，由地方人民政府及其有关部门分别制定并实施。

企事业单位应急预案：企事业单位以及企业内部各层级单位等根据实际情况制定应急预案。

重大活动应急预案：举办大型会议、展览和文化体育等重大活动，主办单位应当制定应急预案。

4.3 应急预案管理要求

2009年3月20日，国家安全生产监督管理总局局长办公会议审议通过《生产安全事故应急预案管理办法》(以下简称《办法》)，自2009年5月1日起施行。《生产安全事故应急预案管理办法》主要界定了生产安全事故应急预案(以下简称应急预案)的编制、评审、发布、备案、培训、演练和修订等工作，遵循综合协调、分类管理、分级负责、属地为主的原则。

《办法》规定国家安全生产监督管理总局负责应急预案的综合协调管理工作。国务院其他负有安全生产监督管理职责的部门按照各自的职责负责本行业、本领域内应急预案的管理工作。县级以上地方各级人民政府安全生产监督管理部门负责本行政区域内应急预案的综合协调管理工作。县级以上地方各级人民政府其他负有安全生产监督管理职责的部门按照各自的职责负责辖区内本行业、本领域应急预案的管理工作。

4.4 应急预案、现场处置方案的编制

应急预案：又称应急计划或应急方案。针对可能发生的事故，为迅速、有序地开展应急行动、降低人员伤亡和经济损失而预先制定的行动计划或工作方案。其主要目的是在事故发生前，明确事前、事发、事中、事后的各个过程中，谁来做，怎样做，何时做以及相应的应急资源和策略准备等。

编制应急预案是危险化学品企业应急管理的核心工作内容之一，是开展应急救援工作的重要保障。必须以科学的态度，在全面调查的基础上，实行领导、一线职工与专家相结合的方式，开展科学分析和论证，使应急预案真正具有科学性。同时，应急预案应符合使用对象的客观情况，具有实用性和可操作性，以利于准确、迅速控制事故。

4.5 应急预案编制（修订）基本步骤

应急预案的编制(修订)过程按照阶段性目标来考虑，可分为前期准备、预案编写、预案的评审和发布实施三个阶段。按照每一阶段的编制工作及任务，可细分为以下六个步骤(见图4-1应急预案的编制步骤图)：

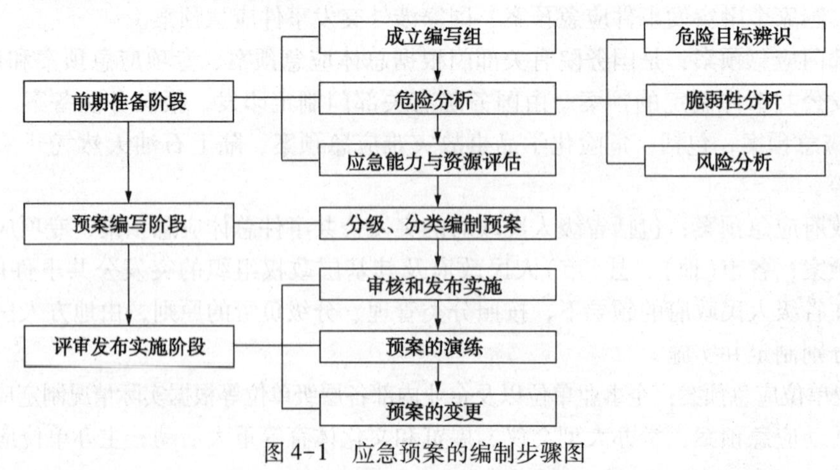

图4-1 应急预案的编制步骤图

事故应急预案应当简明，便于有关人员在实际紧急情况下使用。一方面，预案的主要部分应当是整体应急响应策略和应急行动，具体实施程序应放在预案附录中详细说明。另一方面，预案应有足够的灵活性，以适应随时变化的实际紧急情况。前面所提到问题的所有结论和解决办法应缩减为一个简单明了的文件，便于评价和使用。除了这些以外，预案中非常重要的内容是预案应包括至少六个主要应急响应要素，它们是：

（1）应急资源的有效性；

（2）事故评估程序；

（3）指挥、协调和响应组织的结构；

（4）通报和通信联络程序；

（5）应急响应行动(包括事故控制、防护行动和救援行动)；

（6）培训、演习和预案保持。

根据企业规模和复杂程度不同，应急预案也存在各种形式。编制小组的另一个任务是使综合预案的格式适用于企业的具体情况。最后，小组应确定出如何保证预案更新，如何进行培训和演习。根据预案格式，可以把一些条款放在预案主体内容中，或放在附录中。预案编制不是单独、短期的行为，它是整个应急准备中的一个环节。有效的应急预案应该不断进行评价、修改和测试，持续改进。

通常企业编制事故应急预案的步骤如下：

4.5.1　应急预案编写组

企业管理层首先应指定应急预案编制小组的人员，组员是预案制定和实施中有重要作用或是可能在紧急事故中受影响的人。成立应急预案编制(修订)小组是将各有关职能部门、各类专业技术有效结合起来的最佳方式，可有效地保证应急预案的准确性、完整性和实用性，而且为应急各方提供了一个非常重要的协作与交流机会，有利于统一应急各方的不同观点和意见。预案编制小组的人员通常来自以下职能部门：①安全；②环保；③操作和生产；④保卫；⑤工程；⑥技术服务；⑦维修保养；⑧医疗；⑨环境；⑩人事。

此外，小组成员也可以包括来自地方政府社区和相关政府部门的代表(例如，安全、消防、公安、医疗、气象、公共服务和管理机构等)。这样可消除现场事故应急预案与政府应急预案中的不一致性，同时这样也可明确紧急事故影响到厂外时涉及的单位及其职责，有利于救援时的协调配合。

应急预案编制(修订)小组应具有代表性、权威性，需要投入大量的时间和精力，所以编制(修订)队伍的组建取决于企业的作业、风险和资源的具体情况。预案编制(修订)小组组长最好由企业高层领导担任，这样可以增强预案的权威性，促进工作的实施。

应急预案的编制(修订)应该坚持“谁主管，谁负责”“谁使用，谁编制”的原则：应急预案的编制、修订和实施不能由企业的安全环保部门来全部承担。应急预案的编制、修订应由企业安全环保部门制定综合应急预案，并提供专项应急预案的格式；各专项应急预案必须由业务主管部门来组织编制并负责实施；现场处置方案由一线从业人员全面参与、反复完善并具体实施。

4.5.2　资料收集和初始评估

编制小组的首要任务就是收集制定预案的必要信息并进行初始评估，这包括：

（1）适用的法律、法规和标准；
（2）企业安全记录、事故情况；
（3）国内外同类企业事故资料；
（4）地理、环境、气象资料；
（5）相关企业的应急预案等。

编制小组应提出如下问题(不只限于这些，视具体情况而定)：

（1）会发生什么样的事故？
（2）这种事故的后果如何(包括对现场和企业外的影响)？
（3）这类事故是否能够预防？
（4）如果不能，会产生什么级别的紧急情况？
（5）会影响到什么地区？
（6）如何报警？
（7）谁来评价这种紧急情况，根据什么？
（8）如何建立有效的通信？
（9）谁负责做什么，什么时间，怎么做？
（10）目前具备什么资源？
（11）应该具备什么资源？
（12）如有必要，能够得到什么样的外部援助，怎样得到？

这些问题是制定应急预案过程中必须首先分析和考虑的基本问题。在初始阶段，编制小组应辨识所有可能发生的事故场景并评价现有资源(包括人力、物资和设备)，编制小组的工作可分为三部分：

（1）危险辨识、后果分析和风险评价；
（2）明确人员和职能；
（3）明确需要的资源。

4.5.3 应急能力评估

应急能力评估是突发事件分级的关键，是依据危险分析的结果，对应急资源的准备状况充分性和从事应急救援活动所具备的能力评估，以明确应急救援的需求和不足，为应急预案的编制奠定基础。应急能力包括应急资源(应急人员、应急设施、装备和物资)、应急人员的技术、经验和接受的培训等，它将直接影响应急行动的快速、有效性。

编制(修订)应急预案时应当在评估与潜在危险相适应的应急能力的基础上，选择最现实、最有效的应急策略。

根据最可能发生的事故场景，编制小组可以确定出不同紧急情况下相应的应急响应行动。小组要能够回答以下问题：

（1）在紧急情况下谁该做什么，什么时候做，怎么做？
（2）整个应急过程由谁负责，管理结构应该如何适应这种情况？
（3）如何通报紧急情况，谁负责通知？
（4）可获得哪些外部援助，什么时候能到达？
（5）在什么情况下厂内和厂外人员应该进行避难或疏散？
（6）如何恢复正常操作？

这是预案编制过程中的综合部分，是在前面分析工作的基础上进行的研究。

4.5.4 危险辨识与风险评价

危险辨识与风险评价是编制应急预案的关键，所有应急预案都是建立在风险评价基础之上的。危险是指材料、物品、系统、工艺过程、设施或场所对人、财产或环境具有产生伤害的潜能。危险辨识就是找出可能引发事故导致不良后果的材料、系统、生产过程或场所的特征。因此，危险辨识有两个关键任务：第一，辨识可能发生的事故后果；第二，识别可能引发事故的材料、系统、生产过程或场所的特征。前者相对来说较容易，并由它确定后者的范围，所以辨识可能发生的事故后果是很重要的。

事故后果可分为对人的伤害、对环境的破坏及财产损失三大类。在此基础上可细分成各种具体的伤害或破坏类型。可能发生的事故后果确定后，可进一步辨识可能产生这些后果的材料、系统、过程或场所的特征。

在危险辨识的基础上，可确定需要进一步评价的危险因素。危险评价的范围和复杂程度与辨识危险的数量和类型以及需要了解问题的深度成正比。常用的危险辨识方法包括分析材料性质、生产工艺和条件、生产经验、组织管理措施等，制定相互作用矩阵，以及应用危险评价方法等。《中华人民共和国安全生产法》附则中，对“重大危险源”作了明确的定义：“重大危险源是指长期地或者临时地生产、搬运、使用或者储存危险物品，且危险物品的数量等于或超过临界量的单元(包括场所和设施)。”其中，“危险物品是指易燃、易爆物品、危险化学品、放射性物品等能够危及人身安全和财产安全的物品。”对于重大危险源的确认可依据国家标准《危险化学品重大危险源辨识》(GB 18218—2009)进行。该标准提出了重大危险源的辨识指标，即单元内存在危险物质的数量等于或超过该标准规定生产场所或贮存区的临界量时，该单元就被定为重大危险源。

危险分析是确定突发事件、应急预案编制(修订)的基础和关键过程。一个企业或单位到底有哪些风险比较大的突发事件，到底应该编制哪些应急预案呢？为此应开展危险分析工作，预案编制(修订)小组首先应进行初步的资料收集，包括相关法律法规、应急预案、技术标准、国内外同行业事故案例分析、本单位技术资料、重大危险源等。

在危险因素辨识分析、评价及事故隐患排查、治理的基础上，确定本区域或本单位可能发生事故的危险源、事故的类型、影响范围和后果等，并指出事故可能产生的次生、衍生事故，形成分析报告，分析结果就是确定的突发事件，作为专项应急预案的编制依据。

各个行业也可按照国内行业部门推荐的危险源等级划分标准进行评估，但应不低于国家标准的要求。国家标准末涉及的，也可参照国外的一些规定。

4.5.5 人员和职责的确定

完成危险辨识、后果分析和风险评价后，编制小组需要确定在紧急情况下应该采取什么样的行动最合适，从事故报警到如何实施应急行动或疏散程序。这些行动要由企业或外部人员完成，因而小组的任务是根据现有人力来确定紧急情况下由谁来做出什么行动。

正确实施应急预案必须要明确职责，特别是什么时候由谁来指挥。为了简便，编制小组可根据企业正常生产管理系统职位来分配紧急时的任务，这样会减少培训的工作量并能保证紧急时正确指挥，而且他们的决策和权威更容易被企业人员所接受，因为平时就是这样工作。这种被确认的领导权会增加自信，减少混乱。编制小组应该认真评估目前企业的组织管理结构，以保证在异常情况下的正确性和充分性。

编制小组应该认真审查领导的能力和在休假时的指挥系统，要保证负责人员，经过一定的培训，具有良好的素质，能够在更高级指挥人员到来前应对局势。代理人员应该在主要领导休假或生病或由于其他原因不在现场时代替执行其职责。该代理人必须像原主管一样能够应付紧急局势。这些关键人员的通报和通信联络程序必须明确下来，以保证及时决策，快速响应。

编制小组应预先充分考虑到现场危险地区所要实施的应急响应行动的进行情况。这样会减少在危机时刻做出“特别”决策的需要。下面是最常见的紧急时刻实施的重要应急功能：

(1) 通信和外部关系联络，包括媒体；

(2) 消防与营救；

(3) 物质泄漏控制；

(4) 工艺和公用设施；

(5) 工程措施；

(6) 环境状况；

(7) 医疗救护；

(8) 安全保障；

(9) 后勤保障；

(10) 行政管理。

编制小组的任务是保证所有应急功能与负责企业正常生产的人员和服务机构相匹配，然后编制小组应要求相关部门或机构配合制定实施总体应急预案的专项预案。例如，工程、操作、技术机构和维修部门应该提出在紧急情况下隔离或关闭设备或单元的应急程序。此外，可分派这些部门的人员实施应急响应行动或作为应急咨询员，这些行动计划也要包括在应急预案中，特别是放在附录中以便于更新。

4.5.6 应急资源的评估

在本阶段，编制小组要评价企业在紧急情况下所具有的资源和控制紧急事故的人员。对现有资源，按人力、设备和供应进行评价。需要确定下面内容：

(1) 人力

a. 紧急时可动员多少全职人员，多少兼职人员，多少志愿者？

b. 培训水平如何？

(2) 通报和通信联络设备

a. 有什么样的通信设备(电话、专线电话、无线电和警笛)？

b. 有多少应急指挥中心，它们位于何处？

(3) 个人防护设备

在何处、有多少和什么类型的个人防护设备(如呼吸器、防毒面具、防护服等)？

(4) 消防设备和供应

a. 有什么类型的消防设备(消防车、消防梯、液压起重机)？

b. 有无消防水系统？

c. 有什么替代水源？

d. 有什么样和多少消防设备(例如，各种便携式灭火器、泡沫罐、灭火药剂)？

(5) 事故控制和防污染设备及供应：

a. 有什么专用工具和设备，在什么地方？

b. 有多少掘土设备？

c. 有什么类型的防污染设备和药剂(例如，中和剂)？

(6) 医疗服务机构、设施、设备和供应：

a. 当地医院和其他医疗机构的位置？

b. 它们的装备如何？

c. 有多少救护车？

d. 有多少医生、护士？

(7) 监测系统：

a. 有什么样的监测和检测系统，有多少？

b. 这些化学实验室是否能进行危险物质分析？

c. 是否有专门技术参考资料的图书馆或数据库？

(8) 气象站：

a. 有多少气象站(特别是确定风向)？

b. 它们位于何处？

(9) 交通系统：

a. 有多少卡车和其他交通设备以便在紧急时运输和供应？

b. 有多少车辆可用来运输和疏散人员？

(10) 保安和进出管制设备：

a. 是否有足够的警力以控制交通和疏散时执法？

b. 是否有足够进出管制设备(例如，路障)以便在紧急时控制交通？

(11) 社会服务机构、设施和设备：

a. 有多少接收疏散人员的设施？

b. 有多少房屋、毯子和其他设备、设施？

4.5.7 应急响应组织的建立

建立应急响应组织是应急预案的一个重要目的，任何救援队都是救援力量的组成部分，任何救援力量都不能包办所有的救援任务，完整的救援体系是由分层次，分地区，具有一定地方特色和行业特点的救援力量组成。根据企业、行业、地区和本城市的特点，组建不同层次的救援系统，由政府牵头，本着“一队多用，专兼结合，警民结合，平战结合”的原则，整合各种救援力量，协调各组织的日常工作和救援工作。在紧急时刻，要求应急响应组织能在最短时间内部署完毕。为此，要提出以下问题：

a. 紧急情况发生时由谁来指挥操作？

b. 当更多的企业和企业外响应人员到达事故现场时，指挥结构如何变化？

c. 如果紧急状况恶化时，需要更多的资源和出现更多的受影响点(包括企业内企业外)，指挥结构如何变化？

d. 谁来决定分配减缓事故的资源？

e. 谁应该在紧急时与谁保持通信联络？

f. 哪些应急功能(如消防、工程、医疗等)应该行动，什么时候？如何行动？

g. 哪些人负责专项应急响应功能？

h. 各种指挥岗位应位于哪里？

i. 谁来决定采取何种行动以保护外部人群？

j. 所有应急功能协调员互相之间如何联络？

k. 谁提供技术建议来开始响应行动？

l. 谁来决定什么时候应急结束，批准重新进入危险区？

这些问题可通过建立一个完整的响应组织指挥结构和职责表格来回答。此外，最初响应组织结构也要确定出来，以便在当班时立即启动应急响应。

（1）最初响应组织

一天中的每时每刻都可能发生事故，应急响应组织必须保证在任何时候接到报警后立即行动，及时正确的最初应急响应行动可以极大地降低事故的后果。最初协调应急行动的责任一般由当班负责人负责，直到有更高级别的人员来替代。最初阶段，当班负责人要临时担任企业应急总指挥的功能，因此要根据事故严重程度来评价应急行动级别，通知相关人员、部门和机构参加应急行动。

与此类似，企业其他人员将分别担任最初响应组织的其他重要功能，直到规定人员到达事故现场替代他们。这些职责分配要预先明确下来，而不是等到紧急时刻再开始。

（2）全体应急响应组织

不是所有的事故都严重到要求动员全体响应组织。可是在全体应急状态下，企业应急总指挥员应该启动所有应急预案要求的行动，包括启动全体应急响应组织。要求所有职责要配备足够人员，以便保证每个岗位都有人员。每个岗位可能有多个任务，所以主要人员或代理人可在全体应急响应组织启动后任何时候能承担职责。

负责不同功能的人员应为企业应急总指挥提供建议并执行企业应急总指挥做出的决定。这些人员主要包括负责生产、工程、技术、人事、医疗、交通、安全、环保和保卫的高级管理人员。他们将根据具体情况决定该采取哪种响应行动，如关闭企业，灭火，疏散业人员或群众，进行应急修复工作，安排设备物资供应，进行应急检测和协调企业与当地公安消防和其他机构的行动。

（3）企业应急总指挥

在任何时候企业必须只有一个人负责指挥整个应急响应组织。他的主要职责包括对所有保护公众、员工、环境和企业设施的行动，事故的救援和控制行动的指挥。企业应急总指挥的职责为：

a. 分析紧急状态和确定相应报警级别，这些分析要根据相关危险类型(例如，火灾、爆炸、泄漏)、它的潜在后果(包括企业内外)、现有资源和控制紧急情况的行动类型来做出；

b. 指挥、协调应急响应行动；

c. 与企业外应急响应人员、部门、组织和机构进行联络；

d. 直接监察应急操作人员的行动；

e. 保证现场和企业外人员安全；

f. 协调后勤方面以支援响应组织。

在执行这些任务时，企业应急总指挥会得到从事专项任务的应急响应人员的帮助。企业应急总指挥不能把下列任务交给工作人员执行：

a. 应急响应组织的启动；

b. 应急评估，包括升高或降低应急警报级别；

c. 通报外部机构；

d. 决定请求外部援助；

e. 决定从企业或其他部分撤离；

f. 决定企业外影响区域的安全性(例如，在毒气泄漏时建议疏散或安全避难)。

在许多情况下，企业应急总指挥的职能可由企业总负责人担任，在紧急情况下，企业应急总指挥的主要功能是总体指挥，大量实际响应和协调任务主要由负责生产或安全的副总指挥执行，因为他更具有技术、经验和更熟悉应急响应操作。与所有其他应急职位一样，企业应急总指挥是分配给企业组织内的工作职位，而不是某个人。这会消除由于人员调动到其他岗位或其他职位变动导致企业人员组织结构变化带来的混乱。

紧急情况下保持与企业正常生产时相同管理结构有很大好处，企业总负责人应该担任企业应急总指挥的职位。在一些情况下，委派更熟悉响应操作的人员担任企业应急总指挥比总经理更合适。如果这样是更好的选择，他应该在计划阶段绝对明确出来，并在应急组织结构图上表示出来。

总体上，所有应急职位特别是企业应急总指挥应该有代理人，以免企业总经理或其他领导不在现场时代替履行职责。当企业应急总指挥在紧急事故中受伤时，代理人员应该负责其职责。应该制定有关规定保证企业应急总指挥在任何时候都能履行职责，他对企业的状况必须有充分的了解。初期当班经理可能是这个位置上最好的候选人，因而常被任命为企业应急总指挥直到更高级的负责人到来，从而保证指挥岗位全天时段都有人负责。

发生特大紧急事故时，决策必定影响到整个企业甚至企业以外人员的安全和他们的财产和环境。在这种情况下，应预先明确谁有法律责任来做出这种决策。地方政府负责人有这种责任和权力，或者是地方政府应急指挥员。

企业应急总指挥的职位变动时应该及时通知所有负责各种响应功能的人和政府响应组织和部门。

在许多情况下，公安消防部门是第一个企业外应急响应者。当企业应急总指挥仍在负责现场指挥时，当地安全、公安、消防的主管或社区负责人，可以作为企业外应急指挥，甚至作为应急总指挥。

在大多数情况下，企业应急总指挥最初在控制室由操作人员帮助协调响应行动。可是，当应急升级和应急响应组织开始部署时，应急指挥中心应该转移到预先指定的应急地区，企业应急总指挥在此与他的工作人员一起工作，如果应急指挥中心直接暴露在事故危害区，企业应急总指挥应决定转移到其他安全区域。

（4）响应操作副总指挥

响应操作副总指挥在应急指挥中心操作，他负责监察和协调具有减缓事故后果功能的各种任务，响应操作副总指挥的主要职责是：

a. 协助企业应急总指挥组织和指挥应急操作任务；

b. 向企业应急总指挥提出应采取的减缓事故后果行动的对策和建议；

c. 保持与现场操作副总指挥的直接联络；

d. 协调、组织和获取应急所需的其他资源、设备以支援现场的应急操作。

完成这种功能的人员应该非常熟悉企业及其组织。通常维修或生产经理应该担当这个职责。在小企业响应操作副总指挥的功能可以和企业应急总指挥的功能合并，这两个职位都由一个人担任。当应急初始阶段所有响应组织还没有部署完成，也可以出现这种情况。

(5) 事故现场副总指挥

事故现场副总指挥是在直接事故现场最高级的应急响应组织指挥。他的指挥部应该尽可能接近应急现场操作的位置，当然也要考虑到安全的因素。事故现场副总指挥的主要职责是：

a. 所有事故现场操作的指挥和协调；

b. 现场事故评估；

c. 保证企业人员和公众的应急响应行动的执行；

d. 控制紧急情况；

e. 现场应急行动与在应急指挥中心的响应操作副总指挥的协调。

事故现场副总指挥必须具有丰富技术经验并熟悉企业。这个职位应由企业安全部门经理或生产经理担任。紧急初始阶段，很可能这个职位(和其他职位)都由当班经理直接担任或由地方政府应急的管理者担任。

4.5.8 应急预案编制

针对曾经发生或可能发生的事件，结合危险分析和应急能力评估结果，按照法律、法规和《生产经营单位安全生产事故应急预案编制导则》(GB/T 29639—2013)等的要求编制(修订)应急预案。

应急预案编制(修订)过程中，应注重编制人员的参与和培训，充分发挥他们各自的专业优势，使他们均掌握危险分析和应急能力评估结果，明确应急预案的框架、应急过程行动重点以及应急衔接、联系要点等。同时，编制的应急预案应充分利用社会应急资源，考虑与政府应急预案、上级主管单位以及相关部门的应急预案相衔接。

在编制应急预案时，要充分的理清每个层级在突发事件应急处置中应起到什么作用，要针对突发事件应急处置各环节，落实“什么事”、“做什么”、“谁来做”、“怎么做”，决不可模棱两可，含含糊糊 。

企业或单位应当根据有关法律、法规，结合本单位的危险源状况、危险性分析情况和可能发生的事故特点，制定相应的应急预案。生产经营单位的应急预案按照针对情况的不同，分为综合应急预案、专项应急预案和现场处置方案，综合应急预案、专项应急预案和现场处置方案之间应当相互衔接，并与所涉及的其他单位的应急预案相互衔接。

企业或单位的风险种类多、可能发生多种事故类型的，应当组织编制本单位的综合应急预案。综合应急预案应当包括本单位的应急组织机构及其职责、预案体系及响应程序、事故预防及应急保障、应急培训及预案演练等主要内容。

对于某一种类的风险，生产经营单位应当根据存在的重大危险源和可能发生的事故类型，制定相应的专项应急预案。专项应急预案应当包括危险性分析、可能发生的事故特征、应急组织机构与职责、预防措施、应急处置程序和应急保障等内容。

对于危险性较大的重点岗位，生产经营单位应当制定重点工作岗位的现场处置方案。现场处置方案(预案)应当包括危险性分析、可能发生的事故特征、应急处置程序、应急处置要点和注意事项等内容。

应急预案应当包括应急组织机构和人员的联系方式、应急物资储备清单等附件信息。附件信息应当经常更新，确保信息准确有效。应急预案编制的基本要求：

a. 符合有关法律、法规、规章和标准的规定；

b. 结合本地区、本部门、本单位的安全生产实际情况；

c. 结合本地区、本部门、本单位的危险性分析情况；

d. 应急组织和人员的职责分工明确，并有具体的落实措施；

e. 有明确、具体的事故预防措施和应急程序，并与其应急能力相适应；

f. 有明确的应急保障措施，并能满足本地区、本部门、本单位的应急工作要求；

g. 预案基本要素齐全、完整，预案附件提供的信息准确；

h. 预案内容与相关应急预案相互衔接。

各类各级应急预案的功能和作用不同，预案编制的要求也就各异，不能千篇一律，必须注重其针对性 。预案层次越高，原则性与总括性应该越强，这样可发挥对下级的普遍指导作用，如中国石化重(特)大事件总体应急预案。预案层次越低或涉及突发事件越专业，应急预案就应该越具体，具体到每一个岗位，具体到每一个动作，具体到每一个位号。

4.6 应急预案检查表

为了保证应急预案的完善，应建立应急预案检查表，以核实应急预案内容是否全面、系统、可靠和可行。

4.6.1 应急预案的基本要求

应急预案的基本要求，应满足以下条件：

(1) 是否编制了综合性应急预案，预案是否包括预防、预备、响应和恢复等内容?

(2) 若没有综合性预案，是否有专项事故应急程序，如火灾、爆炸、泄漏事故应急程序等?

(3) 应急预案的内容是否符合相关安全法律、法规和标准的要求?

(4) 应急预案是否与企业重大危险源、设备、设施、场所及其风险相适应?

(5) 应急预案是否经最高管理层授权发布实施，是否有实施日期?

(6) 所有相关人员是否都可获得预案?

(7) 是否建立了应急救援机构?

(8) 下列职责是否定义清楚并分配给有关人员：

a. 预案管理；

b. 应急指挥；

c. 支持、协调；

d. 预案和程序的维护；

e. 定期危险评估；

f. 培训、训练和演习；

g. 重要设备及其维护清单；

h. 专项事故应急响应职责；

i. 与场外应急预案的协调。

（9）应急救援的关键职位及其替补人员、职责和指挥系统是否清楚明确？

（10）应急预案是否提供并建立在风险评价基础上，是否确认了潜在紧急情况及其重点对策？

（11）是否包括定期应急能力测试、训练、演习内容，是否规定通过测试、评估来纠正和完善预案？

（12）是否定义并建立了不同应急级别的应急预案？

（13）应急组织机构是否与正常生产经营组织机构协调？

（14）应急预案中是否重点论述了人员安全、危险控制及减少损失的优先原则？

（15）预案中是否包括应急前、应急中、应急后负责公共关系的部门、职责和人员？

（16）媒体和信息发布负责人是否培训合格，是否有应急信息发布和管理程序？

4.6.2 危险辨识、风险评价及事故预防

应急预案的危险辨识、风险评价及事故预防，应满足以下条件：

（1）现有的应急救援系统及预案是基于相应的风险水平吗？

（2）危险辨识、风险评价是否考虑了：

a. 历史上的事故、事件；

b. 潜在事故发生的可能性及严重度（包括对场外的影响）；

c. 自然灾害；

d. 技术灾害；

e. 人员破坏；

f. 其他影响因素。

（3）所在危险材料一览表中是否列出材料的商品名称、使用及储存位置、来源、数量、性质、安全性能等，是否有危险材料生产工艺图或分布图？

（4）是否列出重大危险源清单及其他需要编制应急预案的材料、设备、设施和场所清单？

（5）应急预案中包括了事故状态监测和评价吗？

（6）应急预案中是否包括预防紧急情况发生的内容？

（7）是否制定了定期检测关键设备、元件、报警系统的制度？

（8）是否有制度规定所有新材料、新工艺、新设备符合国家法律、政府法规、国家标准、行业标准及应急预案要求？

（9）高危场所和岗位是否安装合适的保护性监测系统？

（10）是否实施了减少危险材料使用量的控制措施？

（11）是否采用了职业安全健康管理体系或其他先进的安全管理方法？

（12）事故预防职责是否分配给相关的部门和人员？

（13）是否按消防法规和标准对消防设备及系统进行定期检查？

（14）火灾应急预案是否包括：工作场所火灾危险性一览表、潜在火源及其控制措施、火灾危险控制及其消防设备维护人员的姓名、职责等。

（15）安全或保护装置及系统的维护程序是否包括设备失效时的备用程序或措施？

（16）预案中对现场临时性人员（承包商、来访人员等）是否规定了应急防护措施方面的内容？

4.6.3 应急救援指挥与控制

应急预案的应急指挥与控制内容，应满足以下条件：

（1）应急预案中是否清晰描述了各级应急指挥机构职责及其地理位置，必要时的替换地点和场所？

（2）应急指挥中心位置的选择是否安全、方便？

（3）应急指挥中心是否配备有必要设备，如：

a. 通信设备；

b. 报警设备；

c. 人员防护装备；

d. 各类地图及所需技术资料；

e. 办公设备；

f. 生活设施及供给（根据预期的应急时间）等。

（4）是否制定应急指挥场所、设备的维护程序并责任到人？

（5）启动应急预案的程序是否包括：

a. 人员通告；

b. 应急指挥中心的启用；

c. 现场通信、联络；

d. 场外通信联络；

e. 救援设备和技术支持；

f. 公众和媒体信息发布；

g. 应急级别的确定。

（6）下述职责是否明确分配给有关人员：

a. 事故现场协调与决策；

b. 应急操作；

c. 通信联络；

d. 危险及气象条件监测；

e. 技术援助；

f. 后勤及行政管理；

g. 公众和媒体联系。

（7）是否有应急电源、照明和其他应急设备与资源的保障措施？

（8）是否规定及时更新与应急救援有关的电话号码和与场外应急机构的应急合作协议？

（9）是否制定非授权人员不能进入指挥中心的规定？

4.6.4 应急救援机构

应急预案中的应急救援机构的内容，应满足以下条件：

（1）应急预案中是否有处置本单位各类重特大事故的应急救援机构、程序和资源？

（2）应急抢险队是否针对具体事故进行了培训和配备装备？

（3）应急救援的具体任务分配明确、职责清楚吗？

（4）每项应急任务最低的人员配备是否清楚，应急抢险队员花名册是否及时更新？

(5) 应急预案中是否有下述应急操作标准：
a. 指挥；
b. 抢险救援方法；
c. 应急结束；
d. 与其他应急队伍之间的协调；
e. 与场外应急救援机构的协调。
(6) 预案中除人员救助外，是否列出了应急救援行动的优先顺序？
(7) 是否针对具体危险进行知识与技能培训、训练、学习？
(8) 泄漏控制程序中是否包括：
a. 需要清除的物品；
b. 预定的处置场所和运输方式；
c. 储存和运输清除物的容器。
(9) 所在应急抢险队员体能是否符合要求并按规定配套防护装备？
(10) 预案中是否规定了应急抢险队员进入和离开应急区域的职责和程序？
(11) 预案中是否规定了确定和标记危险区域和限入区域的程序和方法？
(12) 预案中是否有正确选择和使用个体防护装备的指导书？
(13) 应急救援程序中是否包括：
a. 启用备用人员及进入应急区域的程序；
b. 规定进入路线和至少两条逃生路线；
c. 能见度受影响时有助于识别进出路线和标记方法；
d. 提供应急人员进入现场的备用工具，如梯子等。

4.6.5 监测、报警与通信联络

应急预案的监测与报警内容，应满足以下条件：
(1) 预案中是否有使用下述监测系统的内容？
a. 烟感监测系统；
b. 热感监测系统；
c. 遥感监测系统；
d. 泄漏监测系统；
e. 过程监测系统。
(2) 监测系统是24小时连续工作吗？
(3) 对监测系统及其装置进行定期测试、检查、维护和校准吗？
(4) 除监测系统外，对危险区域还有定期巡检吗？
(5) 预案中有向应急救援人员宣布紧急状态和报警的程序、方法吗？
(6) 用什么方式向应急人员报警：
a. 电话；
b. 广播；
c. 网络；
d. 其他。
(7) 是否明确向来访者、员工报警的标准、方法和责任人？

(8) 是否明确向附近居民或遥远地区报警的方式和方法?
(9) 是否有规定由合格人员对报警系统进行定期测试和维护?
(10) 紧急通告是否简单明确且易获取?
(11) 紧急通告是否能说明下述7个问题:
a. 发生什么;
b. 在哪里发生;
c. 哪个人或单位发生;
d. 什么时候发生;
e. 如何发生;
f. 目前程度;
g. 所需援助。
(12) 应急预案中有通信联络程序和方法吗?
(13) 是否确保下述通信联络畅通:
a. 应急指挥中心与各应急救援队(组);
b. 各应急救援队(组)之间;
c. 应急指挥中心与场外救援机构;
d. 应急指挥中心与后勤支持机构;
e. 应急指挥中心与技术支持机构。
(14) 是否有备用通信联络系统,备用指挥中心的通信联络设备是否充足?
(15) 是否定期测试和维护通信设备与程序?

4.6.6 应急救援关闭程序

应急预案的应急关闭程序内容,应满足以下条件:
(1) 应急预案中是否有应急关闭生产系统的程序?
(2) 是否明确实施应急关闭行动的负责人?
(3) 是否制定了每项具体操作、设备或区域应急关闭程序检查表?
(4) 生产人员和应急人员是否方便获取应急关闭程序检查表?
(5) 实施应急关闭程序的专用工具是否方便获取?
(6) 是否确定了不必关闭的操作和设备?
(7) 是否确定了需要一段时间才能完全关闭的操作或设备及所需时间?
(8) 关键设备、阀门或控制系统是否清楚标识,是否有其分布图或示意图?
(9) 应急人员是否能联系到熟悉某项操作的技术人员?
(10) 应急关闭程序应尽量明细,包括门、窗、水、电关闭,文件保存,设备维护等。

4.6.7 应急设备与企业外救援

应急预案的应急设备和企业外救援内容,应满足以下条件:
(1) 应急预案中是否有确定设备需求、设备清单和获取的程序内容?
(2) 是否按制造商的要求对设备进行维护保养并建立程序?
(3) 是否按要求对应急设备进行定期检测、检验,并建立检验档案?
(4) 是否确保应急设备维护和检验人员合格培训?

(5) 是否确保每个工作班和应急人员方便获取所需设备？

(6) 是否有应急消耗器材最低供应商的程序文件？个体防护设备及其他应急供给是否与正常生产供给分开？

(7) 特殊危险材料应急设备清单是否随着材料变化而更新，应急人员可获取应急设备与供给来源的清单？

(8) 方便获取的应急设备是否包括：

a. 急救设备；

b. 个体防护设备；

c. 通信设备；

d. 消防设备；

e. 泄漏控制设备；

f. 泄漏清除设备；

g. 监测设备；

h. 维修工具；

i. 中和剂等。

(9) 是否能及时从企业内或企业外获取事故现场气象信息？

a. 安全生产监督管理部门；

b. 公安部门；

c. 消防队；

d. 专业应急救援机构；

e. 环保部门；

f. 运输部门；

g. 水、电供应部门；

h. 卫生防疫部门；

i. 医院；

j. 政府其他部门；

k. 志愿者组织。

(10) 应急预案中是否考虑评估了国家、省、市相关部门的能力和资源：

a. 应急救援中心；

b. 安全生产主管部门；

c. 环保部门；

d. 中毒控制中心；

e. 防化部门；

f. 卫生部门；

g. 交通运输部门。

(11) 应急预案中是否考虑并评估了有关行业协会、学会、高等院校、科研机构(实验室)的资源和能力？

(12) 是否有与附近企业的应急互助协议并说明相互援助的内容和方式？

(13) 是否提供了互助设备、人员及其他资源清单？

(14) 应急互助协议是否具有法律效力？

（15）协议和预案中是否规定了联系方法和协调应急行动的程序？

（16）互助应急的指挥机构及其各自职责是否明确？

（17）是否进行过互助应急培训、训练或演习？

（18）外援机构（如消防、武警、医疗救护等）是否熟悉企业情况？

（19）预案中是否包括合作单位、政府部门、外援机构清单？

（20）是否定期召开应急合作会议，对场外人员培训以及通过训练和演习来测试应急程序？

（21）是否建立下述书面操作程序：

a. 联络；

b. 援助的类型；

c. 补偿；

d. 责任范围；

e. 要求援助的具体事项；

f. 技术、危险情况。

4.6.8 疏散与警戒

应急预案的疏散与警戒内容，应满足以下条件：

（1）应急预案中有人员疏散的程序、集合地点等内容吗？

（2）每个易发事故点至少有两条疏散路线（主用和备用）吗？

（3）是否明确了发布紧急疏散和返回命令的责任人？

（4）是否有预定的可识别的疏散警报或信号？

（5）工作场所有关责任人是否明确自己的责任：

a. 引导疏散并指明路线；

b. 检查有关人员是否未疏散；

c. 关闭有关设备、门、窗等。

（6）是否确保员工掌握疏散程序，并按要求定期演练？

（7）是否确保疏散集合场所设在安全区域，到达的路线或地图标识是否清楚？

（8）应急预案中是否规定：

a. 不在安全区域的人员如何联系和行动；

b. 集合区人员清点程序；

c. 来访者清点程序；

d. 负责清点的人员；

e. 残疾人疏散程序；

f. 临时食宿和交通。

（9）预案中是否有下述应急警戒程序：

a. 应急指挥中心或指挥部；

b. 医疗抢救中心；

c. 后勤供应库房。

（10）是否采取了适当的预防损坏应急设备（阀门、管线等）的措施？

（11）是否有现场附近交通管制措施？

（12）是否有预防应急过程中偷窃行为的措施？

（13）贵重物品的存放区是否标明并有安全措施？

4.6.9 应急救援培训、训练和演习

（1）应急救援演习的目的

应急救援演习的目的是为了检测培训效果、提高救援水平和增加实战经验，检验应急救援综合能力和运作情况，测试应急管理系统的充分性和应急预案和程序有效性，以便发现问题，及时修正预案，提高应急救援的实战水平。

事故是小概率事件，应急预案可能从来没有实施过，演习便是应急管理人员检验和评估应急救援效果的主要方式。因此，训练和演习将尽可能地模拟实际紧急状况，使应急队员能进入“实战”状态，熟悉各类应急操作和整个应急行动的程序，明确自身的职责等，以便确定预案在紧急事件中是否可行。

（2）演习类型

应急训练的基本内容主要包括基础演习、专业演习、战术演习和自选科目演习四类。

a. 基础演习。基础演习是应急队伍的基本演习内容之一，是确保完成各种应急救援任务的前提基础。基础演习主要是指队列演习、防护装备和通信设备的使用演习等内容。演习的目的是应急人员具备良好的战斗意志和作风，熟练掌握个人防护装备的穿戴，通信设备的使用等。

b. 专业演习。专业技术关系到应急队伍的实战水平，是顺利执行应急救援任务的关键，也是演习的重要内容，主要包括专业常识，堵源技术，抢运、清消和现场急救等技术。通过演习，应急救援队伍应具备一定的应急救援专业技术，有效地发挥救援作用。

c. 战术演习。战术演习是救援队伍综合演习的重要内容和各项专业技术的综合运用，是提高救援队伍实践能力的必要措施。通过演习，使各级指挥员和救援人员具备良好的组织指挥能力和实际应变能力。

d. 自选课目演习。自选课目演习，可根据各自的实际情况，选择开展如防化、气象、侦检技术、综合演练等项目，进一步提高救援队伍的救援水平。

在开展演习课目时，专职救援队伍应以社会性救援需要为目标确定演习课目；而单位的兼职救援队应以本单位救援需要，兼顾社会救援的需要确定演习课目。

（3）演习的方法和内容

① 单项演习：这是为了熟练掌握应急操作或完成某种特定任务所需的技能而进行的演习。这种单项演习或演练是在完成对基本知识的学习以后才进行的。根据不同事故应急的特点，单项演习的内容有：

a. 通信联络、通知、报告程序演练；

b. 人员集中清点装备及物资器材到位（装车）演练；

c. 防护行动演练：指导公众隐蔽与撤离，通道封锁与交通管制，发放药物与自救互救练习，食物与饮用水控制，疏散人员接待中心的建立，特殊人群的行动安排，保卫重要目标与街道巡逻的演练等；

d. 医疗救护行动演练；

e. 消毒去污行动演练；

f. 消防行动演练；

g. 公众信息传播演练；

h. 其他有关行动演练。

② 组合演习：这是一种为了发展或检查应急组织之间及其与外部组织（如保障组织）之间的相互协调性而进行的演习。由于部分演习主要是为了协调应急行动中各有关组织之间的相互协调性，所以演习可涉及各种组织，如化学监测、侦察与消毒去污之间的衔接；发放药物与公众撤离的联系；各机动侦察组之间的任务分工及协作方法的实际检验；扑灭火灾、消除堵塞、堵漏、闭阀等动作的相互配合练习等。通过带有组合性的部分联系，可以达到交流信息，加强各应急救援组织之间的配合协调。

③ 全面演习：又称综合演习，这是应急预案内规定的所有任务单位或者其中绝大多数单位参加的，为全面检查执行预案可能性而进行的演习。其主要目的是验证各应急救援组织执行任务的能力，检查他们之间相互协调能力，检验各类组织能否充分利用现有人力、物力来减小事故损失以及能否确保公众的安全与健康。这种演习可展示应急准备及行动的各方面情况。因此，演习设计要求能全面检查各个组织及各个关键岗位上的个人表现。通过演习，应该能发现应急预案的可靠与可行度，能发现预案中存在的主要问题，能提供改善预案的决策性措施。全面演习要考虑公众的有关问题，尤其要顾及危险源区附近公众的情绪，使公众能够正确评价危害的性质，从而使推荐的防护措施能得到公众的确认。公众信息传播部门应借助全面演习的机会，向有关公众宣传演习的目的，以及当真实事故发生时，应该采取的措施。必要时可组织公众中骨干力量观摩或参加演习。全面演习应在单项和组合演习进行后实施，并有周密的演习计划，严密的演习组织领导，充分的准备时间。

（4）应急预案的评估、修改

① 企业应把评估和演习中发现的问题及时提出解决方案，对事故应急预案进行修订完善；

② 企业应在现场危险设施和危险物发生变化时及时修改事故应急预案；

③ 企业应把对事故应急处理预案的修改情况及时通知所有与事故应急预案有关人员。

（5）应急预案的启动

一旦事故发生或将导致重大事故发生，应急预案立即启动。

① 事故应急救援的基本原则

a. 常备不懈的原则。安全生产事故救援必须坚持预防为主的方针。常备不懈是事故应急救援工作的基础，除了平时做好事故的预防工作，避免或减少事故的发生外，落实好救援工作的各项准备措施，做好预防准备，一旦发生事故就能及时实施救援。

b. 统一指挥、分级负责、区域为主、单位自救和社会救援相结合的原则。救援工作只能实行统一指挥下的分级负责制，以区域为主，并根据事故的发展情况，采取单位自救和社会救援相结合的形式，充分发挥事故单位及地区的优势和作用。事故应急救援又是一项涉及面广、专业性很强的工作，靠某一个部门是很难完成的，必须把各方面的力量组织起来，形成统一的救援指挥部，在指挥部的统一指挥下，安全、救护、公安、消防、环保、卫生、质检等部门密切配合，协同作战，迅速、有效地组织和实施应急救援，尽可能地避免和减少损失。

c. 迅速、准确的原则。根据重特大事故发生突然、扩散迅速、危害范围广的特点，也决定了救援行动必须达到迅速、准确和有效。时间就是生命，时间就是金钱，必须争分夺秒，争取第一时间。

② 事故应急救援的基本任务

a. 立即组织营救受害人员。抢救受害人员是应急救援的首要任务，在应急救援行动中，快速、有序、有效地实施现场急救与安全转送伤员是降低伤亡率，减少事故损失的关键。

b. 指导群众防护，组织群众撤离。由于重大事故发生突然、扩散迅速、涉及范围广、危害大，应及时指导和组织群众采取各种措施进行自身防护，并迅速撤离出危险区或可能受到危害的区域。在撤离过程中，应积极组织群众开展自救和互救工作。组织撤离或者采取其他措施保护危害区域内的其他人员。

c. 迅速控制危险源，并对事故造成的危害进行检验、监测，测定事故的危害区域、危害性质及危害程度。及时控制造成事故的危险源是应急救援工作的重要任务，只有及时控制住危险源，防止事故的继续扩展，才能及时有效地进行救援。特别对发生在城市或人口稠密地区的化学事故，应尽快组织工程抢险队与事故单位技术人员一起及时控制事故继续扩展。

d. 做好现场清消，消除危害后果。针对事故对人体、动植物、土壤、水源、空气造成的现实危害和可能的危害，迅速采取封闭、隔离、洗消等措施。对事故外溢的有毒有害物质和可能对人和环境继续造成危害的物质，应及时组织人员予以清除，消除危害后果，防止对人的继续危害和对环境的污染。对危险化学品事故造成的危害进行监测、处置，直至符合国家环境保护标准。

e. 向有关部门和社会媒介提供翔实情报。

f. 保存有关记录及实物，为后面事故调查工作做准备。

g. 查清事故原因，评估危害程度。事故发生后应及时调查事故的发生原因和事故性质，评估出事故的危害范围和危险程度，查明人员伤亡情况，做好事故调查。

③ 应急预案的应急培训、训练和演习内容应满足的条件

a. 应急预案中有应急培训、训练和演习的内容吗？

b. 培训计划中除应急预案本身外，是否还包括了下述相关内容：

- 危险材料；
- 个体防护设备；
- 预防性维护；
- 火灾、爆炸、泄漏；
- 急救；
- 其他。

c. 培训计划是否基于具体的危险和应急救援岗位职责，并说明了培训的形式和制度？

d. 培训记录是否包括了日期、人员、类型、效果等？

e. 培训课程内容是否基于预案中规定的各级岗位职责，并根据危险和预案的变化而修改？

f. 是否定期进行培训及其效果（知识、技能）评估和再培训并与场外应急培训协调？

g. 是否在合理的时间内对新参加应急救援的人员进行培训？

h. 是否确保各类应急预案都进行了培训，并通过训练和演习来评估培训的充分性？

i. 培训方法是否包括了课堂培训、手把手的指导和现场教学？

j. 是否将应急救援培训与生产操作培训结合在一起？

k. 是否明确各类应急活动最低培训水平？定期进行下述培训：

- 危险化学品贮存要求；
- 疏散程序；
- 应急报告程序；
- 灭火器的使用；
- 泄漏及其应急报警程序；
- 消防及其专业救援人员按照消防法规和有关规定的要求进行培训。

l. 应急培训是否做到：

- 针对性：针对可能的事故情景；
- 周期性：培训时间相对短，但有一定周期；
- 定期性：定期进行技能训练；
- 真实性：尽量贴近应急活动实际；
- 全员性：全员培训。

m. 是否定期进行训练和演习，并且测试所有预案及应急能力？

n. 训练和演习是否贴近实际，其结果是否评估并建档，发现问题是否采取纠正措施？

o. 除定期进行全面训练和演习外，是否对下述关键要素进行演练：

- 通信；
- 消防；
- 医疗、急救；
- 泄漏控制；
- 应急指挥中心及其工作人员；
- 监测与侦检；
- 净化与清除；
- 疏散。

p. 设计训练和演习场景时是否考虑以下因素：

- 预案评价与需求分析；
- 明确目标与范围；
- 费用与资源；
- 潜在事故与可能的应急操作。

q.(企业内、企业外)各类人员都参加相应的应急训练和演习吗？

r. 训练、演习的策划、实施、评估职责明确吗？

④ 重新进入和恢复

应急预案的恢复内容，应满足以下条件：

a. 应急预案中是否包括应急结束后的重新进入和恢复程序？

b. 是否建立恢复行动小组？

c. 是否有设备更换(重购或租用)来源等资源清单？

d. 是否有保护事故现场及企业或政府主管部门如何实施事故调查的程序？

e. 是否有下述恢复、索赔、理赔等程序文件：

- 委派清除和修理的监督人员；
- 保存来访人员名单；
- 暂不上班人员的通告程序；

• 优先更换或修理的设备损失评价单；
• 迅速发出的工作单或购置单；
• 所需清洁设备的数量和位置；
• 损坏物品、设备的临时存放区域；
• 具体保险理赔及损失评估程序；
• 应急评估与预案更新、纠正程序；
• 污染水平测量及重新进入事故现场的危险评估程序。

4.7 应急预案的结构形式

不同层次的企业，编制的应急预案共有四种结构形式，分别是："1+n"（即1个综合预案+n个专项预案）"一线式"、"图表结构"和"卡片结构"，企业应根据层级的不同和规模的大小选择相应的结构形式。

4.7.1 "1+n式"结构形式

企事业单位、下设有基层单位的二级单位应急预案采用"1+n"的结构，主件部分应包括封面、目录、综合预案和专项预案、附件等内容。

"1+n"的结构包含："1个综合"，实际上就是一个综合应急预案；"n个专项"，就是根据危险性分析出的突发事件的多少以及突发事件的严重程度，来决定编制多少个专项应急预案。

依据《生产经营单位安全生产事故应急预案编制导则》（GB/T 29639—2013）等的要求编制（修订）综合应急预案和专项应急预案。

【实例】：某大型石化企业火灾爆炸专项应急预案，具体见附录1。

4.7.2 "一线式"结构形式

对于服务型或管理型的二级单位或相对比较单一、事件比较少的单位亦可采用"一线式"结构（简化版的"1+n"结构）应急预案，即不做专门的专项应急预案，将应急准备、应急行动程序和应急保障进行细化，并放在综合应急预案中。

实例具体见附录2。

4.7.3 "图表式"结构

"图表式"结构是车间、作业队、事业部等基层单位的结构形式，主件部分包括封面、审批单、目录和具体内容等。

"图表式"应急预案的具体内容包括两项，即"一图一表"：应急响应程序图和突发事件应急处置表。

一类事件一张表格，可在每类事件中，增加典型场景或个案，一个典型场景或个案一张表格。处置要具体到每个动作，具体到每台设备、每个开关、每个阀门等具体位号，每个动作要具体到岗位，将职责融于行动之中。

××厂××车间应急预案包括封面、批准页、目录、具体内容和附件，具体见附录3。

实例具体见附录4。

4.7.4 “卡片式”结构

“卡片式”结构应急预案即“一事一案”，是班组、岗位应急预案的结构形式，包括：

a. 班组或岗位名称、所在装置；

b. 可能发生的事件(一事)；

c. 初期处置和应急报告；

d. 应急行动程序(一案)。

具体编制方法是在基层单位突发事件应急预案正式完善、定稿、发布后，将表格中其他岗位过滤掉，剩下的就是本岗位对应突发事件的应急预案卡片，编号与基层单位表格的标题号一致。备注栏主要填写本行的操作，必须在某步操作之后才能进行的那一步操作，否则将会酿成更大灾害。

“卡片式”结构应急预案一般为A4纸的一半，或名片大小。卡片为硬质或塑封。

岗位(班组)应急预案卡片具体见附录5。

4.8 应急预案优化

2013年开始，国家应急指挥中心在国内两家企业试点，推行应急预案优化工作。企业以往按照《生产经营单位生产安全事故应急预案编制导则》等相关标准和要求编制的应急预案，比较全面和系统，虽然得到了政府和上级部门的充分认可，也经受了实践的检验，但在实际应用中，存在过于繁琐、不够优化等问题。因此，两家企业在原有编制原则的基础上，通过大胆的尝试和突破，对生产安全应急预案进行了全面系统的优化，编制了一套简化版的应急预案及配套应急处置卡，基本做到了“简明、易记、科学、好用”。

新修订的应急预案具有以下特点：

(1) 坚持简明化。对公司和厂级预案分别进行了调整，将原总体预案与专项预案合并，主要工作流程尽量以图表形式表达，将编制依据、风险分析、信息公开、预案管理等内容指向相应的管理制度。预案文字描述大幅减少，公司级预案正文文字数量压缩90%，可参见附录2。

(2) 突出专业化。发动全员运用HAZOP、JHA、SCL等评价方法，开展专业化风险评估，采用LEC法确定危险源、高风险点的风险等级，有针对性地制定应急处置方案，做到一处一案，突出处置方案的个性特征。

(3) 推行卡片化。将应急预案重要信息设计成应急处置卡，“一人一卡”，随身携带。公司级、厂级应急处置卡以应急功能组的主要任务及联络方式为主，车间级应急处置卡主要体现应急处置步骤和工艺流程图。具体实例见附录6。在事故应急状态下，人手一卡，起到很好的提示作用。

(4) 实现动态化。根据生产环境、工艺特点、设备设施运行年限等情况变化，以及在生产过程及演练过程中发现的新问题，及时开展风险再评估，动态地修订完善预案。

第5章 危险化学品事故应急处置

现在危险化学品安全管理体系较多，很多企业有自己的特点，国家安全生产监督管理总局大力推动我国危险化学品从业单位安全标准化工作，出台了一系列相关法规和政策，北京市危险化学品从业单位的安全标准化工作现在正在初步运行中，本章主要对于危险化学品从业单位安全标准化的发展历程进行回顾，介绍了安全标准化的术语定义，详细阐释了危险化学品安全标准化的核心要素，并且介绍了企业安全标准化的建设流程和评审内容，同时对HSE安全管理体系、杜邦安全管理、陶氏化学、南非NOSA也进行了简要介绍。

5.1 危险化学品应急处置通用要求

危险化学品应急救援是指由危险化学品造成或可能造成人员伤害、财产损失和环境污染及其较大社会危害时，为及时控制事故源，抢救受害人员，指导群众防护和组织撤离，清除危害后果而组织的救援活动。

5.1.1 危险化学品应急救援的基本任务

(1) 控制事故源。及时控制事故源，是应急救援工作的首要任务，只有及时控制住事故源，才能及时防止事故的继续扩展，有效地进行救援。

(2) 抢救受害人员。这是应急救援的重要任务。在应急救援行动中，及时、有序、有效地实施现场急救与安全转送伤员是降低伤亡率、减少事故损失的关键。

(3) 指导群众防护，组织群众撤离。由于化学事故发生突然、扩展迅速、涉及面广、危害大，应及时指导和组织群众采取各种措施进行自身防护，并向上风向迅速撤离出危险区域或可能受到危害的区域。在撤离过程中应积极组织群众开展自救和互救工作。

(4) 做好现场清消，消除危害后果。对事故外逸的有毒有害物质和可能对人和环境继续造成危害的物质，应及时组织人员予以清除，消除危害后果，防止对人的继续危害和对环境的污染。对于由此发生的火灾，应及时组织力量扑救、洗消。

(5) 查清事故原因，估算危害程度。事故发生后应及时调查事故的发生原因和事故性质，估算出事故的危害波及范围和危险程度，查明人员的伤亡情况，做好事故调查。

不同的危险化学品其性质不同、危害程度不同，处理方法也不尽相同，但是作为危险化学品事故处置有其共同的规律。化学事故应急救援一般包括报警与接警、应急救援队伍的出动、实施应急处理，即紧急疏散、现场急救、溢出或泄漏处理和火灾控制几个方面。

5.1.2 危险化学品应急处置的基本程序

危险化学品应急处置流程如图5-1所示。

(1) 接警与通知

准确了解事故的性质和规模等初始信息，是决定启动应急救援的关键，接警作为应急响应的第一步，必须对接警与通知要求作业明确规定。

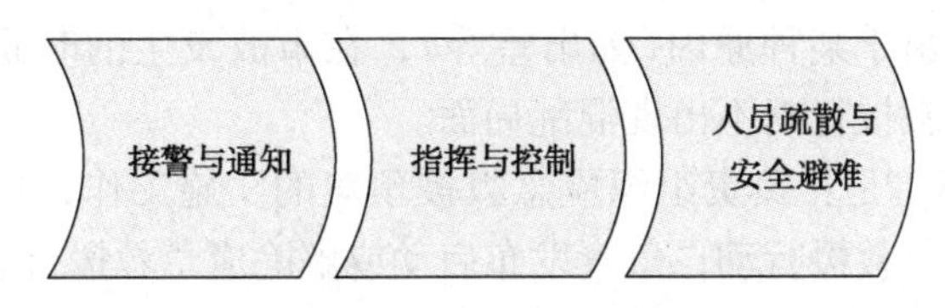

图 5-1　危险化学品应急处置流程图

a. 应明确 24 小时报警电话，建立接警和事故通报程序。

b. 列出所有的通知对象及电话，将事故信息及时按对象及电话清单通知。

c. 接警人员必须掌握的情况有：事故发生的时间与地点、种类、强度；已泄漏物质数量以及已知的危害方向。

d. 接警人员在掌握基本事故情况后，立即通知企业领导层，报告事故情况，以及可能的应急响应级别。

e. 在进行应急救援行动时，首先是让企业内人员知道发生了紧急情况，此时就要启动警报系统，最常使用的是声音报警。报警有两个目的：

一是通知应急人员企业发生了事故，要进入应急状态，采取应急行动。

二是提醒其他无关人员采取防护行动(如转移到更安全的地方或撤离企业)。

f. 通知上级机构。

根据应急的类型和严重程度，企业应急总指挥或企业有关人员(业主或操作人员)必须按照法律、法规和标准的规定将事故有关情况上报政府安全生产主管部门。

通报信息内容如下：

一是将要发生或已发生事故或泄漏的企业名称和地址；

二是通报人的姓名和电话号码；

三是泄漏化学物质名称，该物质是否为极危险物质；

四是泄漏事件或预期持续事件；

五是实际泄漏或估算泄漏量，是否会产生企业外效应；

六是泄漏发生的介质；

七是已知或预期的事故的急性或慢性健康风险和关于接触人员的医疗建议；

八是由于泄漏应该采取的预防措施，包括疏散；

九是获取进一步信息，需联系的人员的姓名和电话号码；

十是气象条件，包括风向、风速和预期企业外效应。

(2) 指挥与控制

重大事故的应急救援往往涉及多个救援部门和机构，因此，对应急行动的统一指挥和协调是有效开展应急救援的关键。建立统一的应急指挥、协调和决策程度，便于对事故进行出事评估，确认紧急状态，从而迅速有效地进行应急响应决策，建立现场工作区域，指挥和协调现场各救援队伍开展救援行动，合理高效地调配和使用应急资源等。

a. 该应急功能应明确：现场指挥部的设立程序；指挥的职责和权力；指挥系统(谁指挥谁、谁配合谁、谁向谁报告)；启动现场外应急队伍的方法；事态评估与应急决策的程序；现场指挥与应急指挥部的协调；企业应急指挥与应急指挥部的协调。

应急指挥可设立应急指挥和现场应急指挥，应急指挥一般由总经理担任，现场应急指挥一般由生产副总经理或事发单位第一责任人担任，但是，企业在确定总指挥与现场指挥人员时，一定要考虑该人员由于某种原因(如出差等)，在事故发生的时候不在场时，由谁来担任指挥的角色，以确保救援行动不出现混乱局面。

b. 应急总指挥的职责是：负责组织应急救援预案的实施工作；负责指挥、调度各保障小组参加集团公司的应急救援行动；负责发布启动或解除应急救援行动的信息；开设现场指挥机构；向当地政府或驻军通报应急救援行动方案，并提出要求支援的具体事宜。

c. 现场指挥的职责是：全权负责应急救援现场的组织指挥工作；负责及时向总指挥部报告现场抢险救援工作情况。保证现场抢险救援行动与总指挥部的指挥和各保障系统的工作协调；进行事故的现场评估，并提出抢险救援的相关方案报应急救援总指挥部备案。必要时，与总指挥部的专业技术人员或有关专家进行直接沟通，确定抢险救援方案；必要时，提出现场抢险增援、人员疏散、向政府求援等建议并报总指挥部；参与事故调查处理工作，负责事故现场抢险救援工作的总结。

d. 联合指挥。当企业在救援时用到当地消防、医疗救护等其他应急救援机构时，这些应急机构的指挥系统就会与企业的指挥系统构成联合指挥，并随着各部门的陆续到达，联合指挥逐步扩大。

企业应急指挥应该成为联合指挥中的一员，联合指挥成员之间要协同工作，建立共同的目标和策略，共享信息，充分利用可用资源，提高响应效率。在联合指挥过程中，企业的应急指挥的主要任务是提供救援所需的企业信息，如厂区分布图、重要保护目标、消防设施位置等，还应当配合其他部门开展应急救援，如协助指挥人员疏散等。

当联合指挥成员在某个问题上不能达成一致意见时，则负责该问题的联合指挥成员代表通常作出最后决策。

但如果动用其他部门较少，如发生较大火灾事故，没有发生人员伤亡的可能性，仅需要消防机构支援，可以考虑由支援部门指挥，企业为其提供信息、物资等支持。

(3) 人员疏散与安全避难(安置)

a. 人员疏散

人群疏散是减少人员伤亡扩大的关键，也是最彻底的应急响应。事故的大小、强度、爆发速度、持续时间及其后果严重程度，是实施人群疏散应予考虑的一个重要因素，它将决定撤退人群的数量、疏散的可用时间及确保安全的疏散距离。

对人群疏散所作的规定和准备应包括：明确谁有权发布疏散命令；明确需要进行人群疏散的紧急情况和通知疏散的方法；列举有可能需要疏散的位置；对疏散人群数量及疏散时间的估测；对疏散路线的规定；对需要特殊援助的群体的考虑，如学校、幼儿园、医院、养老院、监管所，以及老人、残疾人等。

在重大事故应急发生时，可能要求从事故影响区疏散企业人员到其他区域。有时甚至要求全企业人员除了负责控制事故的应急人员外都必须疏散。小企业或事故迅速恶化时，可直接进行全体疏散。被影响区无关人员应该首先撤离，接着是当全面停车时的剩余工人撤离。所有人员应该熟悉关于疏散的有关信息，在他们离开企业时，应该根据指示，关闭所有设施和设备。此外，岗位操作人员应该确切知道如何以安全方式进行应急停车。对于控制主要工艺设备停车的应急设备和公用工程，如果没有通知不能实施停车程序。

现场疏散的实际计划通常与企业大小、类型和位置有关，应事先确定出通知企业员工疏散的方法、主要或替换集合点、疏散路线和查点所有员工的程序。应该制定规定以警示和查找企业来访者。保卫人员应该持有这些人的名单，企业陪同人员负责来访者的安全。

如果发生毒气泄漏，应该设计转移企业人员的逃生方法，特别是对于泄漏影响地区。所有在影响区域的人员都应配备应急逃生呼吸器。如果有毒物质泄漏能透过皮肤进入身体，还应该提供其他防护设备。人员应该横向穿过泄漏区下风以减少在危险区的暴露时间。逃生路线、集合地点和企业地图应该在整个企业内设置，并清楚标识出来。此外，晚上应保证照明充足，便于安全逃生。企业内应该设置风标和南北指示标识，让人员辨识逃生方向。

b. 现场安全逃避

当毒物泄漏时，一般有两类保护人员的方法：疏散或现场安全避难。选择正确的保护方案要根据泄漏类型和有关标准，见表 5-1。

表 5-1　确定最佳保护行动的标准

保护方式	疏　散	现场安全避难
毒物泄漏情况	大量物品长时间地泄漏	物品从容器中一次或全部泄漏
	容器有进一步失效的可能	蒸气云迅速移动、扩散
	避难保护不够充分	天气状况促进气体快速扩散
	持续火灾伴有毒烟	泄漏容易控制
	天气状况不利于蒸气快速扩散	没有爆炸性或易燃性气体存在

当人员受到毒物泄漏的威胁，且疏散又不可行时，短期安全避难可给人员提供临时保护。如果有毒气体渗入量在标准范围内，大多数建筑都可提供一定程度保护。行政管理楼内也可设置避难所。

短期避难所通常是具有空气供给的密封室，空气可由瓶装压缩空气提供。一般控制室设计为短期避难所，使操作人员在紧急时安全使用。有些控制室如果为保证有序停车防止发生更大事故，需要设计为能够防止有毒气体的渗入。选择短期避难所的另一个原因是人员到达可长期避难场所的距离过远，或因缺少替代疏散路线而不能安全疏散。

指挥者根据事故区域大小、相对距离的远近和主导风向，为其员工选择短期避难所。避难不应过远，以免使人员不能及时到达。在选定某建筑作为短期避难所前，指挥者应该考虑一下其设计是否具有如下特点：

一是结构良好，没有明显的洞、裂口或其他可能使危险气体进入体内的结构弱点；

二是门窗有良好的密封；

三是通风系统可控制。

短期避难所不能长期驻留。如果需要长期避难设施，在计划和设计时必须保证安全的室内空气供给和其他支持系统。

避难场所应该能提供限定人员足够呼吸的空气量和足够长的时间下的有效保护。对大多数常见情况，临时避难所是窗户和门都关闭的任何一个封闭空间。

在许多情况下(如快速、短暂的气体泄漏等)，采取安全避难是一个很有效的方法，特别是与疏散相比它具有实施所需时间少的优点。

c. 企业外疏散和安全避难

在紧急情况下，尤其是发生毒物泄漏时，应急指挥者一个首要任务是向外报警，并建议政府主管部门采取行动保护公众。

接到企业通报，地方政府主管部门应决定是否启动企业外应急行动，协调并接管应急总指挥的职责。

企业外疏散与避难疏散虽然由政府进行，但企业必须事先做好准备，包括向政府提出疏散的建议。所以企业管理层应该积极与地方主管部门合作，制定应急预案，保护公众免受紧急事故危害。

5.2 危险化学品应急处置要点

5.2.1 爆炸品事故处置

爆炸品由于内部结构特性，爆炸性强，敏感度高，受摩擦、撞击、震动、高温等外界因素诱发而发生爆炸，遇明火则更危险。其特点是响应速度快，瞬间即完成猛烈的化学响应，同时放出大量的热量，产生大量的气体，且火焰温度相当高。如爆破用电雷管、弹药用雷管、硝铵炸药(铵梯炸药)等具有整体爆炸危险；如炮用发射药、起爆引信、催泪弹药具有抛射危险但无整体爆炸危险；如二亚硝基苯无烟火药、三基火药等具有燃烧危险和较小爆炸或较小抛射危险，或两者兼有、但无整体爆炸危险；如烟花、爆竹、鞭炮等具有无重大危险的爆炸物质和物品导爆索(柔性的)；B 型爆破用炸药、E 型爆破用炸药、铵油炸药等属于非常不敏感的爆炸物质。爆炸品火灾处置流程如图 5-2 所示。

图 5-2　爆炸品火灾处置流程

发生爆炸品火灾时，一般应采取以下处置方法：

(1) 迅速判断再次发生爆炸的可能性和危险性，紧紧抓住爆炸后和再次发生爆炸之前的有利时机，采取一切可能的措施，全力制止再次爆炸的发生。

(2) 凡有搬移的可能，在人身安全确有可靠保证的情况下，应迅即组织力量，在水枪的掩护下及时搬移着火源周围的爆炸品至安全区域，远离住宅、人员集聚、重要设施等地方，使着火区周围形成一个隔离带。

(3) 禁止用沙土类的材料进行盖压，以免增强爆炸品爆炸式的威力。扑救爆炸品堆垛时，水流应采用吊射，避免强力水流直接冲击堆垛，造成堆垛倒塌引起再次爆炸。

(4) 灭火人员应积极采取自我保护措施，尽量利用现场的地形、地物作为掩体和尽量采用卧姿等低姿射水；消防设备、设施及车辆不要停靠离爆炸品太近的水源处。

(5) 灭火人员发现有再次爆炸的危险时，应立即撤离并向现场指挥报告，现场指挥应迅速作出准确判断，确有发生再次爆炸征兆或危险时，应立即下达撤退命令，迅速撤离灭火人员至安全地带。来不及撤退的灭火人员，应迅速就地卧倒，等待时机和救援。

5.2.2 压缩气体和液化气体事故处置

为了便于使用和储运，通常将气体用降温加压法压缩或液化后储存在钢瓶或储罐等容器中。在容器中处在气体状态的称为压缩气体，处在液体状态的称为液化气体。另外，还有加压溶解的气体。常见压缩、液化或加压溶解的气体有：氧气、氯气、液化石油气、液化天然气、乙炔等。储存在容器中的压缩气体压力较高，储存在容器中的液化气体当温度升高时液体汽化、膨胀导致容器内压力升高，因此，储存压缩气体和液化气体的容器受热或受火焰熏烤容易发生爆炸。压缩气体和液化气体另一种输送形式是通过管道，它比移动方便的钢瓶容器稳定性强，但同样具有易燃易爆的危险特点。压缩气体和液化气体泄漏后，与着火源已形成稳定燃烧时，其发生爆炸或再次爆炸的危险性与可燃气体泄漏未燃时相比要小得多。

遇到压缩气体或液化气体火灾时，一般应采取以下处置方法：

（1）及时设法找到气源阀门。阀门完好时，只要关闭气体阀门，火势就会自动熄灭。在关阀无效时，切忌盲目灭火，在扑救周围火势以及冷却过程中不小心把泄漏处的火焰扑灭了，在没有采取堵漏措施的情况下，必须立即将火点燃，使其继续稳定燃烧。否则，大量可燃气体泄漏出来与空气混合，与着火源就会发生爆炸，后果将不堪设想。

（2）选用水、干粉、二氧化碳等灭火剂扑灭外围被火源引燃的可燃物火势，切断火势蔓延途径，控制燃烧范围。

（3）如有受到火焰热辐射威胁的压缩气体或液化气体压力容器，特别是多个压力容器存放在一起的地方，能搬移且安全又有保障的，应迅即组织力量，在水枪的掩护下，将压力容器搬移到安全地带，远离住宅、人员集聚、重要设施等地方。抢救搬移出来的压缩气体或存储的液化气体的压力容器还要注意防火降温和防碰撞等措施。同时，要及时搬移着火源周围的其他易燃易爆物品至安全区域，使着火区周围形成一个隔离带。

不能搬移的压缩气体或液化气体压力容器，应部署足够的水枪进行降温冷却保护，以防止潜伏的爆炸危险。对卧式贮罐或管道冷却时，为防止压力容器或管道爆裂伤人，进行冷却的人员应尽量采用低姿势射水或利用现场坚实的掩体防护，选择贮罐 4 个侧角作为射水阵地。

（4）现场指挥应密切注意各种危险征兆，遇有火势熄灭后较长时间未能恢复稳定燃烧或受辐射的容器安全阀火焰变亮耀眼、尖叫、晃动等爆裂征兆时，指挥员必须做出准确判断，及时下达撤退命令。现场人员看到或听到事先规定的撤退信号后，应迅速撤退至安全地带。

（5）在关闭气体阀门时贮罐或管道泄漏关阀无效时，应根据火势大小判断气体压力和泄漏口的大小及其形状，准备好相应的堵漏材料，如软木塞、橡皮塞、气囊塞、黏合剂等。堵漏工作准备就绪后，即可用水扑救火势，也可用干粉、二氧化碳灭火，但仍需要水冷却烧烫的管壁。火扑灭后，应立即用堵漏材料堵漏，同时用雾状水稀释和驱散泄漏出来的气体。

（6）碰到一次堵漏不成功，需一定时间再次堵漏时，应继续将泄漏处点燃，使其恢复稳定燃烧，以防止潜伏发生爆炸的危险，并准备再次灭火堵漏。如果确认泄漏口较大，一时无法堵漏，只需冷却着火源周围管道和可燃物品，控制着火范围，直到燃气燃尽，火势自动熄灭。

（7）气体贮罐或管道阀门处泄漏着火时，在特殊情况下，只要判断阀门还有效，也可违反常规，先扑灭火势，再关闭阀门。一旦发现关闭已无效，一时又无法堵漏时，应迅速点燃，继续恢复稳定燃烧。

5.2.3 易燃液体的处置

易燃液体通常贮存在容器内或用管道输送。液体容器有的密闭，有的敞开，一般是常压，只有响应锅（炉、釜）及输送管道内的液体压力较高。液体不管是否着火，如果发生泄漏或溢出，都将顺着地面流淌或水面飘散，而且，液体还有密度和水溶性等涉及能否用水和普通泡沫扑救，以及危险性很大的沸溢和喷溅等问题。

(1) 首先应切断火势蔓延的途径，冷却和疏散受火势威胁的密闭容器和可燃物，控制燃烧范围，并积极抢救受伤和被困人员。如有液体流淌时，应筑堤(或用围油栏)拦截漂散流淌的易燃液体或挖沟导流。

(2) 及时了解和掌握着火液体的品名、密度、水溶性以及有无毒害、腐蚀、沸溢、喷溅等危险性，以便采取相应的灭火和防护措施。

(3) 对较大的贮罐或流淌火灾，应准确判断着火面积。大面积(大于 $50m^2$)液体火灾则必须根据其相对密度(密度)、水溶性和燃烧面积大小，选择正确的灭火剂扑救。对于不溶于水的液体(如汽油、苯等)，用直流水、雾状水灭火往往无效。可用普通氟蛋白泡沫或轻水泡沫扑灭。用干粉扑救时，灭火效果要视燃烧面积大小和燃烧条件而定，最好用水冷却罐壁。

比水密度大又不溶于水的液体(如二硫化碳，相对密度 1.3506，20℃)起火时可用水扑救，水能覆盖在液面上灭火，用泡沫也有效。用干粉扑救时，灭火效果要视燃烧条件而定，最好用水冷却罐壁，降低燃烧强度。

具有水溶性的液体(如醇类，酮类等)，虽然从理论上讲能用水稀释扑救，但用此法要使液体闪点消失，水必须在溶液中占很大比例，这不仅需要大量的水，也容易使液体溢出流淌；而普通泡沫又会受到水溶性液体的破坏(如果普通泡沫强度加大，可以减弱火势)，因此最好用抗溶性泡沫扑救。用干粉扑救时，灭火效果要视燃烧面积大小和燃烧条件而定，也需用水冷却罐壁，降低燃烧强度。

与水起作用的易燃液体，如乙硫醇、乙酰氯、有机硅烷等禁用含水灭火剂。

(4) 扑救有害性、腐蚀性或燃烧产物毒害性较强的易燃液体火灾，扑救人员必须佩带防护面具，采取防护措施。对特殊物品的火灾，应使用专用防护服。考虑到过滤式防毒面具的局限性，在扑救毒害品火灾时应尽量使用隔离式空气呼吸器。为了在火场上正确使用和适应，平时应进行严格的适应性训练。

(5) 扑救闪点不同黏度较大的介质混合物，如原油和重油等具有沸溢和喷溅危险的液体火灾，必须注意观察发生沸溢、喷溅的征兆，估计可能发生沸溢，喷溅的时间。一旦现场指挥发现危险征兆时应迅即做出准确判断，及时下达撤退命令，避免造成人员伤亡和装备损失。扑救人员看到或听到统一撤退信号后，应立即撤退至安全地带。

(6) 遇易燃液体管道或贮罐泄漏着火，在切断蔓延方向并把火势限制在指定范围内的同时，应设法找到输送管道并关闭进、出阀门，如果管道阀门已损坏或贮罐泄漏，应迅速准备好堵漏器材，然后先用泡沫、干粉、二氧化碳或雾状水等扑灭地上的流淌火焰，为堵漏扫清障碍；其次再扑灭泄漏处的火焰，并迅速采取堵漏措施。与气体堵塞不同的是，液体一次堵漏失败，可连续堵几次，只要用泡沫覆盖地面，并堵住液体流淌和控制好周围着火源，不必点燃泄漏处的液体。

5.2.4 易燃固体、自燃物品事故处置

易燃固体、自燃物品一般都可用水和泡沫扑救，相对其他种类的危险化学品而言是比较容易扑救的，只要控制住燃烧范围，逐步扑灭即可。但也有少数易燃固体、自燃物质的扑救方法比较特殊。

遇到易燃固体、自燃物品火灾，一般应采取以下基本处置方法：

（1）积极抢救受伤和被困人员，迅速撤离疏散；将着火源周围的其他易燃易爆物品搬移至安全区域，远离灾区，避免扩大人员伤亡和受灾范围。

（2）一些能升华的易燃固体（如2，4-二硝基苯甲醚、二硝基萘、萘等）受热后能产生易燃蒸气。如二硝基类化合物燃烧时火势迅猛，若灭火剂在单位时间内喷出的药量太少，则灭火效果不佳。此外二硝基类化合物一般都易爆炸，遇重物压迫，则有爆炸危险，且硝基越多，爆炸危险性越大，若大量砂土压上去，可能会变燃烧为爆炸。火灾时应用雾状水、泡沫扑救，切断火势蔓延途径。但要注意，明火扑灭后，因受热后升华的易燃蒸气能在不知不觉中飘逸，在上层与空气形成爆炸性混合物，尤其是在室内，易发生爆燃。因此，扑救此类物品火灾时，应不时地向燃烧区域上空及周围喷射雾状水，并用水扑灭燃烧区域及其周围的一切火源。

（3）黄磷是自燃点很低且在空气中能很快氧化升温自燃的物品，遇黄磷火灾时，禁用酸碱、二氧化碳、卤代烷灭火剂，首先应切断火势蔓延途径，控制燃烧范围，用低压水或雾状水扑救。高压直流水冲击能引起黄磷飞溅，导致灾害扩大。黄磷熔融液体流淌时应用泥土、砂袋等筑堤拦截，并用雾状水冷却，对冷却后已固化的黄磷，应用钳子钳入贮水容器中。来不及钳时可先用砂土掩盖，但应做好标记，等火势扑灭后，再逐步集中到储水容器中。

（4）少数易燃固体和自燃物质不能用水和泡沫扑救，如三硫化二磷、铝粉、烷基铝、保险粉（连二亚硫酸钠）等，应根据具体情况区别处理，宜选用干砂和不用压力喷射的干粉扑救。易燃金属粉末，如镁粉、铝粉禁用含水、二氧化碳、卤代烷灭火剂。连二亚硫酸钠、连二亚硫酸钾、连二亚硫酸钙、连二亚硫酸锌等连二亚硫酸盐，遇水或吸收潮湿空气能发热，引起冒黄烟燃烧，并放出有毒和易燃的二氧化硫。

（5）抢救搬移出来的易燃固体、自燃物质要注意采取防火降温、防水散流等措施。

5.2.5 遇湿易燃物品事故处置

遇湿易燃物品遇水或者潮湿放出大量可燃、易燃气体和热量，有的遇湿易燃物品不需要明火，即能自动燃烧或爆炸，如金属钾、钠、三乙基铝（液态）、电石（碳酸钙）、碳化铝、碳化镁、氢化锂、氢化钠、乙硅烷、乙硼烷等。有的遇湿易燃物品与酸响应更加剧烈，极易引起燃烧爆炸。因此，这类物质达到一定数量时，绝对禁止用水、泡沫等湿性灭火剂扑救。这类物品的这一特殊性对其火灾的扑救工作带来了很大的困难。对遇湿易燃物品火灾，一般应采取以下基本处置方法：

（1）首先应了解清楚遇湿易燃物品的品名、数量、是否与其他物品混存、燃烧范围、火势蔓延途径，以便采取相对应的灭火措施。

（2）在施救、搬移着火的遇湿易燃物品时，应尽可能将遇湿易燃物品与其他非遇湿易燃物品或易燃易爆物品分开。如果其他物品火灾威胁到相邻的遇湿易燃物品，应将遇湿易燃物品迅速疏散转移至安全地点。如遇湿易燃物品较多，一时难以转移，应先用油布或塑料膜等防水布将遇湿易燃物品遮盖好，然后再在上面盖上毛毡、石棉被、海藻席（或棉被）并淋上水。如果遇湿易燃物品堆放处地势不太高，可在其周围用土筑一道防水堤。在用水或泡沫扑救火灾时，对相邻的遇湿易燃物品应留有一定的力量监护。

（3）如果只有极少量的遇湿易燃物品，在征求有关专业人员同意后，可用大量的水或泡沫扑救。水或泡沫刚接触着火点时，短时间内可能会使火势增大，但少量遇湿易燃物品燃尽后，火势很快就会熄灭或减小。

(4) 如果遇湿易燃物品数量较多，且未与其他物品混存，则绝对禁止用水或泡沫等湿性灭火剂扑救。遇湿易燃物品起火应用干粉、二氧化碳扑救，但金属锂、钾、钠、铷、铯、锶等物品由于化学性质十分活泼，能夺取二氧化碳中的氧而引起化学响应，使燃烧更猛烈，所以也不能用二氧化碳扑救。固体遇湿易燃物品应用水泥、干砂、干粉、硅藻土和蛭石等进行覆盖。水泥、沙土是扑救固体遇湿易燃物品火灾比较容易得到的灭火剂，且效果也比较理想。

(5) 对遇湿易燃物品中的粉尘火灾，切忌使用有压力的灭火剂进行喷射，这样极易将粉尘吹扬起来，与空气形成爆炸性混合物而导致爆炸事故的发生。通常情况下，遇湿易燃物品由于其发生火灾时的灭火措施特殊，在储存时要求分库或隔离分堆单独储存，但在实际操作中有时往往很难完全做到，尤其是在生产和运输过程中更难以做到，如铝制品厂往往遍地积有铝粉。对包装坚固、封口严密、数量又少的遇湿易燃物品，在储存时往往同室分堆或同柜分格储存。这就给其火灾扑救工作带来了更大的困难，灭火人员在扑救中应谨慎处置。

5.2.6 氧化剂和有机过氧化物事故处置

从灭火角度讲，氧化剂和有机过氧化物既有固体、液体，又有气体。既不像遇湿易燃物品一概不能用水和泡沫扑救，也不像易燃固体几乎都可用水和泡沫扑救。有些氧化剂本身虽然不会燃烧，但遇可燃、易燃物品或酸碱却能着火和爆炸。有机过氧化物(如过氧化二苯甲酰等)本身就能着火、爆炸，危险性特别大，施救时要注意人员的防护措施。对于不同的氧化剂和有机过氧化物火灾，有的可用水(最好是雾状水)和泡沫扑救，有的不能用水和泡沫扑救，还有的不能用二氧化碳扑救。如有机过氧化物类、氯酸盐类、硝酸盐类、高锰酸盐类、亚硝酸盐类、重铬酸盐类等氧化剂遇酸会发生响应，产生热量，同时游离出更不稳定的氧化性酸，在火场上极易分解爆炸。因这类氧化剂在燃烧中自动放出氧，故二氧化碳的窒息作用也难以奏效。因卤代烷在高温时游离出的卤素离子与这类氧化剂中的钾、钠等金属离子结合成盐，同时放出热量，故卤代烷灭火剂的效果也较差，但有机过氧化物使用卤代烷仍有效。金属过氧化物类遇水分解，放出大量热量和氧，反而助长火势；遇酸强烈分解，响应比遇水更为剧烈，产生热量更多，并放出氧，往往发生爆炸；卤代烷灭火剂遇高温分解，游离出卤素离子，极易与金属过氧化物中的活泼金属元素结合成金属卤化物，同时产生热量和放出氧，使燃烧更加剧烈。因此金属过氧化物禁用水、卤代烷灭火剂和酸碱、泡沫灭火剂，二氧化碳灭火剂的效果也不佳。

遇到氧化剂和有机过氧化物火灾，一般应采取以下基本处置方法：

(1) 迅速查明着火的氧化剂和有机过氧化物，以及其他燃烧物的品名、数量、主要危险特性、燃烧范围、火势蔓延途径、能否用水或泡沫灭火剂等扑救。

(2) 尽一切可能将不同类别、品种的氧化剂和有机过氧化物与其他非氧化剂和有机过氧化物或易燃易爆物品分开、阻断，以便采取相对应的灭火措施。

(3) 能用水或泡沫扑救时，应尽可能切断火势蔓延方向，使着火源孤立起来，限制其燃烧的范围。如有受伤和被困人员的，应迅速积极抢救。

(4) 不能用水、泡沫、二氧化碳扑救时，应用干粉、水泥、干砂进行覆盖。用水泥、干砂覆盖时，应先从着火区域四周开始，尤其是从下风处等火势主要蔓延的方向覆盖起，形成孤立火势的隔离带，然后逐步向着火点逼近。

（5）由于大多数氧化剂和有机过氧化物遇酸类会发生剧烈响应，甚至爆炸，如过氧化钠、过氧化钾、氯酸钾、高锰酸钾、过氧化二苯甲酰等。因此，专门生产、经营、储存、运输、使用这类物品的单位和场所，应谨慎配备泡沫、二氧化碳等灭火剂，遇到这类物品的火灾时也要慎用。

5.2.7 毒害品事故处置

毒害品对人体有严重的危害。毒害品主要是经口、鼻吸入蒸气或通过皮肤接触引起人体中毒的，如无机毒害品有氰化钠、三氧化二砷（砒霜）；有机毒害品有硫酸二甲酯、四乙基铅等。有些毒害品本身能着火，还有发生爆炸的危险；有的本身并不能着火，但与其他可燃、易燃物品接触后能着火。这类物品发生火灾时通常扑救不是很困难，但着火后或与其他可燃、易燃物品接触着火后，甚至爆炸后，会产生毒害气体。因此，特别需要注意人体的防护措施。

遇到毒害品火灾，一般应采取以下基本处置方法：

（1）毒害品火灾极易造成人员中毒和伤亡事故。施救人员在确保安全的前提下，应采取有效措施，迅速投入寻找、抢救受伤或被困人员，并采取清水冲洗、漱洗、隔开、医治等措施。严格禁止其他人员擅自进入灾区，避免人员中毒、伤亡和受灾范围的扩大。同时，积极控制毒害品燃烧和蔓延的范围。

（2）施救人员必须穿着防护服，佩戴防护面具，采取全身防护，对有特殊要求的毒害品火灾，应使用专用防护服。考虑到过滤式防毒面具防毒范围的局限性，在扑救毒害品火灾时应尽量使用隔绝式氧气或空气呼吸器。为了在火场上能正确使用这些防护器具，平时应进行严格的适应性训练。

（3）积极限制毒害品燃烧区域，应尽量使用低压水流或雾状水，严格避免毒害品溅出造成灾害区域扩大。喷射时干粉易将毒害品粉末吹起，增加危险性，所以慎用干粉灭火剂。

（4）遇到毒害品容器泄漏，要采取一切有效的措施，用水泥、泥土、砂袋等材料进行筑堤拦截，或收集、或稀释，将它控制在最小的范围内。严禁泄漏的毒害品流淌至河流水域。有泄漏的容器应及时采取堵漏、严控等有效措施。

（5）毒害品的灭火施救，应多采用雾状水、干粉、沙土等，慎用泡沫、二氧化碳灭火剂，严禁使用酸碱类灭火剂灭火。如氰化钠、氰化钾及其他氰化物等遇泡沫中酸性物质能生成剧毒物质氰化氢，因此不能用酸碱类灭火剂灭火。二氧化碳喷射时会将氰化物粉末吹起，增加毒害性，此外氰化物为一弱酸，在潮湿空气中能与二氧化碳起响应。虽然该响应受空气中水蒸气的限制，响应不快，但毕竟会产生氰化氢，故应慎用。

（6）严格做好现场监护工作，灭火中和灭火完毕都要认真检查，以防疏漏。

5.2.8 腐蚀品事故处置

腐蚀品具有强烈的腐蚀性、毒性、易燃性、氧化性。有些腐蚀品本身能着火，有的本身并不能着火，但与其他可燃物品接触后可以燃烧。部分有机腐蚀品遇明火易燃烧，如冰醋酸、醋酸酐、苯酚等。有的有机腐蚀品遇热极易爆炸，有的无机酸性腐蚀品遇还原剂、受热等也会发生爆炸。腐蚀品对人体都有一定的危害，它会通过皮肤接触给人体造成化学灼伤。这类物品发生火灾时通常扑救不很困难，但它对人体的腐蚀伤害是严重的。因此，接触时特别需要注意人体的防护。

遇到腐蚀品火灾，一般应采取以下基本处置方法：

(1) 腐蚀品火灾极易造成人员伤亡。施救人员在采取防护措施后，应立即投入寻找和抢救受伤、被困人员，被抢救出来的受伤人员应马上采取清水冲洗、医治等措施；同时，迅速控制腐蚀品燃烧范围，避免受灾范围的扩大。

(2) 施救人员必须穿着防护服，佩戴防护面具。一般情况下采取全身防护即可，对有特殊要求的物品火灾，应使用专用防护服。考虑到腐蚀品的特点，在扑救腐蚀品火灾时应尽量使用防腐蚀的面具、手套、长筒靴等。为了在火场上能正确使用这些防护器具，平时应进行严格的适应性训练。

(3) 扑救腐蚀品火灾时，应尽量使用低压水流或雾状水，避免因腐蚀品的溅出而扩大灾害区域。如发烟硫酸、氯磺酸、浓硝酸等发生火灾后，宜用雾状水、干沙土、二氧化碳扑救。如三氯化磷、氧氯化磷等遇水会产生氯化氢，因此在有该类物质的火场，要注意防水保护，可用雾状水驱散有毒气体。

(4) 遇到腐蚀品容器泄漏，在扑灭火势的同时应采取堵漏措施。腐蚀品堵漏所需材料一定要注意选用具有防腐性的。

(5) 浓硫酸遇水能放出大量的热，会导致沸腾飞溅，需特别注意防护。扑救浓硫酸与其他可燃物品接触发生的火灾，且浓硫酸数量不多时，可用大量低压水快速扑救。如果浓硫酸量很大，应先用二氧化碳、干粉等灭火剂进行灭火，然后再把着火物品与浓硫酸分开。

(6) 严格做好现场监护工作，灭火中和灭火完毕都要认真检查，以防疏漏。

5.3 典型危险化学品应急处置对策

5.3.1 液氯事故应急处置

(1) 理化特性

氯气常温常压下为黄绿色、有刺激性气味的气体。常温下、709kPa以上压力时为液体，液氯为金黄色，微溶于水，易溶于二硫化碳和四氯化碳。相对分子质量为70.91，熔点-101℃，沸点-34.5℃，气体密度3.21kg/m^3，相对蒸气密度(空气=1)2.5，相对密度(水=1)1.41(20℃)，临界压力7.71MPa，临界温度144℃，饱和蒸气压673kPa(20℃)。

主要用途：用于制造氯乙烯、环氧氯丙烷、氯丙烯、氯化石蜡等；用作氯化试剂，也用作水处理过程的消毒剂。

(2) 危害信息

a. 燃烧和爆炸危险性

本品不燃，但可助燃。一般可燃物大都能在氯气中燃烧，一般易燃气体或蒸气也都能与氯气形成爆炸性混合物。受热后容器或储罐内压力增大，泄漏物质可导致中毒。

b. 活性响应

强氧化剂，与水响应，生成有毒的次氯酸和盐酸。与氢氧化钠、氢氧化钾等碱响应生成次氯酸盐和氯化物，可利用此响应对氯气进行无害化处理。液氯与可燃物、还原剂接触会发生剧烈响应。与汽油等石油产品、烃、氨、醚、松节油、醇、乙炔、二硫化碳、氢气、金属粉末和磷接触能形成爆炸性混合物。接触烃基膦、铝、锑、胂、铋、硼、黄铜、碳、二乙基锌等物质会导致燃烧、爆炸，释放出有毒烟雾。潮湿环境下，严重腐蚀铁、钢、铜和锌。

c. 健康危害

氯是一种强烈的刺激性气体，经呼吸道吸入时，与呼吸道黏膜表面水分接触，产生盐酸、次氯酸，次氯酸再分解为盐酸和新生态氧，产生局部刺激和腐蚀作用。

急性中毒：轻度者有流泪、咳嗽、咳少量痰、胸闷，出现气管-支气管炎或支气管周围炎的表现；中度中毒发生支气管肺炎、局限性肺泡性肺水肿、间质性肺水肿或哮喘发作，病人除有上述症状的加重外，还会出现呼吸困难、轻度紫绀等；重者发生肺泡性水肿、急性呼吸窘迫综合症、严重窒息、昏迷或休克，可出现气胸、纵隔气肿等并发症。吸入极高浓度的氯气，可引起迷走神经反射性心跳骤停或喉头痉挛而发生“电击样”死亡。眼睛接触可引起急性结膜炎，高浓度氯可造成角膜损伤。皮肤接触液氯或高浓度氯，在暴露部位可有灼伤或急性皮炎。

慢性影响：长期低浓度接触，可引起慢性牙龈炎、慢性咽炎、慢性支气管炎、肺气肿、支气管哮喘等。可引起牙齿酸蚀症，列入《剧毒化学品目录》。

（3）应急处置原则

a. 急救措施

吸入：迅速脱离现场至空气新鲜处，保持呼吸道通畅。如呼吸困难，给氧，给予2%～4%的碳酸氢钠溶液雾化吸入。呼吸、心跳停止，立即进行心肺复苏术，就医。

眼睛接触：立即分开眼睑，用流动清水或生理盐水彻底冲洗，就医。

皮肤接触：立即脱去污染的衣着，用流动清水彻底冲洗，就医。

b. 灭火方法

本品不燃，但周围起火时应切断气源。喷水冷却容器，尽可能将容器从火场移至空旷处。消防人员必须佩戴正压自给式空气呼吸器，穿全身防火防毒服，在上风向灭火。由于火场中可能发生容器爆破的情况，消防人员须在防爆掩蔽处操作。有氯气泄漏时，使用细水雾驱赶泄漏的气体，使其远离未受波及的区域。

灭火剂：根据周围着火原因选择适当灭火剂灭火，可用干粉、二氧化碳、水(雾状水)或泡沫。

c. 泄漏应急处置

根据气体扩散的影响区域划定警戒区，无关人员从侧风、上风向撤离至安全区。建议应急处理人员穿内置正压自给式空气呼吸器的全封闭防化服，戴橡胶手套。如果是液体泄漏，还应注意防冻伤。禁止接触或跨越泄漏物。勿使泄漏物与可燃物质(如木材、纸、油等)接触，尽可能切断泄漏源。喷雾状水抑制蒸气或改变蒸气云流向，避免水流接触泄漏物。禁止用水直接冲击泄漏物或泄漏源。若可能翻转容器，使之逸出气体而非液体。防止气体通过下水道、通风系统和限制性空间扩散。构筑围堤堵截液体泄漏物。喷稀碱液中和、稀释。隔离泄漏区直至气体散尽。泄漏场所保持通风。

不同泄漏情况下的具体措施：

瓶阀密封填料处泄漏时，应查压紧螺帽是否松动或拧紧压紧螺帽；瓶阀出口泄漏时，应查瓶阀是否关紧或关紧瓶阀，或用铜六角螺帽封闭瓶阀口。

瓶体泄漏点为孔洞时，可使用堵漏器材(如竹签、木塞、止漏器等)处理，并注意对堵漏器材紧固，防止脱落。上述处理均无效时，应迅速将泄漏气瓶浸没于备有足够体积的烧碱或石灰水溶液吸收池进行无害化处理，并控制吸收液温度不高于45℃、pH不小于7，防止吸收液失效分解。

隔离与疏散距离：小量泄漏，初始隔离 60m，下风向疏散白天 400m、夜晚 1600m；大量泄漏，初始隔离 600m，下风向疏散白天 3500m、夜晚 8000m。

5.3.2 液氨事故应急处置

(1) 理化特性

氨气常温常压下为无色气体，有强烈的刺激性气味。20℃、891kPa 下即可液化，并放出大量的热。液氨在温度变化时，体积变化的系数很大，溶于水、乙醇和乙醚。相对分子质量为 17.03，熔点 -77.7℃，沸点 -33.5℃，气体密度 0.7708kg/m^3，相对蒸气密度(空气 = 1)0.59，相对密度(水 = 1)0.7(-33℃)，临界压力 11.40MPa，临界温度 132.5℃，饱和蒸气压 1013kPa(26℃)，爆炸极限 15%～30.2%(体积比)，自燃温度 630℃，最大爆炸压力 0.580MPa。

主要用途：主要用作致冷剂及制取铵盐和氮肥。

(2) 危害信息

a. 燃烧和爆炸危险性

极易燃，能与空气形成爆炸性混合物，遇明火、高热引起燃烧爆炸。

b. 活性响应

与氟、氯等接触会发生剧烈的化学响应。

c. 健康危害

对眼、呼吸道黏膜有强烈刺激和腐蚀作用。急性氨中毒引起眼和呼吸道刺激症状，支气管炎或支气管周围炎，肺炎，重度中毒者可发生中毒性肺水肿。高浓度氨可引起反射性呼吸和心搏停止。可致眼和皮肤灼伤。

(3) 应急处置原则

a. 急救措施

吸入：迅速脱离现场至空气新鲜处。保持呼吸道通畅。如呼吸困难，给氧。如呼吸停止，立即进行人工呼吸，就医。

皮肤接触：立即脱去污染的衣着，应用 2%硼酸液或大量清水彻底冲洗，就医。

眼睛接触：立即提起眼睑，用大量流动清水或生理盐水彻底冲洗至少 15min，就医。

b. 灭火方法

消防人员必须穿全身防火防毒服，在上风向灭火。切断气源。若不能切断气源，则不允许熄灭泄漏处的火焰。喷水冷却容器，尽可能将容器从火场移至空旷处。

灭火剂：雾状水、抗溶性泡沫、二氧化碳、砂土。

c. 泄漏应急处置

消除所有点火源。根据气体的影响区域划定警戒区，无关人员从侧风、上风向撤离至安全区。建议应急处理人员穿内置正压自给式空气呼吸器的全封闭防化服。如果是液化气体泄漏，还应注意防冻伤。禁止接触或跨越泄漏物。尽可能切断泄漏源。防止气体通过下水道、通风系统和密闭性空间扩散。若可能翻转容器，使之逸出气体而非液体。构筑围堤或挖坑收容液体泄漏物。用醋酸或其他弱酸中和，也可以喷雾状水稀释、溶解，同时构筑围堤或挖坑收容产生的大量废水。如有可能，将残余气或漏出气用排风机送至水洗塔或与塔相连的通风橱内。如果钢瓶发生泄漏，无法封堵时可浸入水中。储罐区最好设水或稀酸喷洒设施。隔离泄漏区直至气体散尽。漏气容器要妥善处理，修复、检验后再用。

隔离与疏散距离：小量泄漏，初始隔离 30m，下风向疏散白天 100m、夜晚 200m；大量泄漏，初始隔离 150m，下风向疏散白天 800m、夜晚 2300m。

5.3.3 汽油事故应急处置

（1）理化特性

汽油为无色到浅黄色的透明液体。依据《车用无铅汽油》（GB 17930）生产的车用无铅汽油，按研究法辛烷值（RON）分为 90 号、93 号和 95 号三个牌号，相对密度（水＝1）0.70～0.80，相对蒸气密度（空气＝1）3～4，闪点-46℃，爆炸极限 1.4%～7.6%（体积比），自燃温度 415～530℃，最大爆炸压力 0.813MPa；石脑油主要成分为 C4～C6 的烷烃，相对密度 0.78～0.97，闪点-2℃，爆炸极限 1.1%～8.7%（体积比）。

主要用途：汽油主要用作汽油机的燃料，可用于橡胶、制鞋、印刷、制革、颜料等行业，也可用作机械零件的去污剂；石脑油主要用作裂解、催化重整和制氨原料，也可作为化工原料或一般溶剂，在石油炼制方面是制作清洁汽油的主要原料。

（2）危害信息

a. 燃烧和爆炸危险性

高度易燃，蒸气与空气能形成爆炸性混合物，遇明火、高热能引起燃烧爆炸。高速冲击、流动、激荡后可因产生静电火花放电引起燃烧爆炸。蒸气密度比空气大，能在较低处扩散到相当远的地方，遇火源会着火回燃和爆炸。

b. 健康危害

汽油为麻醉性毒物，高浓度吸入出现中毒性脑病，极高浓度吸入引起意识突然丧失、反射性呼吸停止。误将汽油吸入呼吸道可引起吸入性肺炎。

职业接触限值：PC-TWA（时间加权平均容许浓度）（mg/m^3）：300（汽油）。

（3）应急处置原则

a. 急救措施

吸入：迅速脱离现场至空气新鲜处。保持呼吸道通畅。如呼吸困难，给氧。如呼吸停止，立即进行人工呼吸，就医。

食入：给饮牛奶或用植物油洗胃和灌肠，就医。

皮肤接触：立即脱去污染的衣着，用肥皂水和清水彻底冲洗皮肤，就医。

眼睛接触：立即提起眼睑，用大量流动清水或生理盐水彻底冲洗至少 15min，就医。

b. 灭火方法

喷水冷却容器，尽可能将容器从火场移至空旷处。

灭火剂：泡沫、干粉、二氧化碳。用水灭火无效。

c. 泄漏应急处置

消除所有点火源。根据液体流动和蒸气扩散的影响区域划定警戒区，无关人员从侧风、上风向撤离至安全区。建议应急处理人员戴正压自给式空气呼吸器，穿防毒、防静电服。作业时使用的所有设备应接地。禁止接触或跨越泄漏物。尽可能切断泄漏源。防止泄漏物进入水体、下水道、地下室或密闭性空间。少量泄漏，用砂土或其他不燃材料吸收。使用洁净的无火花工具收集吸收材料。大量泄漏，构筑围堤或挖坑收容，用泡沫覆盖，减少蒸发。喷水雾能减少蒸发，但不能降低泄漏物在受限制空间内的易燃性。用防爆泵转移至槽车或专用收集器内。

作为一项紧急预防措施，泄漏隔离距离至少为50m。如果为大量泄漏，下风向的初始疏散距离应至少为300m。

5.3.4　苯事故应急处置

（1）理化特性

苯为无色透明液体，有强烈芳香味，微溶于水，与乙醇、乙醚、丙酮、四氯化碳、二硫化碳和乙酸混溶，相对分子质量78.11，熔点5.51℃，沸点80.1℃，相对密度(水=1)0.88，相对蒸气密度(空气=1)2.77，临界压力4.92MPa，临界温度288.9℃，饱和蒸气压10kPa(20℃)，折射率1.4979(25℃)，闪点-11℃，爆炸极限1.2%~8.0%(体积比)，自燃温度560℃，最小点火能0.20mJ，最大爆炸压力0.880MPa。

主要用途：主要用作溶剂及合成苯的衍生物、香料、染料、塑料、医药、炸药、橡胶等。

（2）危害信息

a. 燃烧和爆炸危险性

高度易燃，蒸气与空气能形成爆炸性混合物，遇明火、高热能引起燃烧爆炸。蒸气密度比空气大，能在较低处扩散到相当远的地方，遇火源会着火回燃和爆炸。

b. 健康危害

吸入高浓度苯对中枢神经系统有麻醉作用，引起急性中毒；长期接触苯对造血系统有损害，引起白细胞和血小板减少，重者导致再生障碍性贫血。可引起白血病。具有生殖毒性。皮肤损害有脱脂、干燥、皲裂、皮炎。

IARC：确认人类致癌物。

（3）应急处置原则

a. 急救措施

吸入：迅速脱离现场至空气新鲜处。保持呼吸道通畅。如呼吸困难，给氧。如呼吸停止，立即进行人工呼吸，就医。

食入：饮足量温水，催吐，就医。

皮肤接触：脱去污染的衣着，用肥皂水或清水彻底冲洗皮肤。

眼睛接触：提起眼睑，用流动清水或生理盐水冲洗，就医。

b. 灭火方法

喷水冷却容器，尽可能将容器从火场移至空旷处。处在火场中的容器若已变色或从安全泄压装置中产生声音，必须马上撤离。

灭火剂：泡沫、干粉、二氧化碳、砂土。用水灭火无效。

c. 泄漏应急处置

消除所有点火源。根据液体流动和蒸气扩散的影响区域划定警戒区，无关人员从侧风、上风向撤离至安全区。建议应急处理人员戴正压自给式空气呼吸器，穿防毒、防静电服。作业时使用的所有设备应接地。禁止接触或跨越泄漏物。尽可能切断泄漏源。防止泄漏物进入水体、下水道、地下室或密闭性空间。少量泄漏，用砂土或其他不燃材料吸收。使用洁净的无火花工具收集吸收材料。大量泄漏，构筑围堤或挖坑收容，用泡沫覆盖，减少蒸发。喷水雾能减少蒸发，但不能降低泄漏物在受限制空间内的易燃性。用防爆泵转移至槽车或专用收集器内。

作为一项紧急预防措施，泄漏隔离距离至少为50m。如果为大量泄漏，下风向的初始疏散距离应至少为300m。

5.3.5 丙烯事故应急处置

(1) 理化特性

丙烯为无色气体，略带烃类特有的气味，微溶于水，溶于乙醇和乙醚，熔点-185.25℃，沸点-47.7℃，气体密度1.7885kg/m³(20℃)，相对密度(水=1)0.5，相对蒸气密度(空气=1)1.5，临界压力4.62MPa，临界温度91.9℃，饱和蒸气压61158kPa(25℃)，闪点-108℃，爆炸极限1.0%~15.0%(体积比)，自燃温度455℃，最小点火能0.282mJ，最大爆炸压力0.882MPa。

主要用途：主要用于制聚丙烯、丙烯腈、环氧丙烷、丙酮等。

(2) 危害信息

a. 燃烧和爆炸危险性

极易燃，与空气混合能形成爆炸性混合物，遇热源或明火有燃烧爆炸危险。密度比空气大，能在较低处扩散到相当远的地方，遇火源会着火回燃。

b. 活性响应

与二氧化氮、四氧化二氮、氧化二氮等易发生剧烈化合响应，与其他氧化剂发生剧烈响应。

c. 健康危害

主要经呼吸道侵入人体，有麻醉作用。直接接触液态产品可引起冻伤。

(3) 应急处置原则

a. 急救措施

吸入：迅速脱离现场至空气新鲜处。保持呼吸道通畅。如呼吸困难，给氧。如呼吸停止，立即进行人工呼吸，就医。

b. 灭火方法

切断气源。若不能切断气源，则不允许熄灭泄漏处的火焰。喷水冷却容器，尽可能将容器从火场移至空旷处。

灭火剂：雾状水、泡沫、二氧化碳、干粉。

c. 泄漏应急处置

消除所有点火源。根据气体的影响区域划定警戒区，无关人员从侧风、上风向撤离至安全区。建议应急处理人员戴正压自给式空气呼吸器，穿防静电服。作业时使用的所有设备应接地。处理液体时，应防止冻伤。禁止接触或跨越泄漏物。尽可能切断泄漏源。喷雾状水抑制蒸气或改变蒸气云流向，避免水流接触泄漏物。禁止用水直接冲击泄漏物或泄漏源。防止气体通过下水道、通风系统和密闭性空间扩散。隔离泄漏区直至气体散尽。

作为一项紧急预防措施，泄漏隔离距离至少为100m。如果为大量泄漏，下风向的初始疏散距离应至少为800m。

5.3.6 丙酮事故应急处置

(1) 理化特性

丙酮在常温常压下为具有特殊芳香气味的易挥发性无色透明液体，密度比水小，能与水、酒精、乙醚、氯仿、乙炔、油类及碳氢化合物相互溶解，能溶解油脂和橡胶。熔点：-94.6℃，沸点：56.48℃，液体密度(15℃)：797.2kg/m^3，气体密度：2.00kg/m^3 临界温度：236.5℃，临界压力：4782.54kPa，临界密度：278kg/m^3，蒸气压(25℃)：30.17kPa，闪点：-17.78℃，燃点：465℃，爆炸极限：2.6%~12.8%，最大爆炸压力：872.79kPa，

主要用途：作为溶剂用于炸药、塑料、橡胶、纤维、制革、油脂、喷漆等行业中，丙酮也可作为合成烯酮、醋酐、碘仿、聚异戊二烯橡胶、甲基丙烯酸、甲酯、氯仿、环氧树脂等物质的重要原料。

(2) 危害信息

a. 燃烧和爆炸危险性

易燃烧，其蒸气与空气能形成爆炸性混合物，遇明火或高热易引起燃烧。密度比空气大，能在较低处扩散到相当远的地方，遇火源会着火回燃。

b. 健康危害

可经呼吸道、消化道和皮肤吸收。经皮肤吸收缓慢，毒性主要是对中枢神经系统的麻醉作用。液体能刺激眼睛，吞服能刺激消化系统，产生麻醉与错迷等症状。

(3) 应急处置原则

a. 急救措施

吸入：脱离丙酮产生源或将患者移到新鲜空气处，如呼吸停止应进行人工呼吸。

眼睛接触：眼睑张开，用微温的缓慢的流水冲洗患眼约 10min。

皮肤接触：用微温的缓慢的流水冲洗患处至少 10min。

口服：用水充分漱口，不可催吐，给患者饮水约 250mL。

b. 灭火方法

用水灭火是无效的，但可使用喷水以冷却容器。若未泄漏物质尚未着火，使用喷水以分散蒸气。喷水可冲洗外泄区并将外泄物稀释成非可燃性混合物。蒸气可能传播至远处，若与引火源接触会延烧回来。

灭火剂：泡沫、二氧化碳、干粉。

c. 泄漏应急处置

消除所有点火源。根据液体流动和蒸气扩散的影响区域划定警戒区，无关人员从侧风、上风向撤离至安全区。建议应急处理人员戴正压自给式呼吸器，穿防静电服。作业时使用的所有设备应接地。禁止接触或跨越泄漏物。尽可能切断泄漏源。防止泄漏物进入水体、下水道、地下室或密闭性空间。少量泄漏，用砂土或其他不燃材料吸收。使用洁净的无火花工具收集吸收材料。大量泄漏，构筑围堤或挖坑收容，用飞尘或石灰粉吸收大量液体，用抗溶性泡沫覆盖，减少蒸发。喷水雾能减少蒸发，但不能降低泄漏物在受限制空间内的易燃性。用防爆泵转移至槽车或专用收集器内。喷雾状水驱散蒸气、稀释液体泄漏物。

5.3.7 氢事故应急处置

(1) 理化特性

氢气为无色、无臭的气体，很难液化。液态氢无色透明，极易扩散和渗透，微溶于水，不溶于乙醇、乙醚。分子量 2.02，熔点-259.2℃，沸点-252.8℃，气体密度 0.0899kg/m^3，相对密度(水=1)0.07(-252℃)，相对蒸气密度(空气=1)0.07，临界压力 1.30MPa，临界温度-240℃，饱和蒸气压 13.33kPa(-257.9℃)，爆炸极限 4%~75%(体积比)，自燃温度

500℃，最小点火能 0.019mJ，最大爆炸压力 0.720MPa。

主要用途：主要用于合成氨和甲醇等，石油精制，有机物氢化及作火箭燃料。

（2）危害信息

a. 燃烧和爆炸危险性

极易燃，与空气混合能形成爆炸性混合物，遇热或明火即发生爆炸。密度比空气小，在室内使用和储存时，漏气上升滞留屋顶不易排出，遇火星会引起爆炸。在空气中燃烧时，火焰呈蓝色，不易被发现。

b. 活性响应

与氟、氯、溴等卤素会剧烈响应。

c. 健康危害

为单纯性窒息性气体，仅在高浓度时，由于空气中氧分压降低才引起缺氧性窒息。在很高的分压下，呈现出麻醉作用。

（3）应急处置原则

a. 急救措施

吸入：迅速脱离现场至空气新鲜处。保持呼吸道通畅。如呼吸困难，给氧。如呼吸停止，立即进行人工呼吸，就医。

b. 灭火方法

切断气源。若不能切断气源，则不允许熄灭泄漏处的火焰。喷水冷却容器，尽可能将容器从火场移至空旷处。

氢火焰肉眼不易察觉，消防人员应佩戴自给式呼吸器，穿防静电服进入现场，注意防止外露皮肤烧伤。

灭火剂：雾状水、泡沫、二氧化碳、干粉。

c. 泄漏应急处置

消除所有点火源。根据气体的影响区域划定警戒区，无关人员从侧风、上风向撤离至安全区。建议应急处理人员戴正压自给式空气呼吸器，穿防静电服。作业时使用的所有设备应接地。尽可能切断泄漏源。喷雾状水抑制蒸气或改变蒸气云流向。防止气体通过下水道、通风系统和密闭性空间扩散。若泄漏发生在室内，宜采用吸风系统或将泄漏的钢瓶移至室外，以避免氢气四处扩散。隔离泄漏区直至气体散尽。

作为一项紧急预防措施，泄漏隔离距离至少为 100m。如果为大量泄漏，下风向的初始疏散距离应至少为 800m。

5.4 应急处置技术

许多事故的发生，包括一些重大事故的发生，往往是由最初的应急处置失误引起的。例如，当管线出现泄漏的时候，本应该迅速关闭阀门阻止泄漏，但是由于麻痹大意或者心慌意乱，反而开大了阀门，结果导致人员中毒或者爆炸事故。又如，当发现锅炉缺水的时候，本应该按照操作规程停机，然后等待锅炉逐渐冷却后再加水，但是由于应急处置失误，匆忙之中加进冷水，结果造成锅炉爆炸。类似的事故案例很多，教训极为深刻。

因此，对于石油化工企业一线从业人员，遇到突发事故，要做到“四要四不要”：要镇定、不要慌张；要保命，不要乱跑；要自我保护后参与应急，不要盲目救人；要掌握应急处置技术，不要不懂装懂。

应急处置是指在危险化学品造成或可能造成人员伤害、财产损失和环境污染及其他较大社会危害时，为及时控制事故源，抢救受害人员，指导群众防护和组织撤离，清除危害后果而采取的措施或组织的救援活动。

应急处置共 8 步：

（1）事故报警

事故报警的及时与准确是能否及时控制事故的关键环节。无论是谁只要发现危险的异常现象，第一响应人就要开始启动应急，即启动报警程序和相应的响应机制。

（2）出动班组应急救援人员

各班组长在接到事故报警后，应迅速组织班组人员，赶赴现场。

（3）划定安全区和事故现场控制

结合事故模拟结果和专家建议，并考虑危险化学品对人体的不同伤害程度，同时结合事故发生的不同时期，可以将现场分为初始安全区、事故现场控制等区域。

a. 初始安全区

危险化学品泄漏后，若接触泄漏物或吸入其蒸气可能会危及生命，则有必要确定初始安全区，以供现场应急人员在专业人员到达事故现场前作应急参考。

b. 事故现场控制

根据确定的初始安全距离，可以疏散现场的人员，禁止人员进入隔离区。然后，应急处置人员到达现场后，应进一步细化安全区域，确定应急处置人员、洗消人员和指挥人员分别所处的区域。在这些区域明确应急处置人员的工作，这样有利于应急行动和有效控制设备进出，并且能够统计进出事故现场的人员。一旦确定警戒范围，必须在警戒区设置警戒标志，消除警戒区内火种。

设置警戒标志可使用反光警戒标志牌、警戒绳，夜间可以拉防爆灯光警戒绳。在警戒区周围布置一定数量的警戒人员，防止无关人员和车辆进入警戒区。主要路口必须布置警戒人员，必要时实行交通管制。

对于易燃气体、液体泄漏事故，如果火灾尚未发生，则必须消除警戒区内的火源。常见火源有明火、非防爆电器、高温设备、进入警戒区作业人员的手机、化纤类服装、钉子鞋、火花工具及汽车、摩托车等机动车辆的尾气。

（4）紧急疏散

建立警戒区域，迅速将事故应急处理无关的人员撤离，将相邻的危险化学品疏散。

（5）事故现场控制

为了减少危险化学品事故对生命和环境的危害，在事故发生的初期必须采取一些简单有效的控制措施和遏制行动，通过对危险化学品的有效回收和处置将其对环境或生命的危害降至最低，防止事故扩大，保证能够有效的完成恢复和处理行动。

（6）现场急救

现场急救注意选择有利地形设置急救点；做好个体防护；防止发生继发性损害；应至少 2~3 人为一组行动；所用的救援器材具备防爆功能。

在事故现场，化学品对人体可能造成伤害：中毒、窒息、冻伤、化学灼伤、烧伤等。对受伤害人员及时施救，可以最大限度地减少人员伤亡。

（7）现场人员个体防护

在危险化学品事故应急抢险过程中应根据危险化学品事故的特点及其引发物质的不同，以及应急人员的职责，采取不同的个体防护装备：应急救援指挥人员、医务人员和其他不进入污染区域的应急人员一般配备过滤式防毒面罩、防护服、防毒手套、防毒靴等；工程抢险、消防和侦检等进入污染区域的应急人员应配备密闭型防毒面罩、防酸碱型防护服和空气呼吸器等；同时做好现场毒物的洗消工作(包括人员、设备、设施和场所等)。

（8）现场清理和洗消

事故现场清理是为了防止进一步危害的过程。在现场危险分析的基础上，应对现场可能产生的进一步的危害和破坏采取及时的行动，使二次事故的可能性尽可能小。这类工作包括防止有毒有害气体的生成或蔓延、释放，防止易燃易爆物质或气体的生成与燃烧爆炸，防止由火灾引起的爆炸等。

5.4.1 泄漏

发生泄漏事故，要迅速采取有效措施消除或减少泄漏的危害。应急处置的首要行动：迅速撤离泄漏污染区人员至安全区并进行隔离，严格限制出入。切断火源。尽可能切断泄漏源。

处理泄漏应从以下几个方面考虑：

（1）临时设置现场警戒范围

易燃、可燃液体大量泄漏时，要组织人员进行现场警戒，无关人员不得出入，制止一切点火源。如果火灾爆炸危险性较大，立即向消防队报警并要求派消防车监护，消防车辆的阻火器必须完好。

（2）禁止与各种明火接触，防止着火

（3）堵漏

一旦发现泄漏，要立即查明泄漏点，根据泄漏的物料、部位、形式及程度，采取具体措施制止泄漏，减少泄漏量。应急处理人员戴自给正压式呼吸器，穿防静电工作服。经常采用的方法有：关闭断气法；注水升液法；手钳夹管法；卡箍夹管法；用物堵塞法；冻结制漏法；法兰加垫法；罐口加盖法；泄气减压法。如果在堵漏时需要动火，按特殊动火对待。

（4）转移回收

在保证安全的前提下，运用适当器具对泄漏物进行回收。少量泄漏，用矿土、蛭石或其他惰性材料吸收，或在保证安全情况下，就地焚烧。大量泄漏，构筑围堤或挖坑收容，用泡沫覆盖，降低蒸气灾害。回收跑漏物料时，要注意：提前准备好用于回收的器材(如槽车、桶、泵等)；用泵进行回收时，电气部分必须用防爆型或用气动等不产生火花的泵或专用收集器，回收或运至废物处理场所处置，槽车要加装车用阻火器；回收时，注意蒸气扩散，加强气体检测。

（5）紧急停车

如果泄漏危及整个装置，视具体情况还可以采取紧急停车措施，如停止响应，把物料退出装置区，送至罐区或火炬。

（6）疏散有关人员，隔离泄漏区

疏散人员的多少和隔离泄漏区的大小，要根据泄漏量和泄漏物具体特性而定。启动音响报警器报警，向气防部门、厂调度部门(生产科)汇报，通知邻近车间或工厂的岗位人员以及附近的居民撤离至安全地点。可燃气体泄漏在人员疏散时，要考虑泄漏物扩散的区域浓度

(爆炸极限范围)，又要考虑爆炸产生的冲击力对建筑物可能带来的危害。未受污染的房间要立即关闭门窗。

5.4.2 火灾爆炸

5.4.2.1 总要求

按照国家和行业标准、规范制定的火灾爆炸抢险方案，在实施过程中，坚持“以人为本”的指导思想，应符合以下要求：

a. 迅速隔离事发现场，抢救伤亡人员，撤离无关人员及群众；

b. 迅速收集现场信息，核实现场情况，组织制定现场处置方案并负责实施；

c. 协调现场内外部应急资源，统一指挥抢险工作；

d. 根据现场变化及时修订方案；

e. 协同上级、地方政府实施人员疏散和医疗救助；

f. 及时向上级应急指挥中心领导汇报、请示并落实指令；

g. 根据现场方案需要，请求应急指挥中心协调组织其他应急资源；

h. 现场应急指挥根据应急指挥中心领导指示，负责现场的对外新闻发布。

总的要求是：

a. 先控制，后消灭；

b. 扑救人员应占领上风或侧风阵地；

c. 进行火情侦察、火灾扑救、火场疏散人员应有针对性地采取自我防护措施；

d. 应迅速查明燃烧范围、燃烧物品及其周围物品的品名和主要危险特性、火势蔓延的主要途径；

e. 正确选择最适应的灭火剂和灭火方法；

f. 对有可能发生爆炸、爆裂、喷溅等特别危险需紧急撤退的情况，应按照统一的撤退信号和撤退方法及时撤退；

g. 火灾扑灭后，起火单位应当保护现场，接受和协助事故调查。

5.4.2.2 火灾类型及扑救方法

(1) 易燃和可燃液体火灾扑救

液体火灾特别是易燃液体火灾发展迅速而猛烈，有时甚至会发生爆炸。这类物品发生的火灾主要根据它们的相对密度大小，能否溶于水等性质来确定灭火方法。

一般来说，对比水轻(相对密度小于1)又不溶于水的易燃和可燃液体，如苯、甲苯、汽油、煤油、轻柴油等的火灾，可用泡沫或干粉扑救。初始起火时，燃烧面积不大或燃烧物不多时，也可用二氧化碳灭火剂扑救，但不能用水扑救，因为当用水扑救时，易燃可燃液体比水轻，会浮在水面上随水流淌而扩大火灾。如梅山冶金公司焦化厂，由于工人操作不当，致使2t多苯从下水道流入长江，在江面上扩散面积很大。适逢挂有5条木船的“海电1号”轮船停靠在江边避风，一船员将未燃尽的火柴丢入江中，遇苯起火，烧坏船只。

比水重(相对密度大于1)而不溶于水的液体，如二硫化碳、萘、蒽等着火时，可用水扑救，但覆盖在液体表面的水层必须有一定厚度，方能压住火焰。但是，被压在水下面的液体温度都比较高，现场消防人员应注意不要烫伤。如某厂萘着火用水扑救，大量高温萘(最低温度80℃以上)被压在水下面，多人在灭火过程中被水下面的高温萘烫伤。

能溶于水的液体，如甲醇、乙醇等醇类，醋酸乙酯、醋酸丁酯等酯类，丙酮、丁酮等酮类发生火灾时，应用雾状水或抗溶性泡沫、干粉等灭火剂扑救。在火灾初期或燃烧物不多时，也可用二氧化碳扑救。如使用化学泡沫灭火时，泡沫强度必须比扑救不溶于水的易燃液体大3~5倍。

敞口容器内易燃可燃液体着火，不能用砂土扑救。因为砂土非但不能覆盖液体表面，反而会沉积于容器底部，造成液位上升以致溢出，使火灾蔓延。

（2）易燃固体火灾扑救

易燃固体燃点较低，受热、冲击、摩擦或与氧化剂接触能引起急剧及连续的燃烧或爆炸。

易燃固体发生火灾时，一般都能用水、砂土、石棉毯、泡沫、二氧化碳、干粉等灭火剂扑救，但铝粉、镁粉等着火不能用水和泡沫灭火剂扑救。另外，粉状固体着火时，不能用灭火剂直接强烈冲击以避免粉尘被冲散，在空气中形成爆炸性混合物引发爆炸。

磷的化合物、硝基化合物和硫黄等易燃固体着火燃烧时产生有毒和刺激气体，扑救时人要站在上风向，以防中毒。

（3）遇水燃烧物品火灾扑救

此类物品共同特点是遇水后，能发生剧烈的化学响应产生可燃性气体，同时放出热量，以致引起燃烧爆炸。遇水燃烧物品火灾应用干砂土、干粉等扑救，灭火时严禁用水、酸、碱灭火剂和泡沫灭火剂扑救。

遇水燃烧物中，如锂、钠、钾、铷、铯、锶等，由于化学性质十分活泼，能夺取二氧化碳中的氧而引起化学响应，使燃烧更猛烈，所以也不能用二氧化碳扑救。

（4）自燃物品火灾的扑救

此类物品虽未与明火接触，但在一定温度的空气中能发生氧化作用放出热量，由于积热不散，达到其燃点而引起燃烧。

自燃物品可分为三种：一种在常温空气中剧烈氧化，以致引起自燃，如黄磷；另一种受热达到燃点时，放出热量，不需外部补给氧气，本身分解出氧气继续燃烧，如硝化纤维胶片、铝铁溶剂等；还有一种在空气中缓慢氧化，如果通风不良，积热不散达到物品自燃点即能自燃，如油纸等含油脂的物品。

自燃物品起火时，除三乙基铝和铝铁溶剂等不能用水扑救外，一般可用大量的水进行灭火，也可用砂土、二氧化碳和干粉灭火剂灭火。由于三乙基铝遇水产生乙烷，铝铁溶剂燃烧时温度极高，能使水分解产生氢气，所以不能用水灭火。如某化工厂物料储罐在长期使用时，由于物料中含有较多硫化物（硫化氢和有机硫），硫化物与设备的接触腐蚀作用，形成硫化铁。生产中将储罐内物料用净后，干燥的硫化铁在常温空气中自行发热燃烧，发生火灾，用干粉将火扑灭。

（5）氧化剂火灾扑救

这类物品具有强烈的氧化能力，本身虽不燃烧，但与可燃物接触即能将其氧化，而自身还原引起燃烧爆炸。

由氧化剂引起的火灾，一般可用砂土进行扑救，大部分氧化剂引起的火灾都能用水扑救，最好用雾状水。如果用加压水则先用砂土压盖在燃烧物上，再行扑灭。要防止水流到其他易燃易爆物品处。过氧化物和不溶于水的液体有机氧化剂，应用砂土或二氧化碳、干粉灭火剂扑救。这是因为过氧化物遇水响应能放出氧，加速燃烧；不溶于水的液体有机氧化剂一般相对密度小于1（比水轻），如用水扑救时，会浮在水上面流淌扩大火灾。

(6) 毒害物品和腐蚀物品火灾扑救

一般毒害物品着火时，可用水及其他灭火剂扑救，但毒害物品中的氰化物、硒化物、磷化物着火时，就不能用酸碱灭火剂扑救，只能用雾状水或二氧化碳等灭火。

腐蚀性物品着火时，可用雾状水、干砂、泡沫、干粉等扑救。硫酸、硝酸等酸类腐蚀品不能用加压密集水流扑救，因为密集水流会使酸液发热甚至沸腾，四处飞溅而伤害扑救人员。扑救毒害物品和腐蚀性物品火灾时，还应注意节约水量和水的流向，同时注意尽可能使灭火后的污染流入污水管道。因为有毒或有腐蚀性的灭火污水四处溢流会污染环境，甚至污染水源。

有害物品和腐蚀性物品火灾扑救还应搞好个人防护措施，如使用防毒面盔、面罩等。

(7) 液化气体和可燃气体火灾扑救

氢、煤气、乙炔、乙烯、甲烷、氨、石油气等易燃气体具有经撞击、受热或遇火花发生燃烧爆炸的危险。为了便于储存和使用，通常情况下将很多易燃气体用加压法压缩储于容器内。由于各种气体的性质不同，有的压缩成液态，称为液化气，如液化石油气、液氨等，有的仍为气态，称为压缩气体，如氢气瓶内的氢气等。气体着火是很难灭掉的，根据国内外的实践，大部分气体着火用水是能起到降温和灭火作用的。

干粉和二氧化碳也能扑灭大部分气体火灾，但对大面积气体火灾，往往无能为力。因此，隔绝易燃气体来源和用大量的水进行冷却降温是灭火的主要手段。

在扑救可燃气体火灾时可燃气体如果从容器管道中源源不断地喷散出来，应首先切断可燃物的来源，然后争取一次灭火成功。如果在未切断可燃气体来源的情况下，急于求成，盲目灭火，则是一种十分危险的做法。因为火焰一旦被扑灭，而可燃气体继续向外喷散，特别是比空气密度大的可燃气体如液化石油气等外溢，易沉积在低洼处，不易很快消散，遇明火或炽热物体等火源还会引起复燃。如果气体浓度达到爆炸极限，还会引起爆炸，很容易导致事故扩大。

(8) 爆炸物品火灾扑救

爆炸物品在常温下就有缓慢分解的趋向，受到高温、摩擦、冲击或与某些物质接触后即发生剧烈的化学响应而爆炸。爆炸物品有导火索、雷管、三硝基甲苯、三硝基苯酚、枪弹、爆竹等。爆炸物品所引起的爆炸主要有以下四个特点：①化学响应速度快，一般以万分之一秒的时间完成化学响应；②爆炸时会产生大量热能，这是爆炸物品能量的主要来源；③产生大量气体，造成高压；④不需外界供氧，爆炸物品由于分子中含有特殊的不稳定基团，在爆炸时会引起分解或自身的氧化还原响应。

爆炸物品发生爆炸是很难扑救的，万一发生爆炸起火，应控制火势，妥善处理爆炸物品，以免发生再次爆炸。可用水或各种灭火剂扑救，但不能用砂土等物压盖爆炸物品，以免扩大爆炸。

5.4.3 灼伤

(1) 化学性皮肤烧伤

化学性皮肤烧伤的现场处理方法是，立即移离现场，迅速脱去被化学物沾污的衣裤、鞋袜等。

a. 无论酸、碱或其他化学物烧伤，立即用大量流动自来水或清水冲洗创面 15~30min；

b. 新鲜创面上不要任意涂上油膏或红药水，不用脏布包裹；

c. 黄磷烧伤时应用大量水冲洗、浸泡或用多层湿布覆盖创面；

d. 烧伤病人应及时送医院；

e. 烧伤的同时，往往合并骨折、出血等外伤，在现场也应及时处理。

常见化学物灼伤的急救处理，如表 5-1 所示。

表 5-1　常见化学物灼伤的急救处理

化学物质		作用	清洗剂[a]	可供参考的特殊治疗
无机酸类	硫酸	脱水	流动清水(先吸附创面硫酸)	5%碳酸氢钠溶液
	盐酸	脱水	流动清水	5%碳酸氢钠溶液
	硝酸	氧化	流动清水	5%碳酸氢钠溶液
	氧氟酸	原生质毒	流动清水	a. 25%硫酸镁溶液
				b. 10%葡萄糖酸钙溶液
				c. 石灰水溶液
				d. 季铵化合物-氯化苯甲羟胺溶液浸泡、湿敷
				e. 氢氟酸灼伤治疗液[b]浸泡、湿敷
	氢溴酸	氧化	流动清水	氨松醑：
				5%氨水 1 份
				松节油 1 份
				95%乙醇
	铬酸	氧化	流动清水	5%硫代硫酸钠溶液
有机酸类	草酸	腐蚀	流动清水	10%葡萄糖酸钙溶液
	三氯乙酸	原生质毒	流动清水	5%碳酸氢钠溶液
	冰乙酸	腐蚀	流动清水	5%碳酸氢钠溶液
	乙酸	腐蚀	流动清水	5%碳酸氧钠溶液
	氯乙酸	腐蚀	流动清水	5%碳酸氢钠溶液
	丙烯酸	腐蚀	流动清水	5%碳酸氢钠溶液
	甲酸	原生质毒	流动清水	5%碳酸氢钠溶液
无机碱类	氢氧化钾(钠)	脱水、腐蚀	流动清水	3%硼酸溶液
				0.5%～5%乙酸溶液或 10%枸橼酸溶液
	氢氧化铵(氨水)	腐蚀	流动清水	0.5%～5%乙酸溶液或 10%枸橼酸溶液
有机碱类	甲胺	腐蚀	流动清水	3%硼酸溶液
	乙醇胺	腐蚀	流动清水	3%硼酸溶液
	硫酸二甲酯	起疱	流动清水	5%碳酸氧钠溶液
	二甲亚砜	起疱	流动清水	5%碳酸氧钠溶液
酚类	苯酚	原生质毒	流动清水	a. 用浸过聚乙烯乙二醇
				(PEG400 或 PEG300)的棉球擦洗创面
				b. 或用浸过 30%～50%乙醇棉球擦洗创面
				c. 可继用 4%～5%碳酸氢钠溶液湿敷创面
	甲酚	原生质毒	流动清水	与苯酚相同
	二氯酚	原生质毒	流动清水	与苯酚相同
	金属钾(钠)	腐蚀	用油覆盖，忌用少量水冲洗	3%硼酸溶液

化学物质		作用	清洗剂[a]	可供参考的特殊治疗
其他	石灰石	腐蚀	用油覆盖，忌用少量水冲洗	3%硼酸溶液
	电石	腐蚀	用油覆盖，忌用少量水冲洗	3%硼酸溶液
	黄磷	原生质毒	流动清水（冲洗前在暗处先剔除黄磷颗粒）湿包	a 1%~2%硫酸铜溶液[c] b 3%硝酸银溶液 c 5%碳酸氢钠溶液
	三氯化磷	氧化	忌用少量水冲洗	5%碳酸氢钠溶液
	液体沥青	刺激	流动清水	医用液体石蜡擦洗创面

注：a. 皮肤接触到油性化学物后，应立即先用吸附棉（纸）等，尽可能地吸附掉化学物，然后再用清洗剂冲洗

b. 氢氟酸灼伤治疗液：5%氟化钙 20mL、2%利多卡因 20mL、地塞米松 5mg、二甲基亚砜 60mL。

c. 硫酸铜作为显示剂、解毒剂。大面积使用时应注意防止硫酸铜中毒。

（2）化学性眼烧伤

a. 迅速在现场用流动清水冲洗，千万不要未经冲洗处理而急于送医院；

b. 冲洗时眼皮一定要掰开；

c. 如无冲洗设备，也可把头部埋入清洁盆水中把眼皮掰开，眼球来回转动洗涤；

d. 电石，生石灰（氧化钙）颗粒溅人眼内，应先用蘸石蜡油或植物油的棉签去除颗粒后，再用水冲洗。

致眼灼伤的化学物如表 5-2 所示。

表 5-2 致眼灼伤化学物

	化学品名称
一、酸	盐酸、氯磺酸、硫酸、硝酸、铬酸、氢氟酸、乙酸（酐）、三氯乙酸、羟乙酸、巯基乙酸、乳酸、草酸、琥珀酸（酐）、马来酸（酐）、柠檬酸、已酸、2-乙基乙酸、三甲基已二酸、山梨酸、大黄酸
二、碱	碳酸钠、碳酸钾、铝酸钠、硝酸钠、钾盐镁钒、锂、氧化钙、干燥硫酸钙、碱性熔渣、碳酸钙、草酸钙、氰氨化钙、氯化钙、碳酸铵、氢氧化铵
三、金属腐蚀剂	硝酸银、硫酸铜或硝酸铜、乙酸铅、氯化汞（升汞）、氯化亚汞（甘汞）、硫酸镁、五氧化二钒、锌、铍、肽、锑、铬、铁及锇的化合物
四、非金属无机刺激及腐蚀剂	无机砷化物、三氧化二砷、三氯化砷、砷化三氰（胂）、二硫化硒、磷、五氧化二磷、二氧化硫、硫化氢、硫酸二甲酯、二甲基亚砜、硅
五、氧化剂	氯气、光气、溴、碘、高锰酸钾、过氧化氢、氟化钠、氢氰酸
六、刺激性及腐蚀性碳氢化物	酚、来苏儿、甲氧甲酚、二甲苯酚、薄荷醇、木溜油、三硝基酚、对苯二酚、间苯二酚、硝基甲烷、硝基丙烷、硝基萘、氨基乙醇、苯乙醇、异丙醇胺、乙基乙醇胺、苯胺染料（紫罗兰维多尼亚蓝、孔雀绿、亚甲蓝）、对苯二胺、溴甲烷、三氯硝基甲烷
七、起疱剂	芥子气、氯乙基胺、亚硝基胺、路易士气
八、催泪剂	氯乙烯苯、溴苯甲腈
九、表面活性剂	氯化苄烷胺、气溶胶、局部麻醉剂、蘑菇孢子、鞣酸、除虫菊、海葱、巴豆油、吐根碱、围涎树碱、秋水仙、蓖麻蛋白、红豆毒素、柯亚素、丙烯基芥子油

续表

化学品名称	
十、有机溶剂	汽油、苯精、煤油、沥青、苯、二甲苯、乙苯、苯乙烯、萘、α和β萘酚、三氯甲烷、氯乙烷、二氯乙烷、二氯丙烷、甲醇、乙醇、丁醇、甲醛、乙醛、丙烯醛、丁醛、丁烯醛、丙酮醛、糠醛、丙酮、丁酮、环己酮、二氯乙醚、二恶烷、甲酸甲酯、甲酸乙酯、甲酸丁酯、乙酸甲酯、乙酸乙酯、乙酸丙酯、乙酸戊酯、乙酸苄酯、碘乙酸盐、二氯乙酸盐、异丁烯酸甲酯
十一、其他	速灭威、二月桂酸二丁基锡、N，N'-二环乙基二亚胺、己二胺、洗净剂、除草剂、新洁尔灭、去锈灵、环氧树脂、龙胆紫、甲基硫代磷酰氯、甲胺磷、401、二异丙胺基氯乙烷、四氯化钛、三氯氧磷、异丙嗪、苯二甲酸二甲酯、正香草酸、辛酰胱氨酸、氟硅酸钠、环戊酮、聚硅氧烷、网状硅胶、溴氰菊酯

5.4.4 中毒、窒息

化学品中毒事故的现场救援必须遵循一定的原则：

(1) 抢救最危急的生命体征；

(2)处理眼和皮肤污染；

(3) 查明化学物质的毒性；

(4) 进行特殊和/或对症处理。

人身中毒的途径：在危险化学品的储存、运输、装卸、搬倒商品等操作过程中，毒物主要经呼吸道和皮肤进入人体，经消化道者较少。

急性中毒的现场急救处理：发生急性中毒事故，应立即将中毒者及时送医院急救。护送者要向院方提供引起中毒的原因、毒物名称等，如化学物不明，则需带该物料及呕吐物的样品，以供医院及时检测。

如不能立即到达医院时，可采取急性中毒的现场急救处理：

(1) 吸入中毒者，应迅速脱离中毒现场，向上风向转移，至空气新鲜处。松开患者衣领和裤带，并注意保暖；

(2) 化学毒物沾染皮肤时，应迅速脱去污染的衣服、鞋袜等，用大量流动清水冲洗15~30min。头面部受污染时，首先注意眼睛的冲洗；

(3) 口服中毒者，如为非腐蚀性物质，应立即用催吐方法，使毒物吐出。

对中毒引起呼吸、心跳停止者，应进行心肺复苏术，主要的方法有口对口人工呼吸和心脏胸外挤压术。

刺激性气体中毒：刺激性气体主要是指那些由于本身的理化特性而对呼吸道及肺泡上皮具有直接刺激作用的气态化合物。刺激性气体过量吸入可引起以呼吸道刺激、炎症乃至以肺水肿为主要表现的疾病状态，称为刺激性气体中毒。

5.4.5 触电

当发现有人触电时，在保证自己安全的前提下，应根据不同情况采取不同的方法，迅速而果断地使其脱离电源。脱离电源的一般方法：

如果触电人所在的地方较高，须预先采取保证触电人安全的措施，否则停电后会摔下来给触电者更大的危险；

停电时如影响事故地点的照明，必须迅速准备手电筒或合上备用事故照明灯，以便继续进行救护工作；

如不能迅速地将电源断开，就必须设法使触电者与带电部分分开。（在低压设备上，如果触电者的衣服是干燥的而且不紧裹在身上，则可以拉他的衣服，但不能触及裸露的皮肤及附近的金属物件；如果电源线较小，可用电工钳将电源线剪断；如果触电者握住了粗导线或母线，必须用绝缘板将触电者垫起来，使其脱离地面。）

如果触电者还没有失去知觉，只在触电过程中曾一度昏迷或因触电时间较长，则必须保证触电者的安静，并保持环境通风良好，然后通知医院救护车接往医院诊治。

如果触电者已失去知觉，但呼吸尚存在，则应当使他舒服、安静的平卧，解开衣服，周围不让人围着，保持空气流通，向触电者身上洒冷水摩擦全身，并通知医院派救护车前来救护。如果触电人呼吸困难，呼吸稀少，不时出现痉挛现象，则必须施行人工呼吸。

如果没有生命的体征(呼吸、脉搏及心脏跳动停止)，这时也不能送往医院，只能就地救护。在未得到医生的确诊之前，救护始终不能停止。

5.4.6 高处坠落

（1）高空坠落、撞击、挤压可能在胸部内脏破裂出血，伤者表面无出血，但表面出现面色苍白、腹痛、意识不清、四肢发冷等征兆。应首先观察或询问是否出现上述特征，确认或怀疑存在上述特征时，严禁移动伤者，应平躺并立即拔打120急救电话。

（2）如有骨折，应就地取材，使用夹板或竹棍固定，避免骨折部位移位，开放性骨折并伴有大出血者，应先止血再固定，用担架或自制简易担架运送伤者至医院治疗。

5.4.7 物体打击

（1）首先查看被打击部位伤害情况。

（2）根据伤情确定救护方案，需要包扎的进行现场简易包扎，若有骨折，应就地取材，使用夹板或竹棍固定，避免骨折部位移位。开放性骨折并伴有大出血者，应先止血再固定，用担架或自制简易担架运送伤者至医院治疗。

5.4.8 机械伤害

（1）立即关闭施工机械。

（2）如造成断肢或骨折，应立即进行现场固定包扎，找回被切断肢体，以便送医院后救治工作。

（3）需要抢救的伤员，应立即就地坚持心肺复苏抢救，并联系就近医院医治。

5.4.9 车辆伤害

（1）根据伤情确定救护方案，需要包扎的进行现场简易包扎，若有出血，先简易包扎止血。

（2）若有骨折，应就地取材，使用夹板或竹棍固定，避免骨折部位移位。开放性骨折并伴有大出血者，应先止血再固定。

上述紧急处理后的伤员抢救，立即与急救中心和医院联系，请求出动急救车辆并做好急救准备，确保伤员得到及时医治。

事故现场取证救助行动中，安排人员同时做好事故调查取证工作，以利于事故处理，防止证据遗失。

5.4.10 吊装伤害

当吊装事故发生时如果有人员伤害，首先抢救受伤人员同时报告应急指挥中心。

如果发生吊装事故没有人员伤亡，应及时处理以免发生人身伤害。

设置警戒区，保护现场，组织人员撤离。

得到报警信号后，施工人员立即停止工作，就近关闭电源、火源，沿即定应急撤离路线撤离到指定地点，撤离过程中听从应急指挥员的指挥，不拥挤、不慌乱，照顾伤病员，有秩序地迅速撤离。

如伤害严重时，应立即安排车辆将伤员送往医院急救。

人员撤离到集合地点时，清点人员。

应急指挥中心组织好现场保护工作，并协助公司、业主或地方主管部门进行调查。

5.5 自救互救常识

5.5.1 救护器材的使用

5.5.1.1 现场人员个体防护

在安全生产事故应急抢险过程中应根据安全生产事故的特点及其引发物质的不同，以及应急人员的职责，采取不同的个体防护装备：应急救援指挥人员、医务人员和其他不进入污染区域的应急人员一般配备过滤式防毒面罩、防护服、防毒手套、防毒靴等；工程抢险、消防和侦检等进入污染区域的应急人员应配备密闭型防毒面罩、防酸碱型防护服和空气呼吸器等；同时做好现场毒物的洗消工作（包括人员、设备、设施和场所等）。

（1）呼吸保护。常用的呼吸保护器具有防毒面罩和正压式空气呼吸器。防毒面罩体积小、质量轻、使用方便，对某些毒气有一定的防护作用。由于不同的过滤芯只能适用于一种或几种毒气。因此，在未知毒剂性质的条件下安全性相对较差。正压式空气呼吸器适用于危险化学品毒性大、浓度高及缺氧的危险场所。空气呼吸器的作业时间不能按铭牌标定的时间，而应根据佩戴人员平时的实际测试确定。一般容积为6升的气瓶，有效工作时间不超过30分钟。救人时所佩戴的空气呼吸器应带有双人接头。

（2）服装保护。进入高浓度区域工作的人员，内衣必须是纯棉的，外着全封闭式抢险救灾服、阻燃防化服或正压充气防护服。进入火灾区域可着避火服。外围人员可穿着普通战斗服，但袖口、领口必须扎紧，最好用胶带封闭，防止气体进入服装内。

5.5.1.2 个体防护用品

个体防护用品（personal protective equipment，PPE）是指作业者在工作过程中为免遭或减轻事故伤害和职业危害，个人随身穿（佩）戴的用品。在工作环境中尚不可能消除或有效减轻职业有害因素和可能存在的事故因素时，这是主要的防护措施，属于预防职业性有害因素综合措施中的第一级预防。一般而言，个体防护用品可以分为防护头盔、防护面罩、防护眼镜、护耳器、呼吸防护器、防护服、防护鞋、皮肤防护用品、防坠落用具九大类。近些年来，随着防护技术的发展，研制出了一些多功能或复合防护用品。

(1) 防护头盔

图 5-1　安全帽

在作业现场，为防止意外重物坠落击伤、生产中不慎撞伤头部，或防止有害物质污染，工人应佩戴安全防护头盔，如图 5-1 所示。防护头盔多用合成树脂类如改性聚乙烯和聚苯乙烯树脂聚碳酸脂、玻璃纤维增强树脂橡胶等制成。我国国家标准 GB 2811—2007 对安全头盔的形式、颜色、耐冲击、耐燃烧、耐低温、绝缘性等技术性能有专门规定。根据用途，防护头盔可分为单纯式和组合式两类。单纯式有一般炼化企业工人用于防重物坠落砸伤头部的合成树脂类安全帽。机械、纺织等企业防污染用的以棉布或合成纤维制成有舌帽类亦为单纯式。组合式的有：①电焊工安全防护帽，防护帽和电焊工用面罩连为一体，起到保护头部和眼睛的作用。②防尘防噪声安全帽，为安全防尘帽上加上防噪声耳罩。

安全帽的选用：

① 标志

根据 GB 2811—2007《安全帽》规定，在安全帽上应有以下永久性标识：a. 国家标准编号；b. 制造厂名；c. 生产日期(年、月)；d. 产品名称(由生产厂命名)；e. 产品的特殊技术性能(如果有)。

② 选择和使用

a. 在使用前一定要检查安全帽子是否有裂纹、碰伤痕迹、凹凸不平、磨损(包括对帽衬的检查)，安全帽上如存在影响其性能的明显缺陷就应及时报废，以免影响防护作用。

b. 不能随意在安全帽上拆卸或添加附件，以免影响其原有的防护性能。

c. 不能随意调节帽衬的尺寸。安全帽的内部尺寸如垂直间距、佩戴高度、水平间距，标准中是有严格规定的，这些尺寸直接影响安全帽的防护性能，使用者一定不能随意调节，否则，落物冲击一旦发生，安全帽会因佩戴不牢脱出或因冲击触顶而起不到防护作用，直接伤害佩戴者。

d. 使用时一定要将安全帽戴正、戴牢，不能晃动，要系紧下颏带，调节好后箍以防安全帽脱落。

e. 不能私自在安全帽上打孔，不要随意碰撞安全帽，不要将安全帽当板凳坐，以免影响其强度。

f. 受过一次强冲击或做过试验的安全帽不能继续使用，应予以报废。

g. 安全帽不能放置在有酸、碱、高温、日晒、潮湿或化学试剂的场所，以免其老化或变质。

h. 应注意使用在有效期内的安全帽。

(2) 防护面罩

a. 防固体屑末和化学溶液面罩 用轻质透明塑料或聚碳酸酯塑料制作，面罩两侧和下端分别向两耳和下颏及颈部延伸，使面罩能全面地覆盖面部，增强防护效果，如图 5-2 所示。

b. 防热面罩 除与铝箔防热服相配套的铝箔面罩外，还有镀铬或镍的双层金属网制成，反射热和隔热作用良好，并能防微波辐射。

c. 电焊工用面罩 用制作电焊工防护眼镜的深绿色玻璃，周边配以厚硬纸纤维制成的面罩，防热效果较好，并具有一定电绝缘性，如图 5-3 所示。

（3）防护眼镜

防护眼镜一般用于各种焊接、切割、炉前工、微波、激光的防护眼镜，以及防酸、碱等有害化学物质溅入眼部的护目镜。见图 5-4。可根据作用原理将防护镜片分为两类：

a. 反射性防护镜片 根据反射的方式，还可分为干涉型和衍射型。在玻璃镜片上涂布光亮的金属薄膜，如铬、镍、银等，在一般情况下，可反射的辐射线范围较宽（包括红外线、紫外线、微波等），反射率可达 95%，适用于多种非电离辐射作业。另外还有一种涂布二氧化亚锡薄膜的防微波镜片，反射微波效果良好。

b. 吸收性防护镜片 根据选择吸收光线的原理，用带有色泽的玻璃制成，例如接触红外辐射应佩戴绿色镜片，接触紫外辐射佩戴深绿色镜片，还有一种加入氧化亚铁的镜片能较全面地吸收辐射线。此外，防激光镜片有其特殊性，多用高分子合成材料制成，针对不同波长的激光，采用不同的镜片，镜片具有不同的颜色，并注明所防激光的光密度值和波长，不得错用。使用一定时间后，须交有关检测机关校验，不能长期一直戴用。

c. 复合性防护镜片 将一种或多种染料加到基体中，再在其上蒸镀多层介质反射膜层。由于这种防护镜将吸收性防护镜和反射性防护镜的优点结合在一起，在一定程度上改善了防护效果。

图 5-2 防护面罩

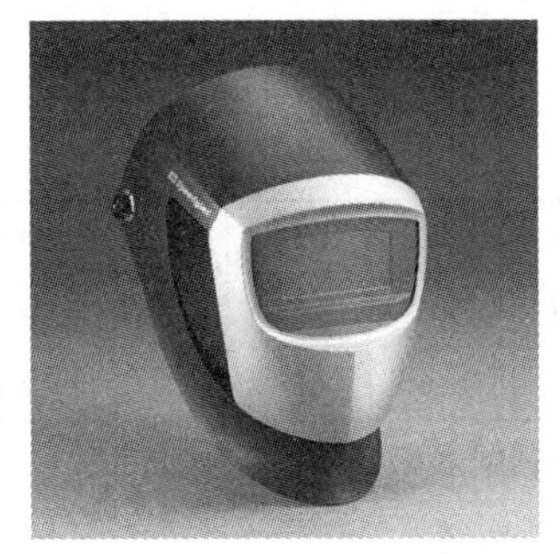

图 5-3 电焊工用面罩

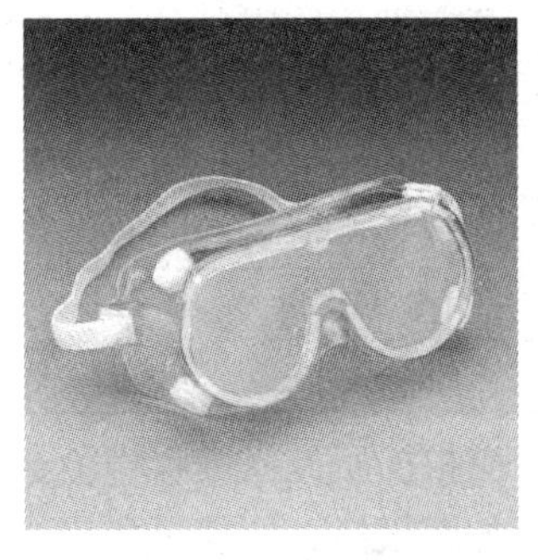

图 5-4 防护眼镜

（4）防噪声用具

在工作过程中，各种有害噪声，损害人体听力使人耳聋，长时间在噪声环境下工作，除了产生听力损伤以外，会产生如下系统的改变：神经系统产生耳鸣、头痛、失眠、多梦、乏力、记忆力减退等神经衰弱综合症，产生紧张、忧虑、愤怒和疲劳。心血管系统表现为心电图 ST 段和 T 波呈缺血性变化，血压不稳趋向升高。对女性的月经以及妊娠期胎儿的智力、听觉发育有影响。对心理方面的影响主要表现在，长期在噪声环境下工作的职工心理卫生状况不佳，对立、抑郁、敏感倾向增高，幻想倾向者增多。降低劳动生产率，影响人的正常生活。在无法从工艺上改变设备噪声情况下，除了减少接触时间，作业工人必须佩带听力保护器（耳罩或耳塞），防止听觉造成损害。

防噪声用具，能够防止过量的声能侵入外耳道，使人耳避免噪声的过度刺激，减少听力损伤，预防噪声对人身引起的不良影响的个体防护用品，如图 5-5 所示。常用为三种：

① 耳塞

耳塞为插入外耳道内或置于外耳道口的一种栓，常用材料为塑料和橡胶。按结构外形和材料分为塔形塑料耳塞、圆柱形慢回弹泡沫塑料耳塞和硅橡胶圣诞树型耳塞。对耳塞的要求为：应有不同规格的适合于各人外耳道的构型，隔声性能好、佩戴舒适、易佩戴和取出，又不易滑脱，易清洗、消毒、不变形等。对于长期在噪声环境下工作的应当用易清洗的硅橡胶圣诞树型耳塞。圣诞树型耳塞可清洗，重复使用。细绳柔软、防缠绕，防止耳塞丢失，如图5-6所示。外来人员或者临时需要进入噪声作业场所的人员则可以佩带一次性慢回弹耳塞，如图5-7所示。

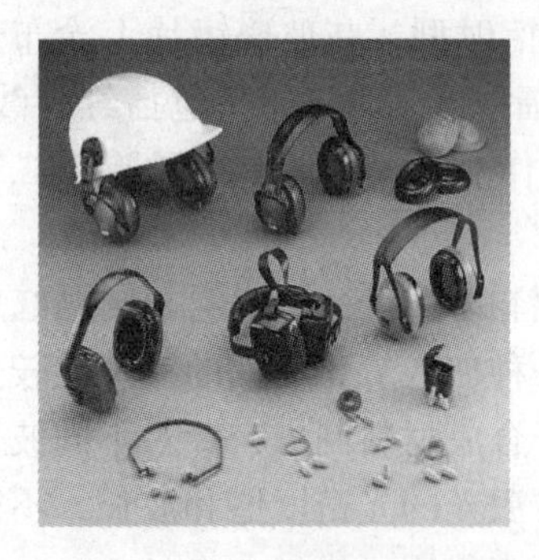

图5-5　各种防噪声用具　　图5-6　圣诞树形耳塞　　图5-7　一次性耳塞

使用寿命：当发现耳塞出现破损和脏污迹象，应废弃，更换新耳塞。应遵照当地的适用的法规废弃。

耳塞平均降噪数值，如表5-3所示。

表5-3　耳塞降噪数值

频率/Hz	125	250	500	1000	2000	3150	4000	6300	8000	NRR
真耳降噪值/dB	33.9	37.7	39.8	38.5	37.0	41.9	42.7	45.5	44.6	29
标准偏差/dB	4.7	5.5	5.6	4.8	3.1	3.8	3.4	4.0	3.4	

应根据所暴露的噪声值选择具有足够降噪值的护耳器。对于现场噪声>100dB的作业环境，如磨煤机、罗茨风机应当佩戴耳罩。

② 耳罩

常以塑料制成呈矩形杯碗状，内具泡沫或海绵垫层，覆盖于双耳，两杯碗间连以富有弹性的头架适度紧夹于头部，可调节，无明显压痛，舒适。要求其隔音性能好，耳罩壳体的低限共振率愈低，防声效果愈好。

③ 防噪声帽盔

能覆盖大部分头部，以防强烈噪声经骨传导而达内耳，有软式和硬式两种。软式质轻，导热系数小，声衰减量为24dB。缺点是不通风。硬式为塑料硬壳，声衰减量可达30~50dB。

对防噪声用具的选用，应考虑作业环境中噪声的强度和性质，以及各种防噪声用具衰减噪声的性能。各种防噪声用具都有适用范围，选用时应认真按照说明书使用，以达到最佳防护效果。

(5) 呼吸防护器

呼吸防护器包括防尘口罩、防毒口罩、防毒面具等，根据其结构和作用原理，可分为过滤式和隔离式呼吸防护器两大类。

① 过滤式呼吸防护器

是以佩戴者自身呼吸为动力，将空气中有害物质予以过滤净化，适用于空气中有害物质浓度不很高，且空气中含氧量不低于18%的场所，有机械过滤式和化学过滤式两种。

a. 机械过滤式

主要为防御各种粉尘和烟雾等质点较大的固体有害物质的防尘口罩。其过滤净化全靠多孔性滤料的机械式阻挡作用，如图 5-8 所示，又可分为简式和复式两种，简式直接将滤料做成口鼻罩，结构简单，但效果较差；复式将吸气与呼气分为两个通路，分别由两个阀门控制。性能好的滤料能滤掉细尘，通气性好，阻力小。呼气阀门气密性好，防止含尘空气进入。在使用一段时间后，因粉尘阻塞滤料孔隙，吸气阻力增大，应更换滤料或将滤料处理后再用。

b. 化学过滤式

简单的有以浸入药剂的纱布为滤垫的简易防毒口罩，还有一般所说的防毒面具，由薄橡皮制的面罩、短皮管、药罐三部分组成，或在面罩上直接连接一个或两个药盒，如某些有害物质并不刺激皮肤或黏膜，就不用面罩，只用一个边储药盒的口罩(也称半面罩)。见图 5-9。无论面罩或口罩，其吸入和呼出通路是分开的。面罩或口罩与面部之间的空隙不应太大，以免其中 CO_2 太多，影响吸气成分。防毒面罩(口罩)应达以下卫生要求：ⓐ滤毒性能好，滤料的种类依毒物的性质、浓度和防护时间而定(如表 5-4)；我国现产的滤毒罐，各种型号涂有不同颜色，并有适用范围和滤料的有效期；一定要避免使用滤料失效的呼吸防护器，以前主要依靠嗅觉和规定使用时间来判断滤料失效，但这两种方法都有一定局限性；现在开始应用装在滤料内的半导体气敏传感器来进行判断，收到了较好的效果；ⓑ面罩和呼气阀的气密性好；ⓒ呼吸阻力小；ⓓ不妨碍视野，重量轻。

图 5-8　机械过滤式呼吸防护器

图 5-9　化学过滤式呼吸防护器

表 5-4　常用防毒滤料及其防护对象

防护对象	滤料名称	防护对象	滤料名称
有机化合物蒸气	活性炭	一氧化碳	“霍布卡”
酸雾	钠碳	汞	含碘活性炭
氨	硫酸铜		

② 隔离(供气)式呼吸防护器

经此类呼吸防护器吸入的空气并非净化的现场空气，而是另行供给。按其供气方式又可分为自带式与外界输入式两类。

a. 自带式 由面罩、短导管、供气调节阀和供气罐组成。供气罐应耐压，固定于工人背部或前胸，其呼吸通路与外界隔绝。见图 5-10。

有两种供气形式：ⓐ罐内盛压缩氧气(空气)供吸入，呼出的二氧化碳由呼吸通路中的滤料(钠石灰等)除去，再循环吸入，例如常用的两小时氧气呼吸器(AHG-2 型)；ⓑ罐中盛过氧化物(如过氧化钠、过氧化钾)及小量铜盐作触媒，借呼出的水蒸气及二氧化碳发生化学反应，产生氧气供吸入。此类防护器可维持 30min 至 2h，主要用于意外事故进入密不通风且有害物质浓度极高而又缺氧气的工作环境。但使用过氧化物作为供气源时，要注意防止其供气罐损露而引起事故。现国产氧供气呼吸防护器装有应急补给装置，当发现氧供应量不足时，用手指猛按应急装置按钮，可放出氧气供 2~3min 内应急使用，便于佩戴者立即脱离现场。

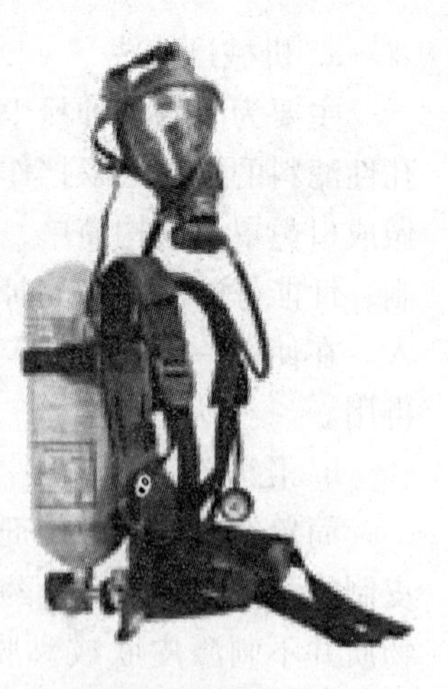

图 5-10　隔离(供气)式

b. 输入式 常用的有两种。ⓐ蛇管面具：由面罩和面罩相接的长蛇管组成，蛇管固置于皮腰带上的供气调节阀上。蛇管末端接一油水尘屑分离器，其后再接输气的压缩空气机或鼓风机，冬季还需在分离器前加空气预热器。用鼓风机蛇管长度不宜超过 50m，用压缩空气时蛇管可长达 100~200m。还有一种将蛇管末端置于空气清洁处，靠使用者自身吸气时输入空气，长度不宜超过 8m；ⓑ送气口罩和头盔：送气口罩为一吸入与呼出通道分开的口罩，连一段短蛇管，管尾接于皮带上的供气阀。送气头盔为能罩住头部并伸延于肩部的特殊头罩，以小橡皮管一端伸入盔内供气，另一端也固定于皮腰带上的供气阀，送气口罩和头盔气需供呼吸的空气，可经由安装在附近墙上的空气管路，通过小橡皮管输入。

③ 空气呼吸器的维护保养

a. 面罩的维护保养

面罩由面镜、网状胶质快速着装系带、双重传声器和供气阀连接口组成。

面镜的维护保养，注意摩擦和撞击到粗糙、坚硬的物质，防止把面镜磨花和影响透光性和清晰度甚至损坏。

着装系带(传声器、供气阀连接口)的保养。着装系带的材质为橡胶，平时在配戴时要按要求松紧，不能用力过大，同时防止一些腐蚀性物质的损坏，发现损坏及时修复。

传声器和供气阀连接口的保养。不能让一些物质进入内部，堵塞里边的小孔和撞击使塑胶材料破裂损坏，导致通话不清晰或与供气阀的连接不牢固。

b. 背架的维护和保养

背架由背托、肩带、腰带、气瓶固定带和减压器、中压软导管、快速插头、压力表、报警哨和供给阀等各种部件组成。

背托、肩带、气瓶固定带的维护保养。在使用时轻拿轻放，防止碰撞和与尖锐物质磨擦造成损坏。每次使用结束后，如被水浸湿，需拿到干燥通风处阴干，忌暴晒。保存的时候要把各收紧带置于最大位置，确保能更好的把空气呼吸器缚在战斗员的身上。

供气阀和中压软导管的维护保养。它的主要作用是用来向使用者提供空气，供气阀的作用在于开关供气阀，而应急冲泄阀的作用是用来辅助供气，除却面镜积雾和排放余气的。在使用时，要按说明书中的操作要求正确使用，不要把各连接口的“O 型”圈损坏或丢失，不能在阳光下暴晒和与腐蚀物品接触，以免损坏。

减压阀、报警哨、快速插头和压力表的维护保养。减压阀，报警哨，快速插头，在使用前后必须作认真的检查，观其装置是否完好，还能不能发挥其作用，特别是被水浸湿后，要在干燥通风处晾干。对于快速插头还得加注一定的润滑油，保证完整好用。压力表的保养：在检查气瓶气压时也是对它的一个检查，在检查完后，要释放内存余气，确保压力表和中压软管不会在常时间受压情况下损坏；同时也不能用它测量超值压，避免超负荷。

c. 压缩空气瓶和气瓶阀的保养

气瓶阀是用来控制气瓶开关的组件，对其要正确开关，平时需加注一定的润滑油。

压缩气瓶主要用来存放压缩空气，目前有钢质和碳纤维两种。在充气时应注意：充入空气不能超过额定的安全气压，空气湿度不能太大，会导致钢瓶内壁氧化；在使用时不能激烈碰撞和与尖锐物磨擦，轻则导致气瓶损坏，重则导致爆炸；必要时给气瓶(尤其是碳纤维气瓶)制作一个保护套，防止磨擦损坏。钢制气瓶还应刷一层防锈漆，避免气瓶外部受到氧化；充满气体的气瓶不能在阳光下暴晒和高温处存放，避免损坏或引起爆炸。

(6) 防护服

防护服包括帽、衣、裤、围裙、套裙、鞋罩等，有防止或减轻热辐射、X-射线、微波辐射和化学物污染机体的作用。

① 防热服

防热服应具有隔热、阻燃、牢固的性能，但又应透气，穿着舒适，便于穿脱；可分为非调节和空气调节式两种。

② 防化学污染物的服装

一般有两类：一类是用涂有对所防化学物不渗透或渗透率小的聚合物化纤和天然织物做成，并经某种助剂浸轧或防水涂层处理，以提高其抗透过能力，如喷洒农药人员防护服；另一类是以丙纶、涤纶或氯纶等织物制作，用以防酸碱。对这些防护服，国家有一定的透气、透湿、防油拒水、防酸碱及防特定毒物透过的标准。见图 5-11。

图 5-11 防化学物防护服

③ 微波屏蔽服

有两类：金属丝布微波屏蔽服；镀金属布微波屏蔽服。

④ 防尘服

一般用较致密的棉布、麻布或帆布制作。需具有良好的透气性和防尘性，式样有连身式和分身式两种，袖口、裤口均须扎紧，用双层扣，即扣外再缝上盖布加扣，以防粉尘进入。

(7) 防护鞋

防护鞋用于保护足部免受伤害，如图 5-12 所示。目前主要产品有防砸、绝缘、防静电、耐酸碱、耐油、防滑鞋等。

图 5-12 防护鞋

(8) 皮肤防护用品

皮肤防护用品主要指防护手和前臂皮肤污染的手套和膏膜。

① 手套

手套品种繁多，对不同有害物质防护效果各异，可根据所接触的有害物质种类和作业情况选用。现国内质量较新的一种采用新型橡胶体聚氨酯甲酸酯塑料浸塑而成，不仅能防苯类溶剂，且耐多种油类、漆类和有机溶剂，并具有良好的耐热、耐寒性能。

② 防护油膏

在戴手套感到妨碍操作的情况下，常用膏膜防护皮肤污染。干酪素防护膏可对有机溶剂、油漆和材料等有良好的防护作用。对酸碱等水溶液可用聚甲基丙烯酸丁酯制成的胶状膜液，涂布后即形成防护膜，唯洗脱时需用乙酸乙酯等溶剂。防护膏膜不适于有较强摩擦力的操作。

③ 复合防护用品

对于有些全身都暴露于有害因素，尤其是放射性物质的职业，应佩带能防护全身的由铅胶板制作的复合防护用品。考虑到放射工作的特殊性，防护用品不仅要有可靠的防护效果，还要轻便、舒适、方便使用。这种防护用品由防护帽、防护颈套、防护眼镜、全身整体防护服或分体防护服组成，对于眼睛体、甲状腺、女性乳腺、性腺等敏感部位，铅胶板厚度应加大。

(9) 防坠落用具

防坠落用品是防止人体从高处坠落，通过绳带，将高处作业者的身体系接于固定物体、或在作业场所的边沿下方张网，以防不慎坠落，这类用品主要有安全带和安全网两种。安全带如图 5-13 所示。

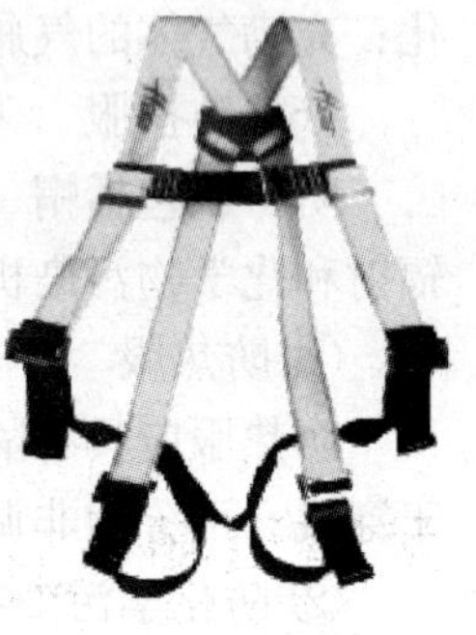

图 5-13　安全带

(10) 个体防护用品的使用与保养

① 正确选择防护用品

应针对防护要求，正确选择性能符合要求的用品，绝不能选错或将就使用，特别是绝不能以过滤式呼吸防护器代替隔离式呼吸防护器，以防止发生事故。使用单位应购置、使用符合国家标准，并具有《产品检验证》的劳动防护用品。

使用单位必须建立个体防护用品定期检查和失效报废制度。

② 加强教育和训练

应利用各种途径，如培训班、宣传册、车间板报和标语等，对使用个人防护用品者加强教育，使其充分了解使用的目的和意义，反复训练，熟练掌握使用方法。对于结构和使用方法较为复杂的用品，如呼吸防护器，宜反复进行训练，使能迅速正确地戴上、卸下和使用，并逐渐习惯于呼吸防护器的阻力。又如用于紧急救灾时的呼吸防护器，要定期严格检查，并妥善地存放在可能发生事故的邻近地点，便于及时取用。

③ 防护用品的使用和维护

应按每种防护用品的使用要求，规范使用。在使用时，必须在整个接触时间内认真充分佩戴。其防护效果以有效防护系数(effective protective factor，EPF)来衡量，在接触时间内99%以上时间佩戴，有效防护程度可达100%；不佩戴时间增多，其有效防护系数递减。

车间应有专人负责管理分发、收集和维护保养防护用品。这样不仅可以延长防护用品的使用期限，更重要的是能保证其防护效果。耳罩、口罩、面具等用后应以肥皂水洗净，并以药液消毒、晾干。过滤式呼吸防护器的滤料要按时更换，药罐在不用时应将通路封塞，以防失效。防止皮肤污染的工作服，用后应立即集中处理洗涤。

应当建立职工《个体防护用品领用档案》，档案的领用记录上必须有领用者本人签名。企业应根据本单位实际情况建立、健全个体防护用品的使用与管理制度，保证个体防护用品充分发挥作用。所有个体防护用品在产品包装中都应附有安全使用说明书，用人单位应教育职工正确使用；用人单位应按照产品说明书要求，及时更换、报废过期和失效的个体防护用品。所以在使用个体防护用品前应注意以下几点：

a. 个体防护用品使用前，必须认真检查其防护性能及外观质量；

b. 使用的个体防护用品应与防御的有害因素相匹配；

c. 正确佩戴、使用个体防护用品；

d. 严禁使用过期或失效的个体防护用品。

5.5.2 院前急救常识

5.5.2.1 现场抢救

(1) 救出现场，至安全地带；

(2) 采取紧急措施，维持生命体征(呼吸、体温、脉搏、血压)；

(3) 眼部污染应及时、充分以清水冲洗；

(4) 脱去污染衣着，立即以大量清水彻底冲洗污染皮肤；

(5) 经紧急处理后，立即送医院，途中继续做好必要的抢救，并记录病情。

5.5.2.2 基本做法

(1) 首先将病人转移到安全地带，解开领扣和腰带，使呼吸通畅，让病人呼吸新鲜空气，脱去污染衣服鞋袜，并彻底清洗污染的皮肤和毛发，注意保暖；

(2) 呼吸困难或停止呼吸者应立即进行人工呼吸，有条件时给氧和注射呼吸中枢兴奋药；

(3) 心脏骤停者应立即进行胸外心脏按压术；

(4) 迅速送往医院，护送途中仍要施行人工呼吸和胸外心脏按压，保持救护用车车内通风换气。

5.5.2.3 口对口(鼻)人工呼吸术和胸外心脏按压术

(1) 呼吸、心跳骤停的常见原因

a. 呼吸道的梗阻、淹溺、塌方所致窒息、自缢、电击等；

b. 氧气由肺泡入血障碍，吸入窒息性气体(如氮气)，氧气吸入减少；

c. 中毒、人体组织携带氧及吸取困难，如一氧化碳、硫化氢、氰化氢气体中毒；

d. 冠心病、急性心肌梗塞；

e. 触电、雷击；

f. 外伤急性大量失血、药物过敏等。

(2) 人工呼吸法

a. 使患者仰卧在比较坚实的地方，打开气道(仰头举颏或推颌法等)。气道是指气体从口到肺脏的通道，包括鼻腔、口腔、咽喉和气管。打开气道也叫畅通呼吸道(具体方法请见实务培训)。

b. 使患者鼻孔(或口)紧闭，救护人深吸两口气后紧贴患者的口(或鼻)，用力向内吹气，直到患者胸部上举。之后，放开患者鼻孔(或口)，以便病人呼气，此时患者胸部下陷，即刻可作心脏胸廓按压。按压胸部频率一般为60~80次/min。

注：如果无法使患者把口张开，则用口对鼻人工呼吸法。

(3) 胸外心脏按压法

① 判定无脉搏和心跳停止

如病人无脉搏，立即进行胸部按压。由于病人颈部暴露，抢救人员可用中指与无名指，在病人气管旁，轻轻触摸颈动脉的搏动，如未触及，表示心跳已停止。

② 胸部按压

按压部位：病人胸骨中下的三分之一交界处。

按压方法：将两手手掌根重叠(一手放在另一手背上)，两手指交叉，按压时双臂绷直，双肩在病人的胸骨正中，利用抢救人员的上身体重和肩臂部肌肉的力量，垂直向下，按压应平稳、有规律地进行，不能像冲击式的猛压，下压与向上抬的时间应大致相等，下压时应能使胸骨下陷3.5~5cm，按压到最低点处，应有一明显的停顿。放松时，定位的手掌部不能离开胸骨定位点，但应放松，不能使胸骨有一点压力。心跳和呼吸是互相联系的，心脏跳动停止了，呼吸很快就会停止，呼吸停止了，心脏跳动维持不了多久。一旦呼吸和心跳都停止了，应当同时做人工呼吸和胸外心脏按压术。如抢救由一人进行，每吹气两次再挤压心脏15次；如两人进行抢救，则人工呼吸与按压之比为1：5(即每做一次人工呼吸，按压胸部心脏五次)。

施行人工呼吸和胸外心脏按压的抢救要坚持不断，切不可轻率终止。运送途中也不能终止抢救。抢救过程中，如发现病人脸色有了红润，瞳孔逐渐缩小，嘴唇稍有开合或眼皮活动，或喉嗓间有咽东西等动作，则说明抢救收到了效果。如病人身上出现尸斑或身体僵冷，经医生作出无法救活的诊断后，方可停止抢救。

③ 心肺复苏效果判断

正确吹气后，病人胸部应略有隆起，如无反应，则检查呼吸道是否通畅，气道是否打开，鼻孔是否捏住，口唇是否包严，吹气量是否足够等。有效心脏按压，能触到颈动脉搏动。长时间有效地按压，可见到患者脸色转红，瞳孔逐渐缩小。

5.5.3 自救互救措施

5.5.3.1 自救

自救的含义是自己救自己。要做到自救，必须先辨识出周围的危险因素，其次要懂得中毒的初期症状。上岗前就要有防事故的意识和精神行动上的准备。

(1) 急性中毒

在可能或已发生有毒气体泄漏的作业场所，当突然出现头晕、头痛、恶心、呕吐或无力等症状，必须想到有发生中毒的可能性，要根据实际情况，采取有效对策。

a. 如果备有防毒面具，应按规定要求快速、熟练地戴上防毒面具立即离开并向有关领导汇报；

b. 憋住气迅速脱离中毒环境，朝上风向或侧风向撤离；

c. 发出呼救信号；

d. 如果是氨、氯等刺激性气体，掏出手帕浸上水，捂住鼻子向外跑；

e. 如果在无围拦的高处，以最快的速度抓住东西或趴倒在上风向或侧风向，尽力避免坠落外伤；

f. 如有警报装置，应予以启用。

(2) 眼睛

a. 发生事故的瞬间闭住或用手捂住眼睛，防止有毒有害液体溅入眼内。

b. 如果眼睛被沾污，立即到流动的清洁水下冲洗；如果一只眼睛受沾污，在冲洗眼睛的最初时间，要保护好另一只眼睛，避免沾污。

(3) 皮肤

a. 如果化学物质沾污皮肤，立即用大量流动清洁水或温水冲洗，毛发也不例外；

b. 如果沾污衣服、鞋袜，均应立即脱去，后冲洗皮肤。

5.5.3.2 互救

许多情况下，无法自救，特别是当中毒病情较重、患者意识不清的时候，当眼睛被化学物质刺激、肿胀睁不开的时候，这就需要他人救助。因此互救是十分重要的措施。

（1）了解情况，落实救护者的个人防护

一定要首先摸清被救者所处的环境，如果是有毒有害气体，则首先要正确选择合适的防毒用具；如果是酸或碱泄漏，要穿戴防护衣、手套和胶靴；如果毒源仍未切断，则立即报告生产调度。在设法抢救患者的同时，要采取关闭阀门、加盲板、停车、停止送气、堵塞漏气设备等措施。切忌因盲目行动，产生更严重的中毒。

（2）救出患者，仔细检查，分清轻重，合理处置

a. 搬运过程中要沉着、冷静，不要强拖硬拉，若已有骨折、出血或外伤，则要简单包扎、固定，避免搬运中造成更大损害。

b. 患者被搬到空气新鲜处后，要按顺序检查，神智是否清晰，脉搏、心跳是否存在，呼吸是否停止，有无出血及骨折。如有心跳停止者，须就地进行心脏胸外按压术；如有呼吸停止，须就地进行人工呼吸；如果有出血和骨折，则需检查搬运前的处理是否有效，还须作哪些补充处理。

c. 如果神志清晰，心跳、呼吸正常，则检查眼睛，如沾污化学物质，则须就地冲洗；如果是氨等，则冲洗时间要长，起码 20min 以上，甚至 30min，并要使眼上、下穹窿冲洗彻底。

d. 最后检查皮肤，不要疏忽会阴部、腋窝等处。

总之，自救互救是抢时间、挽救生命的措施。所以，要快、正确、不要过分强调条件；同时要向气防部门、医疗单位发出呼救，尽快送往医院。

5.5.4 事故状态下应急疏散

5.5.4.1 概述

隔离与公共安全：事故发生后为了保护公众生命、财产安全，应采取的措施。

危险化学品泄漏和火灾事故发生后，为了保护公众免受伤害，在事故源周围以及下风向需要控制一定的距离和区域。初始隔离区是指发生事故时公众生命可能受到威胁的区域，是以泄漏源为中心的一个圆周区域。圆周的半径即为初始隔离距离。该区只允许少数消防特勤官兵和抢险队伍进入。初始隔离距离适用于泄漏后最初 30min 内或污染范围不明的情况，如图 5-14 所示。

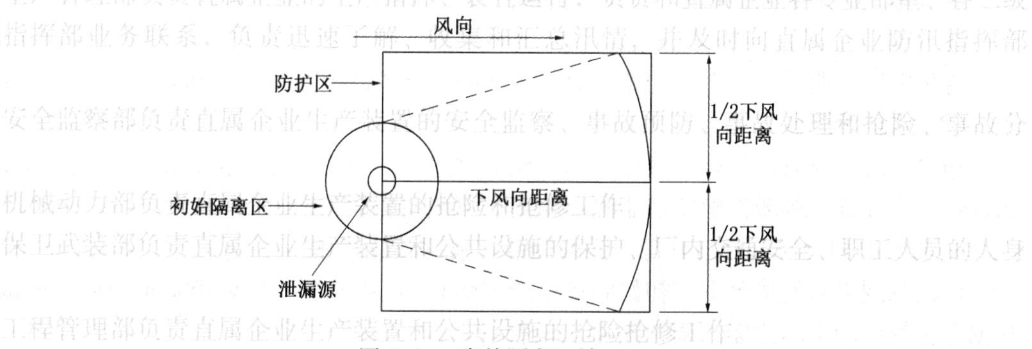

图 5-14 事故隔离区域

疏散区是指下风向有害气体、蒸气、烟雾或粉尘可能影响的区域，是泄漏源下风方向的正方形区域。正方形的边长即为下风向疏散距离。该区域内如果不进行防护，则可能使人致残或产生严重的或不可逆的健康危害，应疏散公众，禁止未防护人员进入或停留。如果就地保护比疏散更安全，可考虑采取就地保护措施。

初始隔离距离、下风向疏散距离适用于泄漏后最初 30 分钟内或污染范围不明的情况，应根据事故的具体情况如泄漏量、气象条件、地理位置等做出适当的调整。

初始隔离距离和下风向疏散距离主要依据化学品的吸入毒性危害确定。化学品的吸入毒性危害越大，其初始隔离距离和下风向疏散距离越大。影响吸入毒性危害大小的因素有化学品的状态、挥发性、毒性、腐蚀性、刺激性、遇水反应性（液体或固体泄漏到水体）等。确定原则为：

（1）陆地泄漏

① 气体

a. 剧毒或强腐蚀性或强刺激性的气体

污染范围不明的情况下，初始隔离至少 500m，下风向疏散至少 1500m，然后进行气体浓度检测，根据有害气体的实际浓度，调整隔离、疏散距离。

b. 有毒或具腐蚀性或具刺激性的气体

污染范围不明的情况下，初始隔离至少 200m，下风向疏散至少 1000m，然后进行气体浓度检测，根据有害气体的实际浓度，调整隔离、疏散距离。

c. 其他气体

污染范围不明的情况下，初始隔离至少 100m，下风向疏散至少 800m，然后进行气体浓度检测，根据有害气体的实际浓度，调整隔离、疏散距离。

② 液体

a. 易挥发，蒸气剧毒或有强腐蚀性或有强刺激性的液体

污染范围不明的情况下，初始隔离至少 300m，下风向疏散至少 1000m，然后分段测试，根据有害蒸气或烟雾的实际浓度，调整隔离、疏散距离。

b. 蒸气有毒或有腐蚀性或有刺激性的液体

污染范围不明的情况下，初始隔离至少 100m，下风向疏散至少 500m，然后分段测试，根据有害蒸气或烟雾的实际浓度，调整隔离、疏散距离。

c. 其他液体

污染范围不明的情况下，初始隔离至少 50m，下风向疏散至少 300m，然后分段测试，根据有害蒸气或烟雾的实际浓度，调整隔离、疏散距离。

③ 固体

污染范围不明的情况下，初始隔离至少 25m，下风向疏散至少 100m。

（2）水体泄漏

遇水反应生成有毒气体的液体、固体泄漏到水中，根据反应的剧烈程度以及生成的气体的毒性、腐蚀性、刺激性确定初始隔离距离、下风向疏散距离。

a. 与水剧烈反应，放出剧毒、强腐蚀性、强刺激性气体

污染范围不明的情况下，初始隔离至少 300m，下风向疏散至少 1000m。然后分段测试，根据有害气体的实际浓度，调整隔离、疏散距离。

b. 与水缓慢反应，放出有毒、腐蚀性、刺激性气体

污染范围不明的情况下，初始隔离至少100m，下风向疏散至少800m。然后分段测试，根据有害气体的实际浓度，调整隔离、疏散距离。

泄漏处理：指化学品泄漏后现场应采取的应急措施，主要从点火源管制、泄漏源控制、泄漏物处理、注意事项等几个方面进行描述。手册推荐的应急措施是根据化学品的固有危险性给出的，使用者应根据泄漏事故发生的场所、泄漏量的大小、周围环境等现场条件，选用适当的措施。

火灾扑救：主要介绍发生化学品火灾后可选用的灭火剂、禁止使用的灭火剂以及灭火过程中的注意事项。

急救：指人员意外受到化学品伤害后需采取的急救措施，着重现场急救。解毒剂的使用方法、使用剂量，须遵医嘱。

5.5.4.2　疏散时间

疏散所需时间包括了疏散开始时间和疏散行动时间。疏散开始时间即从起火到开始疏散的时间，它大体可分为感知时间(从起火至人感知火的时间)和疏散准备时间(从感知火至开始疏散时间)两阶段。一般而言，疏散开始时间与火灾探测系统、报警系统、人员相对位置、疏散人员状态、建筑物结构、疏散手段等因素有关。疏散行动时间即从疏散开始至疏散结束。

事故危害时间，指的是事故发生到对其区域内人员造成伤害的时间段。换句话，其实是允许疏散的最长时间。

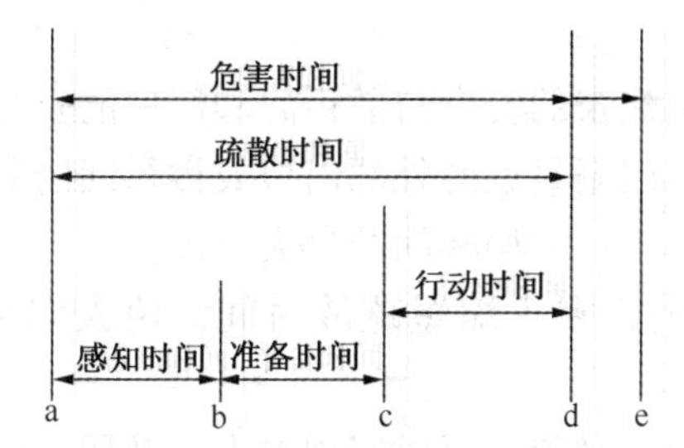

a——事故发生

b——现场人员知道事故发生

c——现场开始疏散人员(第一个人开始疏散)

d——现场人员疏散结束(最后一人到安全区域)

e——事故造成现场人员健康危害

a~b——感知时间

b~c——准备时间

c~d——行动时间

a~d——疏散时间

a~e——事故危害时间

事故危害时间如果小于疏散时间，人员无法安全、完全疏散出去；事故危害时间如果大于疏散时间，人员可安全、完全疏散到安全区域。

要确保事故危害时间大于疏散时间，理论上有两个办法：一是缩短疏散时间；二是延长事故危害时间(不易实施)。

(1) 缩短疏散时间

① 缩短感知时间

事故发生时，现场固定式检测仪表在主控制室(操作室)的二次表发出声、光报警；主控制室的工业监视器获知的视频信号告知；装置的主控制室的DCS实时监控发出声、图报警；现场巡检人员的及时、快速对讲机告知；内部局域网的信息快递；装置的广播通讯告知等，可帮助人们快速获知事故情况。

② 缩短准备时间

感知到事故发生时，不要迷恋财物、物品等，要迅速从所在的位置进行疏散撤离，让疏散准备时间尽可能为零，从而做到缩短疏散准备时间。

③ 缩短行动时间

要缩短疏散的行动时间，只有熟悉疏散线路、熟悉地理位置、进行过经常性的疏散事故演练方可做到。

(2) 延长事故危害时间

一般在事故发生时，延长事故危害时间是不易做到和不易实施的。

总而言之，高层建筑，可按5～7min考虑；一般民用建筑，一、二级耐火等级应为6min，三、四级耐火等级可为2～4min。人员密集的公共建筑，一、二级耐火等级应为5min，三级耐火等级的建筑物不应超过3min，其中疏散出公共建筑物的时间，一、二级耐火等级的建筑物不应超过2min，三级耐火等级不应超过1.5min。

影响人员疏散时间的因素有许多，如安全出口的设计参数、人流密度等；影响烟气层下降速度的主要因素有可燃物的性质、火灾荷载的大小等。

5.5.4.3　疏散距离

安全疏散距离包括：民用建筑的安全疏散距离和厂房的安全疏散距离。民用建筑的安全疏散距离指从房间门或住宅户门至最近的外部出口或楼梯间的最大距离；厂房的安全疏散距离指厂房内最远工作点到外部出口或楼梯间的最大距离。

规定安全疏散距离的目的，在于缩短疏散时间，使人们尽快从火灾现场疏散到安全区域。

在危险化学品泄漏事故中，必须及时做好周围人员及居民的紧急疏散工作。如何根据不同化学物质的理化特性和毒性，结合气象条件，迅速确定疏散距离是急救工作的一项重要课题。鉴于我国目前尚无这方面的详细资料，特推荐美国、加拿大和墨西哥联合编制的(The 2000 Emergency Response Guidebook)ERG 2000中的数据。

这些数据运用从最新的释放速率和扩散模型，美国运输部有害物质事故报告系统(HMIS)数据库的统计数据，美国、加拿大、墨西哥三国120多个地方5年的每小时气象学观察资抖，各种化学物质毒理学接触数据等4个方面综合分析而成，具有很强的科学性。

ERG 2000将疏散距离分为2种：紧急隔离带和下风向疏散距离。

a. 紧急隔离带是以紧急隔离距离为半径的圆，非事故处理人员不得入内。

b. 下风向疏散距离是指必须采取保护措施的范围，即该范围内的居民处于有害接触的危险之中，可以采取撤离、密闭住所窗户等有效措施，并保持通讯畅通以听从指挥。由于夜间气象条件对毒气云的混和作用要比白天来得小，毒气云不易散开，因而下风向疏散距离相对比白天的远。夜间和白天的区分以太阳升起和降落为准。

使用ERG 2000的数据还应结合事故现场的实际情况如泄漏量、泄漏压力、泄漏形成的释放池面积、周围建筑或树木情况以及当时风速等进行修正：

a. 如泄漏物质发生火灾时，中毒危害与火灾、爆炸危害相比就处于次要地位，应增加大量泄漏的疏散距离；

b. 如有数辆罐车、储罐、或大钢瓶泄漏，应增加大量泄漏的疏散距离；

c. 如泄漏形成的毒气云从山谷或高楼之间穿过，因大气的混和作用减小，疏散距离应增加；

d. 白天气温逆转或在有雪覆盖的地区，或者在日落时发生泄漏，在这类气象条件下污染物的大气混和与扩散比较缓慢（即毒气云不易被空气稀释），会顺下风向飘得较远。如伴有稳定的风，也需要增加疏散距离；对液态化学品泄漏，如果物料温度或室外气温超过30℃，疏散距离也应增加。

要注意ERG 2000数据中以下标记的含义：

a. 少量泄漏：小包装（<200L）泄漏或大包装少量泄漏。

b. 大量泄漏：大包装（>200L）泄漏或多个小包装同时泄漏。

c. +指某些气象条件下，应增加下风向的疏散距离。

这个参考数值，只能为处理化学事故时提供一个初始的界定范围，随着事故的演变、风向的变更及周边的即时检测数据的变化要及时进行相应的调整或校正。见表5-5。

表5-5 疏散距离

UN化学品名称	少量泄漏（<200L）			大量泄漏（>200L）		
	紧急隔离	白天疏散	夜间疏散	紧急隔离	白天疏散	夜间疏散
1005氨（液氨）	30m	0.2km	0.2km	60m	0.5km	1.1km
1017氯气	30m	0.3km	1.1km	275m	2.7km	6.8km
1053硫化氢	30m	0.2km	0.3km	215m	1.4km	4.3km

5.5.4.4 疏散方向

有毒有害气体泄漏的事故现场，人员的疏散在选择方向时，要选取上风向；如遇到森林火灾时，要选择上风向，突破火区。一定要做到逆风而撤。

5.5.4.5 疏散线路

疏散线路的设计要最短化，线路呈直线型，或呈“L”型；疏散线路的选择要最优化，既要保障人员选择不同的疏散通道及时快速疏散，又要不造成人员选择同一个疏散通道，造成拥挤，发生踩踏事故。

5.5.4.6 疏散通道

疏散通道、疏散楼梯、安全出口、紧急出口、排烟设施等，在非事故状态下，要保证通道畅通无阻，通道的数量、通道的宽度等要符合规范。

5.5.4.7 疏散标识

疏散指示牌、应急指示灯、紧急出口标识，在非事故状态及事故状态下均要醒目，易于辨识。安装的高度、数量严格按照建筑规范要求执行。

5.5.4.8 疏散组织

在事故预案中，组织实施是重中之重；非事故状态下，对于人员集中的公共场所要进行定期的事故疏散的演练实施，其中要突出疏散的组织实施。做到有组织、有秩序地进行人员的疏散。

5.5.4.9 疏散安全

众多火灾案例表明，火灾烟气毒性、缺氧使人窒息以及辐射热是致人伤亡的主要因素。

人员的恐慌等因素也可造成人员的危险。这些都是影响疏散安全的不安全因素。

要保障疏散安全，就必须避免、排除、控制下列因素。

（1）疏散时烟气毒性

烟气毒性是火灾中影响人员安全疏散和造成人员死亡的最主要因素，也即造成火灾危险的主要因素。

疏散设施中的排烟设施应发挥作用。同时，疏散人员佩戴场所中配置的个体防护器具（过滤式防毒面具、空气呼吸器、氧气呼吸器、逃生器等）；没有时，可制作简单的个体防护器具，用毛巾、工作帽、工作服等在洁净的水中浸湿，捂住口鼻；疏散撤离时，如遇到大量烟雾，采取低体位或爬行进行撤离。

（2）疏散时缺氧

研究表明：空气中氧气的正常值为21%，当氧气含量降低到12%~15%时．便会造成呼吸急促、头痛、眩晕和困乏，当氧气含量低到6%~8%时，便会使人虚脱甚至死亡。

佩戴个体呼吸防护器具（空气呼吸器、氧气呼吸器、逃生器）即可避免缺氧窒息。

（3）疏散时热辐射

人体在短时可承受的最大辐射热为215kW/m^2（烟气层温度约为200℃）。

人撤离必须穿越火区时，可用水浇湿全身，并同时用浇湿的被子裹住身体，避免被火烧伤。消防人员、事故处置人员必须着避火服、进入火区着隔热服，以防被火烧伤。

（4）疏散时心里恐慌

人员的恐慌等因素也可造成危险。如人群得到了不确实的情报，使人群笼罩在共同的不安中，当人员密度进一步加大，更造成人们感情的单一化，使人做出不顾一切、丧失理智的行为，最终导致人群失去控制的状态。这种人群恐慌同样是疏散的危险。研究发现，当人群密度接近4人/m^{2}时，人群就容易出现危险。

人口集中的公共场所定期举行事故状态下的人员疏散撤离，通过演练和有效的组织，减轻和控制人群的恐慌心理，避免疏散撤离时因人员的拥挤踩踏造成不必要的人员伤害。

（5）人在疏散中的危险临界条件

根据2000年6月日本工程部颁布的《关于安全疏散和结构耐火性能的“性能化”评估方法》中关于这个临界条件的确定方法，即以烟气层距地板的高度S满足关系：$S=1.6+0.1H$（H为楼板高度，m）时，认为达到危险状态。

5.5.4.10 疏散设计

建筑火灾疏散安全设计的根本目的就是保证建筑中所有人员在火灾时的安全，这个目标将随着人们对火灾认识的提高以及科技的进步、性能化设计方法的不断完善和更好的评估工具的开发，得到更好地实现。

性能化安全疏散设计就是指根据建筑的特性及设定的火灾条件，针对火灾和烟气传播特性的预测及疏散形式的预测，通过采取一系列防火措施，进行适当的安全疏散设施的设置、设计，以提供合理的疏散方法和其他安全防护方法，保证建筑中的所有人员在紧急情况下迅速疏散，或提供其他方法以保证人员具有足够的安全度。

性能化疏散设计，引入了设计火灾的概念，提出了疏散安全的功能，要求“建筑中的所有人员在设计火灾情况下，可以无困难和无危险地疏散至安全场所”。由此，建筑安全疏散的性能要求可分解为以下几个方面：在疏散过程中，建筑中的人员应不受到火灾中的烟气和火焰热的侵害；从建筑的任何一点至少有一条可利用的通向最终安全场所的疏散通道；对于不熟悉的人员应能容易找到安全的疏散通道；在门和其他连接处前不发生过度的滞留或排队现象。

如果一项建筑疏散设计通过一定的工程措施满足了以上的各项要求，即使某一部分不满足原有的规格标准，同样认为该设计是合理的，这也就是同常规安全疏散设计方法的差别所在。安全疏散设计同许多因素相关联，如建筑的类型和功能，人员的组成和特性，人员密度及分布情况，火灾探测报警的设置情况，防火灭火设施的设置情况等等，因此，安全疏散是一个非常复杂的系统，特别是人员的心理和行为能力对疏散安全的影响等，一直是国际上众多科研机构关注的问题。如何判定一项建筑疏散设计是否达到了功能和性能要求，就需要评估的方法(或工具)的支持，因此基于性能化的疏散设计规范中不但包含了性能要求，还包括其评估方法(或工具)。

5.5.4.11　疏散评估

疏散评估包括工程方面、人的心理、人的行为方面的评价。

疏散评估方法由火灾中烟气的性状预测和疏散预测两部分组成，烟气性状预测就是预测烟气对疏散人员会造成影响的时间。众多火灾案例表明，火灾烟气毒性、缺氧使人窒息以及辐射热是致人伤亡的主要因素。其中烟气毒性是火灾中影响人员安全疏散和造成人员死亡的最主要因素，也即造成火灾危险的主要因素。

预测烟气对安全疏散的影响成为安全疏散评估的一部分，该部分应考虑烟气控制设备的性能以及墙和开口部对烟的影响等；通过危险来临时间和疏散所需时间的对比来评估疏散设计方案的合理性和疏散的安全性。疏散所需时间小于危险来临时间，则疏散是安全的，疏散设计方案可行；反之，疏散是不安全的，疏散设计应加以修改，并再评估。

安全疏散评估的核心就是对比烟气层下降到临界高度的时间与人员疏散时间。应计算相应的疏散时间 T_e 及空间充满烟气时间 T_{smoke}，当满足 $T_e<T_{smoke}$ 时，疏散设计才是合理的。

$$T_e = T_{start} + T_{move}$$

式中　T_e——疏散时间；

T_{start}——开始疏散时间；

T_{move}——人员逃生时间。

值得指出的是，基于目前人们对火灾及火灾时人员安全疏散的认识，疏散安全评估也仅是对其中的一部分情况进行工程模拟、计算和判断，而对于人员的心理和行为特性等重要因素的考虑尚有待于进一步的研究。

事故状态下的安全、有效、快速疏散，涉及事故数学模型的建立、工程设计规范、工程设计，安全疏散评价(评估)、安全疏散的组织实施、安全疏散指示系统等方方面面的工作，因此，必须进行系统考虑，科学计算。只有安全疏散的各项措施落实到位，进行经常性模拟火灾事故状态下疏散演练，才会将事故状态下的人员伤害减少到最低限度。

5.6　危险化学品企业防灾减灾

5.6.1　防灾减灾指导思想、总目标

某石化企业在长期与自然灾害的斗争中积累了丰富的经验，制定了“预防为主，防治结合”，“防救结合”等一系列方针政策。

(1) 抗震减灾的指导思想

坚持“预防为主，平震结合，常抓不懈”的方针。坚持“突出重点、兼顾一般、摸清底数、分轻重缓急做好抗震鉴定加固和设防工作”的原则。尽早实现各单位具备“小震(低于地震设防烈度)不坏、中震(等同于地震设防烈度)可修、大震(高于地震设防烈度)不倒”抗震能力的目标。

(2) 防汛抗灾的指导思想

坚持“安全第一，常备不懈，以防为主，全力抢险”的方针。防洪工作实行全面规划、统筹兼顾、预防为主、综合治理；遵循团结协助、局部利益服从全局利益、“建重于防、防重于抢”的原则。

(3) 防台风抗灾的指导思想

实行“安全第一，常备不懈，以防为主，全力抢险”的方针，遵循团结协作和局部利益服从全局利益的原则。

(4) 防灾减灾工作的总目标

从基本国情出发，中国既难以像一些人口密度低的国家那样采取严厉限制向灾害高风险区发展的策略，也无力在短期内大幅度增加投资来降低灾害的风险度。针对某石化企业自然灾害的基本特点与保障社会、经济可持续发展的需要，加强防灾减灾工作的总目标是：

a. 建立与社会、经济发展相适应的自然灾害综合防治体系，综合运用工程技术与法律、行政、经济、管理、教育等手段，提高减灾能力，为社会安定与经济可持续发展提供更可靠的安全保障；

b. 加强灾害科学的研究，提高对各种自然灾害孕育、发生、发展、演变及时空分布规律的认识，促进现代化技术在防灾体系建设中的应用，因地制宜实施减灾对策和协调灾害对发展的约束；

c. 在重大灾害发生的情况下，努力减轻自然灾害的损失，防止灾情扩展，避免因不合理的开发行为导致的灾难性后果，保护有限而脆弱的生存条件，增强全社会承受自然灾害的能力。

(5) 法规及有关文件

① 抗震减灾法规及文件

a. 破坏性地震应急预案；

b. 抗震减灾工作管理规定；

c. 抗震加固工程管理规定；

d. 企业抗震减灾规划编制规定；

e. 中华人民共和国防震减灾法(98.3.1)；

f. 国家建设部1997年215号、216号文件。

② 防汛抗灾法规条例

a.《中华人民共和国水法》；

b.《中华人民共和国水土保持法》；

c.《中华人民共和国防汛条例》；

d.《中华人民共和国河道管理条例》；

e.《中华人民共和国水库大坝安全管理条例》；

f.《防汛抗灾管理规定》；

③ 防台风抗灾法规条例

《防台风抗灾管理规定》。

5.6.2 加强灾害管理，建立防灾减灾体系

(1) 加强灾害管理

灾害管理是政府、有关单位与社会集团为防灾、减灾所进行的一系列立法、规划、组织、协调、干预和工程技术活动的总和，贯穿防灾活动的全过程，是社会减灾行动系统的中枢。

自然灾害的发生，一般具备灾害源、灾害载体和受灾体三个条件，包含自然与人为两方面因素。自然灾害的可管理性，体现在通过科学地规划与协调人类的活动，在顺乎自然规律的前提下，发挥人类的积极作用，有可能消除、削弱或回避灾害源，调节、控制或疏导灾害载体，保护、转移受灾体或提高受灾体的承灾能力，减少人为因素诱发的灾害源，达到减轻自然灾害损失的目的。

灾害管理水平的提高有赖于灾害管理体制的健全。某石化企业现有的防灾减灾体系与发达国家相比，对自然灾害的综合管理水平有较大差距，灾害管理体系与制度建设，以及协调运作机制均有必要加强。

加强灾害管理，首先是在内部健全灾害管理机制，健全有关灾害管理的内部制度，培养企业领导与员工的减灾防灾意识，保证企业能够健康运行。参与企业所在社区以及地方的防灾减灾工作，与地方政府的有关部门和社区组织形成紧密的信息沟通机制和救灾防灾合作机制，互相支持，增强合力，在社区和地方范围内减轻灾害的风险。关注对于重大灾害的紧急支援，当某些地方出现特大自然灾害并且灾区人民出现较大困难的时候，较为有条件的企业与政府有关部门合作，参与及时救援及恢复重建等项工作，是企业文化建设和企业社会责任的生动体现，也是企业形象的最好展示。

(2) 加强防灾减灾体系建设，减轻自然灾害损失

防灾减灾体系是人类社会为了消除或减轻自然灾害对生命财产的威胁，增强抗御、承受灾害的能力，灾后尽快恢复生产生活秩序而建立的灾害管理、防御、救援等组织体系与防灾工程、技术设施体系，包括灾害研究、监测、灾害信息处理、灾害预报、预警、防灾、抗灾、救灾、灾后援建等系统，是社会、经济持续发展所必不可少的安全保障体系。

80年代以来，中国不仅自然灾害总损失在增加，受灾面积也在增加，反映了防灾体系已与社会经济发展需要不相适应，必须大力加强灾害综合防御体系的建设。

(3) 减少人为因素诱发、加重的自然灾害

现代社会中自然灾害不断加重的趋势与人类活动的影响密切相关。森林减少与土地资源的过度开垦是加重水土流失及滑坡、泥石流等山地灾害，加速河道、湖泊的淤积和导致调蓄洪水的能力降低以及洪旱灾害频繁发生的主要原因。地下水资源的过量开采，导致地面沉降、海水入侵、城市防洪工程标准降低、内涝加重等一系列问题。

灾害高风险区人口、资产密度的提高，是灾害损失增加的重要原因。然而，灾害高风险区的开发在中国是不可回避的。经济发展既可能加重灾害威胁，又增加了防灾抗灾的能力，因此探讨发展规模、发展方式与防灾减灾保护措施的相互协调是最重要的。

加强区域规划和开发建设项目的灾害影响评价。评价内容包括：

a. 开发建设项目是否对其周围环境引发灾害性后果；

b. 项目实施区域周围的环境是否对开发建设项目有潜在的灾害影响；

c. 重大工程设施设计标准、抗灾能力与保护措施的是否经济合理。

研究人类活动及其造成的环境破坏与各种自然灾害的相关关系：

a. 地下水超采与各种自然灾害的相关关系；

b. 大型工程建设与各种自然灾害的相关关系。

研究人为因素引起的未来自然灾害的演变特征及防御对策：

a. 油气田开发引起的地震、火、水、风、地面沉降等各种灾害的演变特征及防御对策；

b. 探讨通过调整人类活动方式或减缓人类活动强度，减少未来自然灾害发生频率的可能性和减轻其危害的途径。

c. 加强与世界各国石化行业的交流与合作，认真汲取世界的经验和教训。

5.6.3 危险化学品企业的防灾减灾规划

危险化学品企业防灾减灾规划的基本目标：逐步提高企业的综合防御能力，最大限度地减轻次生灾害，保障企业在遭到突发性的自然灾害袭击时，职工家属生命财产安全和生产建设的顺利进行。为此，编制防灾减灾规划应包括：防灾减灾规划纲要，灾前预防规划，灾时抢险救灾计划，灾后恢复，破坏性灾害应急预案等。不同企业，根据企业所在地的地理位置及可能遭遇的灾害类型，编制相应的减灾规划。

5.6.3.1 危险化学品企业抗震减灾规划

地震不仅可能造成危险化学品企业直接的灾害损失，还会造成更大范围、更大强度的次生灾害。大火、放射性物质及有毒气体泄漏，腐蚀性物质污染饮水等，会造成更多人员的伤亡。据有关资料显示，震灾后由于次生灾害造成的人员伤亡有可能等于或大于直接伤亡人数。因此对于危险化学品企业的防灾减灾措施要更为得当。

我国抗震减灾的总目标：“在遭遇相当于地震基本烈度的破坏时，能切实保障城市要害系统的安全，保障震后人民生活的基本需要；城市生命线工程应基本不受影响，重要工矿企业和关系到国计民生的关键部门不致严重破坏可迅速恢复生产；对可能引起次生灾害的重要设施不致产生严重后果；对量大、面广的居住建筑和重要公共建筑、指挥部门不致造成严重破坏或倒塌”。

企业抗震减灾的基本目标是：提高企业综合抗震减灾能力，使企业在遭遇相当于基本烈度或设防烈度的地震影响时，减免次生灾害的发生或有效地抑制次生灾害的蔓延，关键生产装置和重要部位不遭受比较严重的破坏，能正常或较快恢复生产，职工生活基本正常。

按照国家规定，位于基本烈度六度及六度以上地区的危险化学品企业，均要制定抗震减灾规划并纳入本地区的总体规划。在制定抗震减灾规划时应注意因地制宜，有所侧重。

抗震减灾规划，主要包括以下几个方面的内容：

（1）抗震减灾规划纲要

这是该规划的指导性文件，主要包括：企业现状和减灾能力，地震危险分析，地震对本企业的影响及危害程度，规划的指导思想、目标和措施，规划的主要内容和依据等。

（2）震前预防规划

a. 工程抗震规划。工程抗震规划内容包括原有工程设施、建(构)筑物和设备的抗震能力的鉴定与加固计划，新建项目的抗震设防与关键要害部位的确保计划。

b. 生命线工程的保障计划。生命线工程的保障计划包括交通、通信、供电、供排水、液化气、暖气、医疗、消防等系统的抗震能力和减灾措施、计划等。

c. 预防和控制次生灾害计划。预防和控制次生灾害计划包括火灾、水灾、溢毒、爆炸、放射性辐射及尘埃污染、细菌蔓延和海啸等次生灾害的危险程度的预测与减灾措施计划等。对强震区内的石化基地，要重点研究其遭受7级以上大震袭击的可能性预警以及预案，在规划输油输气管线及炼厂选址时，要结合考虑可能的震灾影响。1965年日本新泻7.4级地震发生在日本学者用概率方法作出的地震区划图中发生大震可能性较小的地区，然而大震发生了。1999年土耳其伊兹米特大震倒是发生在20年前就粗略预料到可能发生强震的地区，并进行国际合作进行研究，但因经费不足后撤销了该项研究，然而地震终于在后来发生了。以上经验教训告诉我们，不能只靠一张地震烈度区划图进行石化基地抗震建设，还要重点进行大震预报的研究。如有大震的可能，就要进行防震措施。

d. 场地利用规划。企业发展和改造的场地利用规划，应根据地震危险性分析、地震区划、场地区划和震害预测，划分出对抗震有利和不利区域范围，不同地段适宜于建筑的结构类型、建筑层数和不宜进行工程建设地段；各种地段的地震影响及破坏程度的预测；了解处在活动断层的情况及地震的可能性，根据地区地质、地形地貌和各种环境因素划分出可能出现滑坡、崩塌、震陷、液化、水患、泥石流和地基失效等不利抗震地段。选择石化工业建筑基地要好。经验数据表明，好的地基比差的地基在地震时的破坏程度上要低1到2度(按地震烈度表划分)。

e. 疏散和避难规划。人员的应急疏散和撤离规划应认真地划分出各厂、各车间、各系统、各家属区居委会的避震地点，疏散通道、防灾避难场地应预前指定。

f. 物资储运计划。抢险救灾物资储运计划包括生产系统、生命线工程的要害部位、生活必须品、医疗救护等抢险救灾物资的储备和运送计划。

g. 技术培训计划。抢险救灾技术培训计划，包括地震时处在各种场所、各种状态下人员的临震避难技术、群众的自救互救技术、灾情控制技术、被压埋人员和困在火、毒气危险现场的遇难者的抢救与医疗技术、交通、通讯、供电、供水等生命线工程的抢修技术及治安管理诸方面的培训和演习计划。

(3) 震时抢险救灾计划

震时抢险救灾计划主要包括震前的应急措施、人员自救互救技术和破坏性地震应急预案。

a. 震前的应急措施和企、事业单位在震时的应急措施

建立震前的抗震组织机构；配备通讯器具和交通车辆，临震前，机动车辆不准进库房，应备足油料，驾驶员坚守岗位，车辆停放在规定地点待命；贮备抗震救援物资，包括临震前贮备好充分的食品，利用一切可贮容器、设施，准备生活、消防用水；临震前，拆除危险建筑物，装饰性建筑物及悬挂物；注意地震前兆(地光、地声、动物反常等)，预感地震发生时，应从容不迫，果断地采取应急措施；紧急撤离时，要相互照顾，有秩序、迅速地按抗震防灾应急预案进行；临震时一旦确感地震即将发生，应立即关闭供水、供暖、供气系统的阀门和切断电源，消灭一切火源。

b. 个人或家庭在震时的应急措施

平时要学习和掌握抗震防灾的知识，在震时保持清醒的头脑，运用避震和自我防护方法，果断地采取正确避险措施；平时准备一个有手电筒、水、食品、药品的急救箱，以备地震时应急使用；掌握关闭煤气、电灯、水等方法，楼层内备放一个或多个灭火器；在电话机

旁明示医院、消防队和公安局的电话号码；将那些在地震时可能翻倒的书架及一些重家具固定在墙上；将易燃、易爆、有毒等危险品安放在固定式的容器内，减少次生灾害发生的可能；要清楚疏散通道，并确定震后家人集中的地点；疏散通道一旦遭到破坏要立即修复，便于人员疏散和援救人员出入；在个人衣袋里装有家庭成员名单及本人血型、工作单位等基本情况的卡片或笔记本，以便震后的救护工作，此外还应备放一台半导体收音机，地震后可及时了解政府的通告和震情的发展动态。

c. 人员自救互救

遇震时，应保持冷静，避免慌乱，正确利用身边的避险环境，进行自我防护，要求避震和防护行动果断，力戒犹豫。通常地震发生至房屋的倒塌间隔时间有十几秒钟，因此，可以充分利用这个时间差，采取果断的措施就近躲避。此外，在紧急避险后，为了防止更大的地震或余震的袭击，人们要立即撤离现场，疏散到指定的安全地方，直到震情解除。地震时人们应根据当时的情况和环境作出相应的对策。

(4) 震后恢复

地震后，应集中力量尽快恢复正常的生产、生活秩序，为全面恢复生产、重建家园做好各项工作。安排好职工家属的生活，把解决居民生活的问题放在首位；立即对所有生产装置进行普查，分清受灾严重和较轻的装置，组织列出修复和复工计划，以最快的速度为恢复生产创造条件；经过检修后在公司(总厂)的统一指挥下，尽快组织开车生产；同时还要搞好火灾评估、卫生防疫、社会治安、生活保障、重建家园等一系列工作。

编制抗震减灾规划要注意的问题：

a. 分析危险部位和预测震害程度

必须首先对企业的地质、系统工程、生产装置等资料进行分析，按基本烈度，分别找出防御地震灾害的薄弱环节和存在问题。然后再综合分析判断震时可能出现的危险部位，预测可能发生的震害及次生灾害(如滑坡、塌方、震陷、地裂、跑水、漏油、漏气、泄毒、着火、爆炸、放射性辐射等)和可能造成的人员伤亡。

b. 分层次编写规划

在危险分析及灾害预测基础上，结合已有的防御措施，确定防止和减轻地震灾害的对策，编制出切实可行的抗震减灾规划。规划可分层次编写，属于企业综合性的称规划；专业性的称对策；车间(或装置)的称为应急措施。规划可采用文字和图表相结合的表达形式，文字简练，说明问题，具有科学性、指导性及普及性，便于实施。

5.6.3.2 危险化学品企业防汛减灾规划

防汛抗灾的目标：达到当地设防标准；防大汛、抗大灾。使企业在遭遇特大洪水或设防标准时，减免次生灾害的发生或有效地抑制次生灾害的蔓延，关键生产装置和要害部位不遭受比较严重的破坏；保障企业生产建设顺利进行，保护国家财产和职工、家属生命财产安全。

企业应认真贯彻执行国家、当地政府和集团公司颁布的有关法令、方针和政策，编制防汛抗灾工程规划，在编制“规划”时，应注意因地制宜，有所侧重。防汛抗灾工程规划，主要包括以下几个方面的内容：

(1) 防汛抗灾工程规划纲要

这是该规划的指导性文件，主要包括：企业防洪治涝工程现状和存在问题，企业在超标准水位时排洪治涝的对策和措施，在同时遭遇其他灾害时的应急措施，完成地方政府分配给企业的防洪治涝工程项目，落实经费及时间等。

（2）汛前预防措施规划

汛前预防工作坚持以防为主，平汛结合，防重于抢的原则，立足于防大汛、抗大灾，打有准备之仗。

a. 工程抗洪规划。工程抗洪规划内容包括原有工程设施、建(构)筑物和设备的抗洪能力的鉴定与加固计划，新建项目的抗洪设防与关键要害部位的确保计划。对企业所辖范围内阻碍排洪排涝的临时建(构)筑物、工棚料舍、陈旧危房和设施，一律限期拆除。

b. 生命线工程的保障计划。生命线工程的保障计划包括交通、通信、供电、供排水、液化气、暖气、医疗、消防等系统的抗洪能力和减灾措施、计划等。

c. 预防和控制次生灾害计划。预防和控制次生灾害计划包括火灾、水灾、溢毒、爆炸、放射性辐射及尘埃污染、细菌蔓延和海啸等次生灾害的危险程度的预测与减灾措施计划等。

d. 疏散和避难规划。人员的应急疏散和撤离规划应认真地划分出各厂、各车间、各系统、各家属区居委会的避洪地点，疏散通道、防灾避难场地应预前指定。

e. 物资储运计划。抢险救灾物资储运计划包括生产系统、生命线工程的要害部位、生活必须品、医疗救护等抢险救灾物资的储备和运送计划。

f. 技术培训计划。抢险救灾技术培训计划，包括群众的自救互救技术、灾情控制技术、被压埋人员和困在火、毒气危险现场的遇难者的抢救与医疗技术、交通、通讯、供电、供水等生命线工程的抢修技术及治安管理诸方面的培训和防汛抗灾抢险演习计划。

（3）汛期防汛抗灾规划

a. 根据当地政府发布的汛期范围及所在地的设防水位、洪涝汛情、风暴潮和暴雨情况，确定本企业的汛期及是否进入防汛紧急状态。

b. 做好在汛情紧急的情况下，调用防汛抗灾急需物质、设备、交通运输机具和人力，保证安全生产的应急措施的规划。

（4）汛期抢险救灾规划

汛期抢险救灾规划主要是汛期抢险救灾的应急措施。

a. 遭受洪涝灾害时，企业防汛救灾组织要及时上报汛情并作好防汛抗灾的组织工作，协调和指挥抢险救灾。

b. 组织险区群众撤离到安全地带，紧急撤离时，要相互照顾，有秩序、迅速地按防汛抗灾预案进行；安排好险区群众的生活，保证医疗卫生条件，作好巡逻保卫等工作。

c. 对关键装置和要害部位、生命线工程、化学危险品库和储罐要加强检查、监护。由于洪涝造成的化学危险品溢出和泄漏，应立即上报有关部门。同时企业应采取积极抢护措施。

d. 企业灾情严重，抢险救灾力量不足时，应及时向当地政府、驻军、武警部队和兄弟单位求援，同时上报集团公司。

（5）灾后恢复

洪水过后，应集中力量尽快恢复正常的生产、生活秩序，为全面恢复生产、重建家园做好各项工作。安排好职工家属的生活，把解决居民生活的问题放在首位；立即对所有生产装置进行普查，分清受灾严重和较轻的装置，组织列出修复和复工计划，以最快的速度为恢复生产创造条件；同时还要搞好火灾评估、卫生防疫、社会治安、生活保障、重建家园等一系列工作。

另外，应按照国家统计部门和集团公司关于洪涝灾害统计报表的要求，会同当地水行政部门、保险公司和集团公司保险部门统计、核实洪涝灾情，并及时上报。

编制防汛抗灾规划应注意的问题：

a. 编制企业防汛抗灾规划要与所在地区防洪治涝和城市建设规划相结合；与本企业发展规划相结合；与企业安全生产和其他抗灾防灾相结合；实行工程措施与非工程措施相结合。特别要处理好外洪和内涝的关系，不断提高企业防汛抗灾能力。

b. 规划应征得所在地水行政部门同意后组织实施，企业防汛抗灾组织应定期检查规划实施情况。

5.6.3.3　危险化学品企业防台风减灾规划

防台风抗灾的目标：防台风、抗大灾。使企业在遭遇台风或特大台风时，减免次生灾害的发生或有效地抑制次生灾害的蔓延，关键生产装置和要害部位不遭受比较严重的破坏；保障企业生产建设顺利进行，保护国家财产和职工、家属生命财产安全。

企业应认真贯彻执行国家、当地政府和集团公司颁布的有关法令、方针和政策，编制防台风抗灾工程规划，在编制"规划"时，应注意因地制宜，有所侧重。防台风抗灾工程规划，主要包括以下几个方面的内容：

（1）防台风抗灾工程规划纲要

这是该规划的指导性文件，主要包括：企业防台风工程现状和存在问题，企业的对策和措施，在同时遭遇其他灾害时的应急措施，完成地方政府分配给企业的防台风工程项目，落实经费及时间等。

（2）台风前预防措施规划

台风前预防工作坚持以防为主，防重于抢的原则，立足于防大台风、抗大灾，打有准备之仗。

a. 建立健全防台风抗灾指挥机构，及时做好机构人员的调整和补充。

b. 工程抗台风规划。工程抗台风规划内容包括原有工程设施、建（构）筑物和设备的抗台风能力的鉴定与加固计划，新建项目的抗台风设防与关键要害部位的确保计划。对企业所辖范围内阻碍排台风的临时建（构）筑物、工棚料舍、陈旧危房和设施，一律限期拆除。

c. 生命线工程的保障计划。生命线工程的保障计划包括交通、通信、供电、供排水、液化气、暖气、医疗、消防等系统的抗台风能力和减灾措施、计划等。

d. 预防和控制次生灾害计划。预防和控制次生灾害计划包括火灾、水灾、溢毒、爆炸、放射性辐射及尘埃污染、细菌蔓延和海啸等次生灾害的危险程度的预测与减灾措施计划等。

e. 疏散和避难规划。人员的应急疏散和撤离规划应认真地划分出各厂、各车间、各系统、各家属区居委会的避台风地点，疏散通道、防灾避难场地应预先指定。

f. 物资储运计划。备足、储存好各类防台风抢险物资、设备、运输车辆等，保证做到按需调用。抢险救灾物资储运计划包括生产系统、生命线工程的要害部位、生活必须品、医疗救护等抢险救灾物资的储备和运送计划。

g. 技术培训计划。抢险救灾技术培训计划，包括群众的自救互救技术、灾情控制技术、被压埋人员和困在火、毒气危险现场的遇难者的抢救与医疗技术、交通、通讯、供电、供水等生命线工程的抢修技术及治安管理诸方面的培训和防台风抗灾抢险演习计划。大力宣传防台风抗灾工作的重要意义，克服麻痹思想和侥幸心理，树立防大灾、抗大灾的思想预备。

h. 定期修订、补充"防台风抗灾抢险应急预案"。

(3) 台风期防台风抗灾规划

a. 根据当地政府发布的台风期范围及所在地的设防水位、台风风情、风暴潮和暴雨情况，确定本企业的台风期及是否进入防台风紧急状态。

b. 做好在台风情紧急的情况下，调用防台风抗灾急需物质、设备、交通运输机具和人力，保证安全生产的应急措施的规划。

(4) 台风期抢险救灾规划

台风期抢险救灾规划主要是台风期抢险救灾的应急措施。

a. 企业遭受台风袭击，应及时向上级单位和当地政府主管部门报告受灾、抢险和损失情况并作好防台风抗灾的组织工作，协调和指挥抢险救灾。企业防台风抗灾指挥部应随时与水文、气象部门保持联系，把握热带风暴(台风)的动态，当达到或超过企业所在地风暴潮的设防标准时，企业防台风抗灾指挥部应启动“防台风抗灾应急预案”，组织抢险。

b. 组织险区群众撤离到安全地带，紧急撤离时，要相互照顾，有秩序、迅速地按防台风抗灾预案进行；安排好险区群众的生活，保证医疗卫生条件，作好巡逻保卫等工作。

c. 对关键装置和要害部位、生命线工程、化学危险品库和储罐要加强检查、监护并采取积极的防范措施。由于台风造成的化学危险品溢出和泄漏，应立即上报有关部门。同时企业应采取积极抢护措施。

d. 企业若抢险力量不足时，应及时向当地政府、驻军、武警部队和兄弟队伍求援，同时上报主管上级部门。

(5) 灾后恢复

台风过后，因受灾造成减产、部分停产、停产的单位，应做好恢复生产工作，减少灾难的损失。做好对受灾职工、家属的生活住房安置、防疫和伤亡人员处理工作。对防台风抗灾中有功的单位和个人应给予表彰和奖励；对在防台风抗灾中玩忽职守，临阵脱逃，挪用、盗窃、贪污防台风抗灾物资钱款，危害防台风抗灾工作的个人给予处罚，触犯法律构成犯罪的移交司法机关依法追究刑事责任。

另外，应按照国家统计部门和上级主管部门关于受灾统计报表的要求统计，核实实情，并及时上报。不应虚报、瞒报。

编制防台风抗灾规划应注意的问题：

a. 编制企业防台风抗灾规划要与所在地区防台风和城市建设规划相结合；与本企业发展规划相结合；与企业安全生产和其他抗灾防灾相结合；实行工程措施与非工程措施相结合。

b. 规划应征得所在地行政部门同意后组织实施，企业防台风抗灾组织应定期检查规划实施情况。

5.6.4 抢险救灾预案的编制

根据“安全第一，预防为主，全员动手，综合治理”的安全生产方针和“预防重于抢救”的要求，各企业都应建立健全防灾抗灾组织及岗位责任制。明确各级工作人员的任务和要求，并针对防灾抗灾工作的特点，建立健全各项规章制度。但只有制度是不够的，还应编制相应的抢险救灾预案，并定期演习，做到遇灾不慌不乱，按预案行事，确保安全，使防灾抗灾工作做到正规化、规范化。

5.6.4.1 破坏性地震应急预案的编制

破坏性地震应急预案主要由总则、预案、启动条件、组织机构、职责与分工、预案的准备工作、地震应急响应的行动组成。

总则是编制本预案的目的和原则。当企、事业所在地区发生破坏性地震，组织机构(见表)预案开始启动。应急指挥系统人员组成：总指挥长一人，副指挥长若干人，指挥部成员若干人，如有二级单位还应有二级指挥系统。建立一个强有力的指挥系统，明确各级机构的任务和职责是企、事业救灾工作的根本保证。

各单位救灾总指挥部主要职责：

① 统一领导本企业的抗震救灾工作；

② 召集紧急会议，向上级政府和主管部门汇报灾情，对企业抗震救灾重大问题进行决策；

③ 组织各基层单位做好避震疏散，协调企业内、外自救互救；

④ 组织指挥救援队伍和各专业队伍，防止和抑制次生灾害的蔓延；

⑤ 调集救灾物资，合理发放救灾物品，安排好职工家属的生活；

⑥ 负责震后搭建临时建筑和防震棚；

⑦ 大力开展宣传教育，制止各种地震谣言，加强治安保卫，保持社会秩序和厂区的安定，密切监视震情，及时向职工群众通报震情；

⑧ 组织恢复生产，重建家园，组织总结抗震救灾工作；

⑨ 负责召集抗震专家做好震后灾害评估工作。

预案的准备工作，分两个阶段。第一阶段为指挥部的确立、通信网络的建立和交通工具的保障。第二阶段为抢险队伍的组织、救灾物资的组织、消防区域治安区域的联防和医疗救护的准备。

地震应急响应也分两个阶段。第一阶段按程序做出如下反应：

① 立即将震情上报企、事业主管单位和集团公司，启动本企业地震应急响应指挥系统，指挥部成员两小时内到位；

② 建立与集团公司及企业所在地有关部门的通信联系；

③ 向集团公司和企业所在地有关部门了解地震震级、发生时间和震中位置、余震情况；

④ 收集震灾初步信息，包括人员伤亡、建(构)筑物倒塌、次生灾害、震灾损失的初步估计等情况，并及时向上级报告；

⑤ 指挥部召集会议，部署、协调、监督和检查各部门的救灾工作，及时通报情况。

第二阶段做出如下反应：

① 在了解地震灾害的情况下，指挥部可相应派出抢险工作组、医疗救护组，做好物资调运等工作；

② 震后两天内，视情况发慰问电，企、事业领导带队，派出慰问团安排职工生活，慰问受灾群众。

5.6.4.2 企业防洪防汛应急预案的编制

(1) 企业炼油化工生产装置防洪抢险预案

炼油化工生产装置内各种物料均属于易燃易爆和有毒有害。如果发生洪灾，洪水冲坏管线损坏设备，造成易燃易爆和有毒有害物料泄漏，就会产生很大的危险和灾害。各生产装置必须制订有关防洪抢险预案，针对不同程度的、不同情况的洪灾、采取不同的抢险措施。

① 报告

当企业可能发生或已经发生汛情和洪水造成重大破坏时，应按照应急报告的程序向企业应急指挥中心办公室报告，至少但不限于以下内容：

a. 汛情和洪水发生的单位、地理位置；

b. 发生或可能发生的时间、水量大小；

c. 人员伤亡情况；

d. 石油化工设施被破坏情况；

e. 建(构)筑物破坏情况；

f. 火灾爆炸发生情况；

g. 有毒有害物质的泄漏情况；

h. 现场气象状况；

i. 周边居民分布状况及疏散情况；

j. 道路交通管制情况；

k. 现场物资储备情况；

l. 应急人员及器材器具到位情况；

m. 救援请求等。

② 启动条件

a. 发生汛情和洪水并造成重大破坏；

b. 根据预警情况必须启动；

c. 二级单位请求启动。

③ 现场应急指挥部组成

指　挥：企业总经理

副指挥：各专业主管副(总)经理

成　员：主管行政的总经理助理、主管生产副总工程师、主管机动副总工程师、主管电仪副总工程师；生产管理部、机械动力部、安全监察部、环境保护部、行政管理部、综合管理部等各专业部门部长及生产、机动、安全等各专业部门有关人员等

在汛期，企业各单位各级防汛指挥部，要落实防汛责任制，启动有关防洪抢险预案，调动和使用防汛物资，保证通信联络畅通，组织好抢险队伍和抢险机具。

企业防汛指挥部领导成员职责分工(略)。

企业机关各部室防汛职责：

生产管理部负责直属企业的生产指挥、装置运行，负责和直属企业各专业部室、各二级防汛指挥部业务联系，负责迅速了解、收集和汇总汛情，并及时向直属企业防汛指挥部汇报。

安全监察部负责直属企业生产装置的安全监察、事故预防、事故处理和抢险、事故分析的。

机械动力部负责直属企业生产装置的抢险和抢修工作。

保卫武装部负责直属企业生产装置和公共设施的保护、厂内交通安全、职工人员的人身安全。

工程管理部负责直属企业生产装置和公共设施的抢险抢修工作。

行政管理部负责直属企业生活区域和后勤生活保障工作。

④ 预警

对于可能发生的汛情和洪水预警如下：

应急指挥中心办公室接到政府部门汛情和洪水预报或二级单位可能发生的汛情和洪水报告后，立即向应急指挥中心报告，应急指挥中心根据汛情和洪水严重程度、影响大小、危害范围，发出要求生产企业全面做好灾前应急准备、企业相关部门进入预警状态的指令，应急指挥中心办公室下达指令，应开展以下工作：

a. 安全监察部负责向国务院有关部门了解可能汛情和洪水、可能时间和严重程度、震情趋势等情况，分析出发生汛情和洪水的中心区域、灾情的发展趋势和严重性。

应急指挥中心应以“石油化工企业防汛防灾对策”为原则依据，对可能发生的汛情和洪水次生灾害如易燃物引起的火灾、河库溢决造成的水灾、有毒物质逸散所产生的污染、以及社会治安等问题进行评估，制定出汛情和洪水次生灾害的应急对策。

b. 应急指挥中心办公室立即对企业发出汛情发生前停车指令，要求企业按照本企业抗汛防灾对策，采取一切必要的应急措施。

c. 应急指挥中心办公室根据汛情和洪水对企业发出人员疏散指令，要求企业配合当地政府组织人员在洪水到来之前将职工疏散到安全地带。

d. 应急指挥中心办公室立即对企业发出警戒管制指令，要求企业配合当地政府组织人员安排治安警戒和交通管制。

e. 物资装备直属企业组织筹集救灾物资，包括：远红外诊断仪（又称生命探测器）、大型吊车、防毒器具、照明车等抢险机具；帐篷、炊事用具、应急灯、衣被等生活用具；对讲机、喊话器、无线通信、卫星通信等器材和医疗救护器具、药品等，做好物资准备并处于待命状态。

f. 安全监察部负责通知直属企业消防力量，做好支援受灾企业的灭火消防工作准备并处于待命状态。

g. 安全监察部通知有关单位，落实参加医疗救护工作的人员，进入待命状态。

应急指挥中心办公室与受灾企业的卫星通信、调度通信线路保持沟通，随时掌握企业洪灾前处置、汛情和洪水发生情况，并按照“应急报告程序”报告，同时做好启动直属企业应急预案的准备。

对于已经发生但尚未达到启动条件的洪水预警如下：

应急指挥中心办公室接到企业发生的汛情和洪水报告后，立即向应急指挥中心报告，应急指挥中心认为尚未满足启动条件之一时，发出要求相关企业进行自救、直属企业相关部门进入预警状态的指令，应急指挥中心办公室按照“应急指令下达程序”下达指令，并应做好以下工作：

a. 安全监察部负责向当地防汛指挥部了解汛情和洪水情况、汛情和洪水的位置、汛情和洪水的趋势等情况，分析出发生汛情和洪水的中心区域、汛情和洪水的发展趋势和严重性。

b. 应急指挥中心应以“石油化工企业抗汛防灾对策”为原则依据，对洪水的次生灾害如易燃物引起的火灾、河库溢决造成的水灾、风暴潮、有毒物质逸散所产生的污染、以及社会治安等问题进行评估，制定洪水次生灾害的应急对策，指挥对洪水次生灾害的预防和抢险救灾。

c. 应急指挥中心办公室立即对企业发出全面停车指令，要求企业采取一切必要的应急措施。

d. 应急指挥中心办公室立即对企业发出现场无关人员和周边居民疏散指令，要求企业配合当地政府组织人员疏散到安全地带。

e. 应急指挥中心办公室立即对企业发出警戒管制指令，要求企业配合当地政府组织人员加强治安警戒和交通管制。

f. 办公室、物资装备直属企业组织筹集救灾物资，包括：远红外诊断仪（又称生命探测器）、大型吊车、防毒器具、照明车等抢险机具；帐篷、炊事用具、应急灯、衣被等生活用具；对讲机、喊话器、无线通信、卫星通信等器材和医疗救护器具、药品等，做好物资准备并处于待命状态。

g. 安全监察部负责通知区域联防消防力量，做好支援受洪灾企业的灭火消防工作准备并处于待命状态。

h. 安全监察部通知有关单位，落实参加医疗救护工作的人员，进入待命状态.

应急指挥中心办公室与受灾企业的卫星通信、调度通信线路保持沟通，对洪水发展情况随时掌握，并随时报告，满足启动条件之一时，立即建议应急指挥中心启动本预案。

⑤ 上报

企业预警汛情和洪水应急指挥中心办公室接到二级单位发生的汛情和洪水报告，立即向应急指挥中心报告，已经满足启动条件之一时，应急指挥中心总指挥批准启动本预案，应急指挥中心办公室下达启动命令。

应急指挥中心办公室应立即向当地突发公共事件应急委员会办公室报告并请求预警，当灾害难以控制需要请求启动北京市突发公共事件总体预案；

同时，应急指挥中心办公室应根据汛情和洪水灾害发生的情况向上级主管部门报告。

应急指挥中心办公室立即向当地防汛指挥部报告，请求支援。

⑥ 应急行动

企业突发事故（件）应急总预案启动后，应采取以下行动：

a. 应急指挥中心办公室负责与当地驻军保持沟通，要求支援；

b. 应急指挥中心对应急救援重大问题做出决策，包括人员、资源配置、力量调动等；

c. 企业防汛指挥部立即到达洪水灾区现场，评估洪水灾情，指挥抗洪救灾；

d. 办公室、物资装备直属企业根据应急指挥中心办公室的指令，迅速将筹集的救灾物资运往灾区；

e. 安全监察部根据应急指挥中心办公室的指令，立即将消防力量组织调往灾区，支援受灾企业的灭火消防工作；

f. 安全监察部根据应急指挥中心办公室的指令，将参加医疗救护工作的人员以最快的速度派往灾区。

⑦ 现场应急指挥部应急行动

a. 企业防汛指挥部立即进入现场应急指挥状态，开展灾情调查，了解洪水的趋势，研究可能发生的次生灾害的对策。

b. 企业防汛指挥部立即整合各路救援力量，安全高效有序地组织救灾。

c. 企业防汛指挥部立即指挥搜寻可能的生命，组织救人。

d. 企业防汛指挥部立即指挥分发各类救援物资，确保抗洪救灾的需要。

e. 企业防汛指挥部立即指挥组织战地医院，指挥医疗救护工作人员对现场受伤人员进行紧急救治。

f. 企业防汛指挥部立即指挥区域联防消防力量扑救现场火灾。

g. 企业防汛指挥部立即配合当地政府疏散周边的尚未疏散的居民到安全地带。

h. 企业防汛指挥部立即指挥对泄漏物料的清理和处理，防止对环境的污染和破坏。

i. 企业应急指挥中心领导带队，派出慰问团、工作组等。

⑧ 汛情和洪水发生时直属企业防汛指挥部对直属企业各级防汛指挥部的要求

a. 在汛期时，各生产车间干部要加强值班，职工要认真仔细巡检，发现汛情及时汇报。如果汛情和洪水发生在夜间，生产车间值班干部代行防汛指挥职权；及时上报厂防汛指挥部，并组织车间在岗职工做好防洪抢险准备工作。厂防汛指挥部将汛情及时上报直属企业防汛指挥部。直属企业防汛指挥部将汛情及时上报上级主管部门和当地防汛指挥部 。直属企业防汛指挥部根据汛情对生产装置的影响，决定受汛情影响的生产装置是否维持生产，是否生产循环，是否紧急停车；并将有关决定迅速下达。

b. 发生汛情时，如果生产装置局部受到破坏，生产车间领导根据生产装置被洪水破坏程度，组织人员进行抢险处理。汛情较大时，要立即向上一级防汛指挥部汇报。上级防汛指挥部接到汛情报告后，要立即组织抢险队伍和物资装备前去抢险，不得延误。

c. 发生汛情时，各生产装置要按本单位制订的防洪抢险预案进行抢险救灾。岗位操作人员要坚守岗位，服从指挥，稳定操作。物料的退出和排空，阀门的打开和关闭，传动设备的开停等，都要认真仔细操作；严禁超温超压，乱排乱放。岗位操作人员不得临危脱逃。

d. 在汛期，如果发生物料管线断裂物料外泄，岗位人员要立即关闭受损管线阀门，切断电源，切断火源，火速通知消防车到现场掩护。采取有效措施避免着火爆炸，减轻灾害损失。生产装置的原料管线和产品管线受损断裂后，岗位人员要安排好装置安全平稳停车。抢险人员对受损管线进行紧急抢修。当有毒有害物料外泄时，抢险人员必须穿戴好防毒服装和面具才能前去抢险。

e. 在汛期，炼油化工生产装置的供水、供汽、供电、供氮等公用工程系统遇到洪水破坏，各炼油化工生产装置要立即启动本装置防汛预案，保证生产装置安全平稳顺利停车，避免发生着火爆炸事故。

f. 在汛期，各级防汛指挥部必须服从上一级防汛指挥部的命令，必须听从上一级防汛指挥部的指挥，做好本单位的防汛抢险工作。

5.7 自然灾害、极端气象灾害防范措施及应急处置

5.7.1 洪涝灾害

(1) 暴雨自救、防范措施

暴雨预警信号分三级，分别以黄色，橙色，红色表示。

① 暴雨黄色预警信号

6h 降雨量将达 50mm 以上，或过去 6h 降雨量已达 50mm 以上且强降雨(1h10mm 以上的降雨)可能持续。

专家提示：

a. 采取防御措施，保证学生安全；

b. 相关单位做好低洼，易受淹地区的排水防涝工作；

c. 驾驶人员应注意道路积水和交通阻塞，确保安全。

② 暴雨橙色预警信号

3h 降雨量将达 50mm 以上，或过去 3h 降雨量已达 50mm 以上且强降雨可能持续。

专家提示：

a. 暂停户外作业，人员尽可能停留在室内或者安全场所避雨；

b. 交通管理部门应对积水地区实行交通引导或管制；

c. 转移危险地带以及危房居民到安全场所避雨。

③ 暴雨红色预警信号

3h 降雨量将达 100mm 以上，或已达 100mm 以上且强降雨可能持续。

专家提示：

a. 人员应留在安全处所，户外人员应立即到安全地方暂避；

b. 相关应急处置部门和抢险单位随时准备启动抢险应急方案；

c. 医院，学校，幼儿园以及处于危险地带的单位应停课，停业，民众立即转移到安全地方暂避。

（2）洪水自救防范措施

洪水是指由于暴雨或水库溃坝等引起江河水量迅猛增加及水位急剧上涨的自然现象。

应急要点：

a. 突然遭到洪水袭击时，要沉着冷静，并以最快速度安全转移．安全转移要先人员后财产，先老幼病残人员，后其他人员，切不可心存侥幸或救捞财物而贻误避灾时机，造成不应有的人员伤亡。

b. 被洪水围困，有通信条件的，可利用通信工具寻求救援；无通信条件的，要想办法向外界发出紧急求助信号，可制造烟火或来回挥动颜色鲜艳的衣物或集体同声呼救，不断向外界发出紧急求助信号；同时要寻找体积较大的漂浮物等，主动采取自救措施。

c. 当住宅遭受洪水淹没或围困时，应迅速安排家人向屋顶转移，并想办法发出呼救信号，条件允许时，可利用竹木等漂浮物转移到安全的地方。

d. 发现高压线铁塔倾斜或者电线断头下垂时，一定要迅速远避，防止触电。

e. 对于因呛水或泥石流，房屋倒塌等导致的受伤人员，应立即清除其口、鼻、咽喉内的泥土及痰、血等，排除体内污水。

f. 对昏迷伤员，应将其平卧，头后仰，将舌头牵出，尽量保持呼吸道畅通，如有外伤应采取止血，包扎，固定等方法处理，然后转送医院急救。

专家提示：

① 洪水灾害中如何原地待救

水灾的发生，都是灾害能量积累到一定程度的结果，因此在洪水到来前，洪灾区群众应利用这段有限的时间尽可能充分地作好准备。

有条件者可修筑或加高围堤；无条件者选择登高避难之所，如基础牢固的屋顶、在大树上筑棚、搭建临时避难台。蒸煮可供几天食用的食品，宰杀家畜制成熟食；将衣被等御寒物放至高处保存；扎制木排，并搜集木盆、木块等漂浮材料加工为救生设备以备急需；将不便携带的贵重物品做防水捆扎后埋入地下或置放高处，票款、首饰等物品可缝在衣物中；准备好医药、取火等物品；保存好各种尚能使用的通讯设施。

② 洪水将至，应该如何逃生

处于水深在0.7m以上至2m的淹没区内，或洪水流速较大难以在其中生活的居民，应及时采取避难措施。因避难主要是大规模、有组织的避难，所以要注意：

一要让避难路线家喻户晓，让每一个避难者弄清，洪水先淹何处，后淹何处，以选择最佳路线，避免造成“人到洪水到”的被动。

二要认清路标。在那些洪水多发的地区，政府修筑有避难道路。一般说来，这种道路应是单行线，以减少交通混乱和阻塞。在那些避难道路上，设有指示前进方向的路标，如果避难人群未很好地识别路标，盲目地走错路，再往回折返，便会与其他人群产生碰撞、拥挤，产生不必要的混乱。

三要保持镇定的情绪。掌握“灾害心理学”实际上也是一种学问。专家介绍，在一个拥有150万人口的滞洪区，当地曾做过一次避难演习，仅仅是一个演习，竟因为人多混乱挤塌了桥，发生死伤事故。在洪灾中，避难者由于自身的苦痛、家庭的巨大损失，已经是人心惶惶，如果再受到流言蜚语的蛊惑、避难队伍中突然发出的喊叫、警车和救护车警笛的乱鸣这些外来的干扰，极易产生不必要的惊恐和混乱。

③ 哪些是较安全的避难所

避灾专家们认为，避难场所的选择不容忽视。避难所一般应选择在距家最近、地势较高、交通较为方便处，应有上下水设施，卫生条件较好，与外界可保持良好的通讯、交通联系。在城市中大多是高层建筑的平坦楼顶，地势较高或有牢固楼房的学校、医院，以及地势高、条件较好的公园等。

农村的避难场所大体有两类：一是大堤上，但那里卫生条件差，缺少上下水设施，人们只是将洪水沉淀一下、洒些漂白粉直接饮用；加之人畜吃喝、排泄都在这里，生活垃圾堆积，时间一长，极易染上疾病。二是村对村、户对户，邻近村与受灾村结成长期的"对手村"关系。在洪水多发的乡村，政府通过发放卡片方式形成“对手户”。专家自豪地说，这是外国所不具备的，我国人民长期与洪水斗争保留下来的良好传统。

(3) 防洪防汛措施

洪水防范措施：编制防洪防汛预案，并在汛期前做好检查落实工作。学习防洪知识，加强并完善自身环境内的防灾措施，发现异常征兆，如堤坝渗水，出现“管涌”，水位异常猛涨，应及时向有关部门报告。做好防洪准备，准备必要的医疗用品，妥善安置贵重物品，准备必要的衣物、食品、矿泉水，做好自救和救援的准备，将人畜等尽早转移到安全的地方。如被洪水围困，可在屋顶、树上等高处避难。将木料或木制家具捆扎成救生筏使用，施放求救信号，等待救援。如有条件时，要积极援救周围的遇难者。在洪水到达之前，最重要的是选择逃生路线，尽快寻找物体下(旁)、易于形成三角空间的地方，开间小、有支撑的地撤离危险地带，不要徒步涉过水流湍急、水深已过膝的水溪。不能饮用洪流中的污水。即时了解汛期灾情，制定或调整防洪对策。在汛情紧张时期，当天气预报有连续暴雨或有台风袭击时，在易受洪水淹没的低洼、滞洪地带或湖泊、海边、河边的人群，更要提高警惕，随时注意水位的变化，及时了解洪水的情况，采取适当的措施，避免或减轻洪水的危害。

(4) 危险化学品设施应急处置

当发生江河洪水、渍涝灾害、山洪灾害(指由降水引发的山洪、泥石流、滑坡灾害)、风暴潮灾害，以及由洪水、风暴潮、地震、恐怖活动等引发的水库垮坝、江河湖海堤防决口、水闸倒塌等事件造成洪水灾害时，现场应急处置实施原则如下：

a. 采取关闭与切断措施。在洪汛灾害到达前停止拟受灾区域内的生产设施作业，切断工艺流程及电力系统，做好相关保护措施，防止油气泄漏；

b. 全力抢救伤员。组织专业医疗救护小组抢救现场受伤人员，及时清点受灾区域工作点数量、失踪或受困人数，制定营救方案和营救路线；组建抢险救灾突击队，配备机动装备、水陆作业装备等主要装备及各类抢险、救灾、救护、救生器材，根据制定的营救方案和营救路线随时前往受灾区域进行营救活动；必要时请求地方政府、部队和社会团体参与营救；

c. 加强设施监控和监护。对洪水浸泡的生产设施、油气输送管线应加强监控，采取必要的措施控制泄漏；

d. 加强区域联防。配合地方政府开展抗洪救灾和灾民安置工作；

e. 加强卫生防疫工作，做好消毒清洗，防止疫情发生；

f. 及时清理现场。洪汛灾害过后，应尽快组织人员清洗现场，清理污泥，为恢复生产创造条件。

5.7.2 地震

（1）自救、防范措施

地震灾害的伤亡主要由建筑物倒塌造成。

应急要点：

a. 住在平房的居民遇到地震时，如室外空旷，应迅速头顶保护物跑到屋外；来不及跑时可躲在桌下，床下及坚固的家具旁，并用毛巾衣物捂住口鼻防尘，防烟。

b. 住在楼房的居民，应选择厨房，卫生间等开间小的空间避震；也可躲在内墙根，墙角，坚固的家具旁等易于形成三角空间的地方；要远离外墙，门窗和阳台；不要使用电梯，不要跳楼。

c. 尽快关闭电源、火源。

d. 正在教室上课、工作场所工作，公共场所活动时，应迅速抱头，闭眼，在讲台，课桌，工作台和办公家具下等地方躲避。正在市内活动时，应注意保护头部，迅速跑到空旷场地蹲下；尽量避开高大建筑物，立交桥，远离高压电线及化学、煤气等工厂或设施。

e. 正在野外活动时，应尽量避开山脚，陡崖，以防滚石和滑坡；如遇山崩，要朝远离滚石前进方向的两侧方向跑。

f. 正在海边游玩时，应迅速远离海边，以防地震引起海啸。

g. 驾车行驶时，应迅速躲开立交桥、陡崖、电线杆等，并尽快选择空旷处立即停车。

h. 身体遭到地震伤害时，应设法清除压在身上的物体，尽可能用湿毛巾等捂住口鼻防尘，防烟；用石块或铁器等敲击物体与外界联系，不要大声呼救，注意保存体力；设法用砖石等支撑上方不稳的重物，保护自己的生存空间。

i. 参加震后搜救时，应注意搜寻被困人员的呼喊、呻吟和敲击器物的声音；不可使用利器刨挖，以免伤人；找到被埋压者时，要及时清除其口鼻内的尘土，使其呼吸畅通；已发现幸存者但解救困难时，首先应输送新鲜空气，水和食物。然后再想其他办法救援。

专家提示：

a. 遇到地震要保持镇静，不能拥挤乱跑．震后应有序撤离。

b. 已经脱险的人员，震后不要急于回屋，以防余震。

c. 对于震动不明显的地震，不必外逃。

d. 遭遇震动较强烈的地震时，是逃是躲，要因地制宜。

e. 关注政府发布的最新消息，不听信和传播谣言。

(2) 地震防范(临震应急)措施

对地震的主要监测手段有：测震、地磁、地电、地应力、地形变、重力、地下水动态及水文地球化学、电磁波、震前动物行为异常等。

地震主要防范措施：新建、扩建、改建工程项目必须达到抗震设防要求。重大建设工程和可能发生严重次生灾害的建设工程必须进行地震安全性评价。建设工程必须按抗震设防要求和有关规范进行抗震设计、精心施工。建设工程必须避开地震活动断层及其不利地段。没达到抗震设防要求的建设工程要加固，不宜加固的危房要拆除。政府、企业、单位、部门应编制地震应急预案。

遇震时要选择结实、能掩护身体的物体，迅速就地躲避。固遇震时一定要镇静，并就地躲避，选择室内结实、能掩护身体的地方，如跨度小的厨房、厕所、墙角、或桌子、床底等矮家具下。千万不要跳楼！不要站在窗边和阳台上。绝对不可以使用打火机或蜡烛，因为空气中可能含有易燃易爆气体。在室外要注意躲避在开阔、安全的地方。避开高大建筑物如楼房，特别是有玻璃幕墙的高层建筑、立交桥、高烟囱等；避开危险物如变压器、电线杆、路灯、广告牌、吊车等。遇到山崩、滑坡，要向垂直于滚石前进方向跑，切不可顺着滚石方向往山下跑；也可躲在结实的障碍物下，或蹲在地沟、坎下；特别要保护好头部。处于泥石流区时，应迅速向泥石流沟两侧跑离，切记不能顺沟向上或向下跑动。避开山脚、陡峭的山坡、山崖等。迅速避开高大危险建筑物！不能顺着滚石方向跑！

(3) 危险化学品设施应急处置

破坏性地震现场应急处置原则

按照国家和行业标准规范制定的破坏性地震现场抢险方案，在实施过程中，坚持“以人为本”的指导思想，应符合以下要求：

a. 紧急避震，采取自我保护措施，确保人身安全；

b. 切断危险源，紧急关闭一切生产设施；

c. 设定隔离区，组织力量对现场进行隔离、警戒；

d. 应急人员应佩戴个人防护用品进入隔离区，实时监测空气中有毒物质的浓度；

e. 紧急疏散转移隔离区内所有无关人员到安全场所；

f. 组织抢险救灾队伍、运输车辆、生命探测仪、照明设施、气体检测仪、防毒器具及各类抢险、救灾、救护、救生器材，及时开展抢险工作，并全力搜寻和抢救伤员；必要时请求地方政府、部队和社会团体参与营救；

g. 以控制泄漏源，防止次生灾害发生为处置原则，实施堵漏，回收或处理泄漏物质；

h. 确保应急救援人员和被疏散人员的生活后勤保障。

5.7.3 高温

(1) 自救、防范措施

高温预警信号分二级，分别以橙色、红色表示。

① 高温橙色预警信号

24h 内最高气温将升至 37℃上。

专家提示：

a. 尽量避免午后高温时段的户外活动，对老，弱，病，幼人群提供防暑降温指导，并采取必要的防护措施；

b. 注意防范因用电量过高，电线、变压器等电力设备负载大而引发火灾；

c. 户外或高温条件下的作业人员应采取必要的防护措施；

d. 注意作息时间，保证睡眠，必要时准备一些常用的防暑降温药品；

e. 加强防暑降温保健知识宣传。

② 高温红色预警信号

24h 内最高气温将升至 40℃以上。

专家提示：

a. 注意防暑降温，白天尽量减少户外活动；

b. 特别注意防火；

c. 停止户外露天作业；

d. 其他参阅高温橙色预警信号。

（2）危险化学品设施应急处置

① 制定和落实好各项安全目标责任

a. 各单位应根据自身特点，制定夏季安全生产技术措施及管理职责，将责任落实到人头；

b. 各单位应一把手亲自挂帅，对夏季安全生产技术措施中规定的重点部位、关键环节和重大危险源等进行检查，督促落实整改措施；

c. 加强关键岗位巡查、监控、做好每一岗位交接巡检记录，及时排查各类事故隐患；

d. 制定并落实夏季生产事故预案及演练，提前做好事故预防工作；

e. 强化夏季安全生产宣传教育，根据夏季生产的安全特点，有针对性地加强防暑降温、防雷、防静电、防火防爆、防洪防汛等项教育，将事故隐患消灭在萌芽状态。

② 落实好安全技术措施

a. 防止超温超压管理

ⓐ 锅炉、压力容器等易燃易爆储罐的安全设施，如安全阀、压力表、呼吸阀、减压阀、液位计、温度计、快速切断阀、水幕、喷淋设施等，必须保持完好；

ⓑ 常压储罐的储量应严格控制在安全临界范围内，严禁超装；

ⓒ 压力容器应平稳操作，开始加载时，速度不宜过快，防止压力突然上升，加热或冷却时都应缓慢进行，避免压力大幅波动；

ⓓ 对易超温超压设备严格实施降温保护；

ⓔ 应随时掌握放空、泄压系统、管线的完好使用情况；

ⓕ 主控室、设备操作间等室内温度、通风控制在正常状态；

ⓖ 随时检查使安全防护设施，如轴流风机、可燃气体报警仪等处于良好运行状态。

b. 防火防爆管理

ⓐ 加强动火及火源管理，加强用火、临时用电审批；

ⓑ 保证消除通道畅通，消防栓、井、消防泵站等设施完好，气体防护装备完好；

ⓒ 制定临时用电制度，由专业部门专人审批管理，并有严格的监督、处罚措施；

ⓓ 可燃气体报警监控装置及安全联锁、监控系统完好；

ⓔ 杜绝跑、冒、滴、漏，及时巡查回收现场物料，搞好清洁文明生产。

c. 防暑降温管理

ⓐ 做好防暑降温保健工作，为岗位工人配备降温饮品等；

ⓑ 确保生产场所轴流风机、空调、风扇等防暑降温设施完好，必要时可采用加湿降温和机械通风等措施，确保工作场所和操作人员安全健康；

ⓒ 高温条件及室外作业人员应尽量避开高温时间作业，并采用适当降温措施，以保证作业人员的安全健康。

③ 加强夏季安全生产管理的主要措施

a. 备好夏季安全生产所需原材料及抢险物资

b. 储罐区喷淋设施完好；

c. 建立联锁监控系统台账；

d. 对所有停用的设备管线应有专人负责处理泄压和吹扫，并做好记录；

e. 加强机械设备润滑管理，严把定置管理和“三级过滤”关，加强设备的维护保养，确保设备完好；

f. 加强电气设备检查，严防超温过载；

g. 随时检查防雷防静电及可燃气体报警装置的完好情况，并随时进行整改，确保完好使用；

h. 对可能存在泄漏的地点重点监控检查，对高空放空点及高空可能泄漏点进行重点控制，防止泄漏雷击着火；

i. 加强外来施工单位安全管理，严格审批安全资质，加强外来施工人员安全教育；

j. 加强劳保用品佩戴检查管理，严禁穿钉鞋、拖鞋、背心、短裤(裙)上岗，做好滤毒罐、空气呼吸器、绝缘工具等应随时检查，维护保养；

k. 岗位工人防暑降温用品应及时发放到位；

l. 防洪、汛物资应提前储备，禁止挪用；

m. 空调、通风以及安全隔离防护设施均应完好投用。

5.7.4 台风和龙卷风

(1) 自救、防范措施

① 预防措施

a. 注意媒体报道

如广播、电视等。

b. 识别龙卷云

龙卷云除具有积雨云的一般特征以外，在云底会出现乌黑的滚轴状云，当云底见到有漏斗云伸下来时，龙卷风就会出现。

c. 提高警觉

防止山崩或道路坍方，山坡下和山区公路不宜停留或停车。为了生命的安全，应该及早离开。

② 应对龙卷风措施

a. 野外躲避

当在野外听到由远而近、沉闷逼人的巨大呼啸声要立即躲避。这声音或“像千万条蛇发出的嘶嘶声”，或“像几十架喷气式飞机、坦克在刺耳地吼叫”，或“类似火车头或汽船的叫声”等。

如在野外遇上龙卷风，应在与龙卷路径相反或垂直的低洼区躲避，因为龙卷风一般不会突然转向。

b. 室内躲避

当龙卷风向住房袭来时，要打开一些门窗，躲到小开间、密室或混凝土的地下庇所，上覆有 25cm 以上的混凝土板较为理想。

注意：汽车和活动房屋均没有防御龙卷风的能力。

要在东北方向的房间躲避，并采取面向墙壁抱头蹲下姿势。因为西南方向的内墙容易内塌。

远离危险房屋和活动房屋，向垂直于龙卷风移动的方向撤离，藏在低洼地区或平伏于地面较低的地方，保护头部；可以跑到靠近大树的房内躲避(注意防止砸伤)。

c. 乘车躲避

当乘汽车遭遇龙卷风时，应立即停车并下车躲避，防止汽车被卷走，引起爆炸等。

③ 台风灾害的应急与对策

a. 随时注意台风动向，紧急危险事故可打 110 电话请求协助；

b. 位处低洼地区时，应暂迁至高处所；

c. 准备手电筒、食物及饮用水，检查电路；

d. 不可贸然外出，以免受伤；

e. 检查门窗是否坚固，各种悬吊物应取下；

f. 清扫排水管道；

g. 将屋外的物品移置安全场所；

h. 断落的电线，应请专业人员处理。

ⓐ 科学预防台风

一定要出行建议乘坐火车。在航空、铁路、公路三种交通方式中，公路交通一般受台风影响最大。如果一定要出行，建议不要自己开车，可以选择坐火车。

请尽可能远离建筑工地。居民经过建筑工地时最好稍微保持点距离，因为有的工地围墙经过雨水渗透，可能会松动；还有一些围栏，也可能倒塌；一些散落在高楼上没有及时收集的材料，譬如钢管、榔头等，说不定会被风吹下；而有塔吊的地方，更要注意安全，因为如果风大，塔吊臂有可能会折断。还有些地方正在进行建筑立面整治，人们在经过脚手架时，最好绕行，不要往下面走。

保持消息畅通。注意广播或电视里的天气情况播报。准备一互动交流平台，可以用电池的收音机(还有备用电池)以防断电。准备蜡烛和手电筒。储备食物，饮用水，电池和急救用品。固定或收回屋外、阳台上的一切可移动物品，包括玩具、自行车、家具、植物等等。将盆栽或其他重物搬离窗户。台风来临前应将阳台、窗外的花盆等物品移入室内，切勿随意外出，家长关照自己孩子，居民用户应把门窗捆紧栓牢，特别应对铝合金门窗采取防护，确保安全。市民出行时请注意远离迎风门窗，不要在大树下躲雨或停留。检查门窗是否密封。如果风力过强，即便关了窗户雨水仍有可能进入屋内，因此需要准备毛巾和墩布。如果风力过强，请远离窗户等可能碎裂的物品。

台风过去后，仍要注意破碎的玻璃、倾倒的树或断落的电线等可能造成危险的状况。

受伤后不要盲目自救请拨打 120。

台风中外伤、骨折、触电等急救事故最多。外伤主要是头部外伤，被刮倒的树木、电线杆或高空坠落物如花盆、瓦片等击伤。电击伤主要是被刮倒的电线击中，或踩到掩在树木下的电线。不要打赤脚，穿雨靴最好，防雨同时起到绝缘作用，预防触电。走路时观察仔细再走，以免踩到电线。通过小巷时，也要留心，因为围墙、电线杆倒塌的事故很容易发生。高大建筑物下注意躲避高空坠物。发生急救事故，先拨打 120，不要擅自搬动伤员或自己找车急救。搬动不当，对骨折患者会造成神经损伤，严重时会发生瘫痪。

ⓑ 防御飓风

提前进行准备工作，远离海岸，躲进坚固的避风所。

飓风警报通常在其可能到来前 24h 发布，这时，要开始加固门窗，房顶，储备好饮用水、食品、衣物、和照明用具。

远离海滨，河岸，这些地方都将会被破坏得很严重，并伴随有洪水和大浪；逗留在此，会造成生命危险。如在海上行进，要放下船帆，封住船舱，把所有的工具收藏好，如有可能，尽快离开台风经过的区域。

最好呆在坚固的建筑物里或地下室中，如果没有坚固的建筑物，则躲到飓风庇护所，走前别忘了切断屋中的电源。

不要在刮飓风时行走，那是是极度危险的，如果迫不得已，应躲开飓风即将经过的路线。

④ 台风预警信号根据逼近时间和强度分四级，分别以蓝色，黄色，橙色和红色表示。龙卷风是从积雨云中伸下的猛烈旋转的漏斗状云柱。

台风蓝色预警信号：24h 内可能受热带低压影响，平均风力达 6 级以上，或阵风 7 级以上；或已经受热带低压影响，平均风力为 6~7 级，或阵风 7~8 级并可能持续。

专家提示：

a. 做好防风准备，注意有关媒体报道的热带低压最新消息和有关防风通知；

b. 把门窗，围板，棚架，临时搭建物等易被风吹动的搭建物固紧，妥善安置易受热带低压影响的室外物品。

台风黄色预警信号：24h 内可能受热带风暴影响，平均风力达 8 级以上，或阵风 9 级以上；或已经受热带风暴影响，平均风力为 8~9 级，或阵风 9~10 级并可能持续。

专家提示：

a. 进入防风状态，建议幼儿园，托儿所停课；

b. 关紧门窗，处于危险地带和危房中的居民。以及船舶应到避风场所避风；通知高空，水上等户外作业人员停止作业，危险地带工作人员撤离；

c. 切断霓虹灯招牌及危险的室外电源；

d. 停止露天集体活动，立即疏散人员；

e. 其他参阅台风蓝色预警信号。

台风橙色预警信号：12h 内可能受强热带风暴影响，平均风力达 10 级以上，或阵风 11 级以上；或已经受强热带风暴影响，平均风力为 10~11 级，或阵风 11~12 级并可能持续。

专家提示：

a. 进入紧急防风状态，建议中，小学停课；

b. 居民切勿随意外出，确保老人，小孩留在家中最安全的地方；

c. 加强值班，密切监视灾情，落实应对措施；

d. 停止室内外大型集会，立即疏散人员；

e. 加固港口设施，防止船只走锚、搁浅和碰撞；

f. 其他参阅台风黄色预警信号。

台风红色预警信号：6h 内可能或已经受台风影响，平均风力达 12 级以上，或已达 12 级以上并可能持续。

专家提示：

a. 进入特别紧急防风状态，建议停业，停课(除特殊行业)；

b. 人员应尽可能呆在防风安全地方，相关应急处置部门和抢险单位随时准备启动抢险应急方案；

c. 当台风中心经过时风力会减小或静止一段时间，切记强风将会突然吹袭，应继续留在安全处避风；

d. 其他参阅台风橙色预警信号。

龙卷风

专家提示：

参阅台风预警信号。

（3）危险化学品设施应急处置

应遵循以下实施原则：

a. 采取关闭与切断措施，隔断被破坏的生产设施，并做好相关保护措施，防止油气泄漏；

b. 台风、特大暴雨期间，除正常生产外，停止户外施工作业；

c. 特大暴雨期间需特别注意山体滑坡现象，指挥直属企业加固生产装置、生产设施旁的山体护墙；组织人员检查和处理排水系统，保持畅通；

d. 发生险情，应及时协调医疗救助力量全力抢救伤员；

e. 对受灾区域内的生产设施、油气输送管道应加强监控，采取必要的措施控制泄漏；

f. 加强区域联防，配合地方政府做好灾民安置工作。

5.7.5 雷电

（1）自救、防范措施

雷雨天气常常会产生强烈的放电现象，如果放电击中人员，建筑物或各种设备，常会造成人员伤亡和经济损失。

应急要点：

a. 注意关闭门窗，室内人员应远离门窗，水管，煤气管等金属物体；

b. 关闭家用电器，拔掉电源插头，防止雷电从电源线入侵；

c. 在室外时，要及时躲避，不要在空旷的野外停留；

d. 在空旷的野外无处躲避时，应尽量寻找低洼之处(如土坑)藏身，或者立即下蹲，降低身体的高度。

e. 远离孤立的大树，高塔，电线杆，广告牌；

f. 立即停止室外游泳、划船、钓鱼等水上活动；

g. 如多人共处室外，相互之间不要挤靠，以防被雷击中后电流互相传导。

专家提示：

a. 高大建筑物上必须安装避雷装置，防御雷击灾害；

b. 在户外不要使用手机。

c. 对被雷电击中人员，应立即采用心肺复苏法抢救；

d. 雷雨天尽量少洗澡，太阳能热水器用户切忌用其洗澡。

雷电极具破坏力，闪电的强度可高达500kV。雷电以其热效应、机械效应、反击电压、雷电感应等方式产生破坏作用，从而造成人员伤亡、火灾、爆炸、建筑物、电气设备和各种设施损坏、电力通信的中断。

防雷措施：建筑物、电力线路、电气设备、计算机及其网络微波通信、卫星通信等都应安装避雷设施。各类防雷设施都要定期由专业检测机构进行检测、检查。遇到雷雨天气，在室内要自我保护。关闭门窗、电视机、计算机、电风扇等电器设备开关不要靠近水管、暖气片、煤气管、避雷针引下线等建筑物内的裸露金属物，不要在电灯灯头下洗头，不要停留在屋(楼)顶上。在野外遇到雷雨天气，尽量不要在雷雨中行走，避雨时不要躲进孤独的小屋里或躲进独树下、电线杆、高压线旁。在雷雨天气不宜站在高坡上、不宜在湖中划船或游泳、不宜在旷野打带有金属尖顶的伞或扛有金属制品。

(2) 危险化学品设施应急处置

a. 按期组织测试防雷、防静电设备接地系统装置的完好情况，确保完好；

b. 对装卸、输送、采样、检尺、设备清洗等存在易燃易爆物料岗位采取防静电措施，以确保达到安全要求。

5.7.6 暴雪

(1) 自救、防范措施

暴雪预警信号分三级，分别以黄色，橙色，红色表示。

① 暴雪黄色预警信号

6h内降临雪量达5mm以上，可能对交通或牧业有影响。

专家提示：

a. 相关部门做好防雪准备；

b. 交通部门做好道路融雪准备，农牧区备好粮草。

② 暴雪橙色预警信号

6h内降雪量达10mm以上，可能对交通或牧业有较大影响，或已经出现对交通或牧业有较大影响的降雪并可能持续。

专家提示：

a. 做好道路清扫和积雪融化工作；

b. 驾驶人员要小心驾驶，保证行车安全；

c. 其他参阅暴雪黄色预警信号。

③ 暴雪红色预警信号

6h内降雪量达15mm以上，可能对交通或牧业有很大影响，或已经出现对交通或牧业有很大影响的降雪并可能持续。

专家提示：

a. 必要时关闭道路交通；

b. 相关应急处置部门随时准备启动应急方案；

c. 其他参阅暴雪橙色预警信号。

道路结冰

道路结冰预警信号分三级，分别以黄色，橙色，红色表示。

① 道路结冰黄色预警信号

12h 内可能出现对交通有影响的道路结冰。

专家提示：

a. 交通，公安等部门要做好应对准备工作；

b. 驾驶人员应注意路况，安全行车。

道路结冰橙色预警信号

6 小时内可能出现对交通有较大影响的道路结冰。

专家提示：

a. 行人出门注意防滑；

b. 公安等部门注意指挥和疏导行驶车辆；

c. 驾驶人员应采取防滑措施，听从指挥，慢速行驶；

d. 其他参阅道路结冰黄色预警信号。

③ 道路结冰红色预警信号

2h 内可能出现或已经出现对交通有很大影响的道路结冰。

专家提示：

a. 相关应急处置部门随时准备启动应急方案；

b. 必要时关闭结冰道路交通；

c. 其他参阅道路结冰橙色预警信号。

（2）危险化学品设施应急处置

当冰雪灾害对所属企业造成严重影响时，应遵循以下实施原则：

a. 与受灾区域人员建立通信联系，详细了解现场情况，指挥现场人员展开自救工作，向政府有关部门报告和求援。组织救援队伍，调拨救灾物资，制定救援路线和营救计划；

b. 抢救受伤人员，搜救失踪人员，安慰遇难者家属，配合地方政府做好受灾人员的安抚、安置、撤离等工作，根据现场情况请求社会救援力量；

c. 对受灾严重的重要生产设备、设施和关键装置进行检测、评估，关闭可能发生危险的生产设备及场所，同时做好安全防护措施，设立警戒区域，在确保人身、财产安全的前提下组织人员破冰除雪；

d. 对事态发展进行跟踪了解，及时调整原油及成品油调配计划；组织前线救灾突击队，在受灾严重地区建立救助站和供应点，救助受灾人员，加强区域联防；

e. 组织工程队伍清理受灾现场，对生产设备、设施进行抢修，为尽快恢复灾区生产、供应创造条件。

5.7.7 地质灾害

（1）自救、防范

① 泥石流

泥石流是山地沟谷中由洪水引起的携带大量泥沙，石块的洪流．泥石流来势凶猛，且经常伴随山体崩塌，对农田和道路，桥梁及其他建筑物破坏极大。

应急要点：

a. 发现有泥石流迹象，应立即观察地形，跑至沟谷两侧山坡或高地；

b. 逃生时，要抛弃一切影响奔跑速度的物品；

c. 不要躲在有滚石和大量堆积物的陡峭山坡下；

d. 不要停留在低洼地方，也不要攀爬到树上躲避。

专家提示：

a. 泥石流发生前的迹象。有河流突然断流或水势突然加大，并夹有较多柴草，树枝；深谷或沟内传来类似火车轰鸣或闷雷般的声音，沟谷深处突然变得昏暗，并有轻微震动感等；

b. 去山地户外游玩时，要选择平整的高地作营地，尽可能避开河(沟)道弯曲的凹岸或地方狭小高度又低的凸岸；

c. 切忌在沟道处或沟内的低平处搭建宿营棚．当遇到长时间降雨或暴雨时，应警惕泥石流发生。

② 崩塌

崩塌易发生在较为陡峭的斜坡地段。崩塌常导致道路中断，堵塞，或坡脚处建筑物毁坏倒塌，如发生洪水还可能直接转化成泥石流。更严重的是，因崩塌堵河断流而形成天然坝，引起上游回水，使江河溢流，造成水灾。

应急要点：

a. 行车中遭遇崩塌不要惊慌，应迅速离开有斜坡的路段；

b. 因崩塌造成车流堵塞时，应听从交警指挥，及时接受疏导；

专家提示：

a. 夏汛时节，选择去山区峡谷游玩时，一定要事先收听当地天气预报，不要在大雨后，连续阴雨天进入山区沟谷；

b. 雨季时切忌在危岩附近停留；

c. 不能在凹形陡坡，危岩突出的地方避雨，休息和穿行，不要攀登危岩；

d. 山体坡度大于45°，或山坡成孤立山嘴，凹形陡坡等形状，以及坡体上有明显裂缝，均容易形成崩塌。

(2) 危险化学品设施应急处置

当洪汛灾害引发泥石流、山体滑坡等地质灾害时，现场应急处置实施原则如下：

a. 立即下令停止受灾区域内的生产作业和管线输送作业，做好切断和防护措施；

b. 组织抢险救灾队伍、配备各类抢险、救灾、救护、救生器材，及时开展抢险工作，并全力搜寻和抢救伤员；必要时请求地方政府、部队和社会团体参与营救；

c. 立即核实受灾区域作业人数信息，当确认有人失踪时，应利用生命探测器查找失踪、受困人员；

d. 加强受灾区域的生产设施和管线设施的监控，发现油气、有毒物质泄漏时及时采取堵漏和防泄漏扩散措施；

e. 做好环境检测工作，并及时通知人员撤离危险区；

f. 加强卫生防疫工作，做好消毒清洗，防止疫情发生；

g. 尽快安排工程抢险力量进行现场清理工作，清除道路淤泥，保持交通畅通，保证救援物资的运送。

第6章 应急演练

6.1 应急演练概述

6.1.1 应急演练目的

应急演练目的主要包括：

(1) 检验预案。发现应急预案中存在的问题，提高应急预案的科学性、实用性和可操作性。

(2) 锻炼队伍。熟悉应急预案，提高应急人员在紧急情况下妥善处置事故的能力。

(3) 磨合机制。完善应急管理相关部门、单位和人员的工作职责，提高协调配合能力。

(4) 宣传教育。普及应急管理知识，提高参演和观摩人员风险防范意识和自救互救能力。

(5) 完善准备。完善应急管理和应急处置技术，补充应急装备和物资，提高其适用性和可靠性。

(6) 其他需要解决的问题。

6.1.2 参演人员构成及其功能、职责

为了达到演练的目的，在演练行动中，需要各类参演人员，即应急行动人员、进程控制人员、评价人员、模拟人员、观摩人员等等的协调、配合，才能完成预案规定的程序或动作。

(1) 参演人员。需要对演练进程和关键动作进行记录，才能得出对预案文本和演练行动的评价结论。因此在演练方案中，应明确各参演人员的类别、数量及其职责。

(2) 应急行动人员(演习人员)。是根据模拟场景和紧急情况作出反应，执行应急预案中预定程序或动作的人员。由预案中规定的现场指挥、现场救援、应急通信、物资支援等类人员构成。

他们所承担的具体任务包括：救助伤员或被困人员；保护财产和公众安全健康；获取并管理各类应急资源；与其他应急响应人员协同应对重大事故或紧急事件。

(3) 演练进程控制人员。是管理并设置场景，控制演练行动节奏，监护行动人员的安全，指挥解决现场出现问题的人员，承担现场导演的职责。

在演练中，控制人员应确保应急预案规定的程序或动作得到充分演示，确保演练活动对于演练人员具有一定的挑战性，通过“演”的手段达到“练”的目的。

由于演练进程控制人员是关系演练能否成功的关键人员，所以应当由熟悉应急预案、掌握演练方案的人员担任。

(4) 评价人员。其在演练行动中的工作是观察行动人员和模拟人员的行动，并记录演练的详细经过，如：时间、地点、人物、出现的事件、行动是否有效等。

在演练过程中，评价人员不应干涉演练人员执行的具体任务，应根据观察到的现象作出记录，便于在演练效果评价时点评演练过程并出具演练报告。

(5) 模拟人员。是演练场景中与应急行动人员相互作用的人员。其主要功能是：模拟事故场景中的人员(负伤者、干扰者等)、外部救援机构的人员、围观人员、自愿行动的志愿者等。模拟人员的设置应当与场景设置相统一，其现场动作越逼真，就越能够检验出应急行动人员现场处置能力的水平。

6.1.3 演练可以采取各种形式

(1) 启蒙与教育会议；
(2) 桌面演习；
(3) 走一遍演习；
(4) 功能演习；
(5) 疏散演习；
(6) 全面演习。

6.1.4 员工演练内容

(1) 个人的职责；
(2) 威胁、危害信息和防护措施；
(3) 通报、警告和通信程序；
(4) 在紧急情况下如何确定家庭成员所在的位置；
(5) 应急响应程序；
(6) 疏散和避难的职责和程序；
(7) 一般应急设备的位置和使用；
(8) 应急程序的终止。

6.1.5 效果评判

(1) 在紧急情况下，所有人员应该知道：
- 我应该做什么?
- 我应该向哪里去?

(2) 企业应该制定：
- 应急疏散程序并明确线路；
- 在疏散之前终止关键作业或采取必要行动的程序；
- 疏散之后涉及所有员工、来访者和合同方的工作程序；
- 指定员工的救援与医疗责任；
- 报告紧急情况的程序。

6.1.6 桌面演习

桌面演习是指由应急组织的代表或关键岗位人员参加的，按照应急预案及其标准运作程序，讨论紧急情况时应采取行动的演习活动。桌面演习的主要特点是对演习情景进行口头演习，一般是在会议室内举行非正式的活动。主要作用是在没有时间压力的情况下，演习人员在检查和解决应急预案中问题的同时，获得一些建设性的讨论结果。主要目的是在友好、较小压力的情况下，锻炼演习人员解决问题的能力，以及解决应急组织相互协作和职责划分的问题。

桌面演习只需展示有限的应急响应和内部协调活动，应急响应人员主要来自本地应急组织，事后一般采取口头评论形式收集演习人员的建议，并提交一份简短的书面报告，总结演习活动和提出有关改进应急响应工作的建议。桌面演习方法成本较低，主要为功能演习和全面演习做准备。

6.1.7 功能演习

功能演习是指针对某项应急响应功能或其中某些应急响应活动举行的演习活动。功能演习一般在应急指挥中心举行，并可同时开展现场演习，调用有限的应急设备。主要目的是针对应急响应功能，检验应急响应人员以及应急管理体系的策划和响应能力。

如：指挥和控制功能的演习，目的是检测、评价多个政府部门在一定压力情况下集权式的应急运行和及时响应能力，演习地点主要集中在若干个应急指挥中心或现场指挥所，并开展有限的现场活动，调用有限的外部资源。外部资源的调用范围和规模应能满足响应模拟紧急情况时的指挥和控制要求。

功能演习比桌面演习规模要大，需动员更多的应急响应人员和组织。必要时，还可要求国家级应急响应机构参与演习过程，为演习方案设计、协调和评估工作提供技术支持，因而协调工作的难度也随着更多应急响应组织的参与而增大。功能演习所需的评估人员一般为4~12 人，具体数量依据演习地点、社区规模、现有资源和演习功能的数量而定。演习完成后，除采取口头评论形式外，还应向地方提交有关演习活动的书面汇报，提出改进建议。

6.1.8 全面演习

指针对应急预案中全部或大部分应急响应功能，检验、评价应急组织应急运行能力的演习活动。全面演习一般要求持续几个小时，采取交互式进行，演习过程要求尽量真实，调用更多的应急响应人员和资源，并开展人员、设备及其他资源的实战性演习，以展示相互协调的应急响应能力。

与功能演习类似，全面演习也少不了负责应急运行、协调和政策拟订人员的参与，以及国家级应急组织人员在演习方案设计、协调和评估工作中提供的技术支持。但全面演习过程中，这些人员或组织的演示范围要比功能演习更广。

6.2 应急预案演练计划

各单位应制定年度应急演练计划，按照“先单项后综合、先桌面后现场、循序渐进、时空有序”等原则，合理安排计划演练的频次、规模、形式、内容、时间、地点、经费以及责任人等。见表 6-1。

演练频次：各单位应根据实际情况每年至少组织 1 次综合性应急演练，所属二级单位每半年至少组织 1 次综合性应急演练，基层单位每季度至少组织 1 次现场处置方案演练。

演练依据：应急演练应以相关应急预案为基础，体现和执行应急预案所有环节，确保达到检验预案、锻炼队伍、磨合机制、提高应急处置能力的目的。

【实例】：

表 6-1　某基层单位应急预案演练计划

预案名称	
演练类别	□综合演练　□单项演练 □实战演练　□桌面演练
预计演练时间	20　　年　月　日　　演练用时：　时
演练地点	
演练条件	时节：□春 □夏 □秋 □冬　　　　　天气：□晴 □阴 □雨　气温： 其他条件：
组织单位	
参加单位	
演练过程描述	
演练指挥	总指挥：　　　　职务： 总策划：　　　　职务：　　　　联系方式： 联系人：　　　　职务：　　　　联系方式：
说明	1. 此表每张填写一次演练内容，多次演练应附页。 2. 此表由演练组织单位填写并每页盖章。 3. 根据演练情况，选择表内适合的项目，在□中打√。 4. 此表下载后微机填写，表内空格不够填写时，可编辑拉长增页。此表由各县（市）区安委会、各负有安全生产管理职责的市直有关部门填写后报市政府安委会办公室。

批准人：　　　　　　　　　　　　　　批准时间：

6.3　应急演练方案

编制科学实用、贴近实战、可提高演练成效的事故救援演练方案，成为应急管理工作应重视的问题。

应急演练活动是应急预案从书面走向实战的桥梁，能够检验预案编制的科学性、实用性和有效性，也为政府部门和生产经营单位不断完善预案、提高预案的减灾功能提供了最佳途径。模拟演练并不是简单地将预案中的程序或措施通过口头或行动表现出来，而是假设事故或事件场景出现后，应急人员应当顺利有效地处置突发危害因素的行动。因此，应急预案的演练方案应以某项应急预案为基本框架，以演练人员动作节点和程序节奏为主要内容的动作脚本。

演练方案的章节是构成方案内容的骨架，为演练程序、动作提供了支撑。一份演练方案要由全面的章节构成：演练的具体目的；演练类型、规模与响应级别；假设目标和模拟事故与演练时间；参演人员构成及其职责；演练准备与演练过程；相关说明等。

由于在应急预案中，一般只对应急措施进行了规定，而没有对潜在事故的场景进行详细描述。因此演练设计人员在策划演练过程时，还应设想事发具体部位、破坏程度、伤亡情况、人员受困情况等场景，并设计编排何时推出场景以及场景出现的顺序，以便训练并检验应急行动人员的临场处置能力。最后，还可以通过应急人员对模拟场景的处置状况，检验应急预案是否存在缺陷。

相关说明属于演练方案的附录内容，用以说明演练方案的细节。主要包括：演练现场示意图、演练费用预算、聘请外部人员名单、风险评估及控制措施等。

由上可知，演练方案是演练策划人员依据预案和假设的事故场景编制的“演习剧本”，目的是为了检验和锻炼提高应急人员应对生产安全事故的现场处置能力，并通过潜在的事故场景模拟事故在发生或发展阶段出现的景象，以贴近实战的方式对生产安全事故预案进行演练。因此，演练方案是预案由文本转为行动必不可少的过渡性文件，只有完善的演练方案，才能指导和掌控预案演练行动顺利并有效实施。

应急救援演练方案见附录 7。

6.4 应急预案演练评估与记录

演练过程中，考评人员应如实记录演练中存在的问题，科学地评价演练。对于基层单位，特别是一线从业人员而言，该记录表可以变更为考核表或总结表，用以代替演练评估报告和演练总结。

6.4.1 评估

应急演练评估一般在每一个环节，均设置 1 个评估人员，按照评估要求制定评估表格。具体如下：

应急综合演练评估表(一)

评估单元：总体评估　　　　评估人：

序号	评估内容	不足项	整改项	改进项
1	演练目标设置：目标是否明确，内容是否设置科学、合理			
2	演练的事故情景设置：事故情景是否符合演练单位实际，是否有利于促进实现演练目标和提高演练单位应急能力			
3	演练流程：演练设计的各个环节及整体流程是否科学和合理			
4	参与人员表现：参与人员是否能够以认真态度融入到整体演练活动中，并能够及时、有效完成演练中设置的角色工作内容			
5	风险控制：对演练中风险是否进行全面分析，并针对这些风险制定和采取有效控制措施			

应急综合演练评估表(二)

评估单元：指挥和协调　　　　评估人：

序号	评估内容	不足项	整改项	改进项
1	承担指挥任务的指定人员应负责指挥和控制其职责范围内所有的应急响应行动			
2	现场指挥部能够第一时间内成立，选址合理、标志明显并及时进行运作			
3	建立层级指挥体系，各级响应迅速			

续表

序号	评估内容	不足项	整改项	改进项
4	现场指挥部配备了充足的人员和装备以支撑应急行动			
5	采取了安全措施保证指挥部安全运转			
6	现场指挥部与指挥中心信息沟通畅通，并实现信息持续更新和共享			

应急综合演练评估表(三)

评估单元：预警与信息报告　　　　　　　评估人：

序号	评估内容	不足项	整改项	改进项
1	演练单位根据监测监控系统数据变化状况、事故险情紧急程度和发展势、有关部门提供的信息进行及时预警			
2	演练单位内部信息通报系统快速建立，并及时通知到有关部门及人员			
3	在规定时间内完成向上级主管部门和地方人民政府报告事故信息程序			
4	能够快速向本单位以外的有关部门或单位通报事故信息			
5	当正常渠道或系统不能发挥作用，演练单位应能及时采用备用方式和补救措施完成预警和通知的行动			
6	所有人员及部门联系方式均是最新的并联系有效			

应急综合演练评估表(四)

评估单元：应急资源管理　　　　　　　评估人：

序号	评估内容	不足项	整改项	改进项
1	演练单位应展示其根据事态评估结果，识别和确定应急行动所需的各类资源，同时联系资源供应方			
2	应急人员能够快速使用外部提供的应急资源，融入本地应急响应行动			
3	应急设施、设备、地图、显示器材和其他应急支持资料足够支持现场应急需要			

应急综合演练评估表(五)

评估单元：应急通讯　　　　　　　评估人：

序号	评估内容	不足项	整改项	改进项
1	演练单位的通讯系统可正常运转，并能与相关岗位的关键人员建立通讯联系，通讯能力满足应急响应过程的需求			
2	应急队伍至少有一套独立于商业电讯网络的通信系统，应急响应行动的执行不会因通信问题受阻			

应急综合演练评估表（六）

评估单元：医疗救护　　　　　　　　评估人：

序号	评估内容	不足项	整改项	改进项
1	应急响应人员对伤害人员采取有效先期急救			
2	及时与场外医疗救护资源建立联系求得支援，并通知准确赶赴指定地点			
3	医疗人员应能够对伤病人员伤情作出正确的诊断，并按照既定的医疗程序对伤病人员进行处置			

应急综合演练评估表（七）

评估单元：现场控制及恢复　　　　　　　　评估人：

序号	评估内容	不足项	整改项	改进项
1	评估事故对人员安全健康与环境、设备及设施方面的潜在危害，制定针对性的技术对策和措施，降低事故影响			
2	对事故现场产生的污染物能够有效处置			
3	划定安全区域，有效安置疏散人员并提供后勤保障			
4	现场各项保障条件能够满足事故处置和控制的基本需要			

应急综合演练评估表（八）

评估单元：事故监测与评估　　　　　　　　评估人：

序号	评估内容	不足项	整改项	改进项
1	演练单位在接到事故初期报告后，能够及时开展事件早期评估，获取紧急事件的准确信息			
2	演练单位能够采取措施持续监测紧急事件的发展，科学评估其潜在危害			
3	向有关应急组织及时报告事态评估信息			

应急综合演练评估表（九）

评估单元：事故处置　　　　　　　　评估人：

序号	评估内容	不足项	整改项	改进项
1	应急响应人员能够对事故状况做出正确判断，提出处置措施科学、合理			
2	应急响应人员处置操作程序规范，符合相关操作规程及预案要求			
3	应急响应人员之间能够有效联络和沟通，并能够有序配合，协同救援			
4	现场处置过程中能够对现场实施持续安全监测或监控			

应急综合演练评估表(十)

评估单元：人员保护　　　　　　　　评估人：

序号	评估内容	不足项	整改项	改进项
1	演练单位应综合考虑各种因素并协调有关方面，以选择适当的公众保护措施			
2	应急响应人员配备适当的个体防护装备或采取了安全防护措施			
3	针对事件影响范围内的特殊人群，采取适当方式发出警告和采取安全保护			

应急综合演练评估表(十一)

评估单元：警戒与管制　　　　　　　　评估人：

序号	评估内容	不足项	整改项	改进项
1	关键应急场所的人员进出通道受到管制			
2	合理设置了交通管制点，划定管制区域			
3	为有效控制出入口，清除道路上的障碍物			

应急综合演练评估表(十二)

评估单元：紧急动员　　　　　　　　评估人：

序号	评估内容	不足项	整改项	改进项
1	演练单位依据应急预案快速确定突发事件的严重程度及等级			
2	演练单位根据事件级别，采用有效的工作程序，警告、通知和动员相应范围内应急响应人员			
3	演练单位通过总指挥或总指挥授权人员及时启动应急响应设施			
4	演练单位应能适应突袭式或非上班时间以及至少有一名关键人物不在应急岗位的情况下的应急演练			

应急综合演练评估表(十三)

评估单元：公共关系　　　　　　　　评估人：

序号	评估内容	不足项	整改项	改进项
1	所有对外发布的信息均通过决策者授权或同意并能准确反映决策者意图			
2	指定了专门负责公共关系人员，主动协调媒体关系			
3	对事件舆情持续监测和研判，并能对负面信息妥善处置			

6.4.2 应急预案演练评估报告的内容

(1) 演练评价目的。包括：

① 评估应急响应是否及时和畅通，发现预案在编制及执行程序中的不足；

② 评估应急能力、应急资源需求，明确本部门及相关单位和人员的应急职责，以及相

互协调能力；

③ 通过实施人员对预案及执行程序了解和操作情况，评价应急培训效果和需求，提高应急响应人员的素质。

（2）演练概况。包括：

① 事故发生时间、状况；

② 事故报告时间、人员、程序；

③ 现场指挥人员的到达时间和指挥程序；

④ 现场人员处置情况及程序；

⑤ 相关救援和应急响应人员的到达时间和实施救援情况；

⑥ 医务人员的到达时间和实施救援情况；

⑦ 环境监测人员到达时间和监测情况；

⑧ 演练结束时的状况，结束时间，演练耗时。

（3）演练评价。包括效果和存在的不足。存在的不足有三项：整改项、不足项和改进项。

（4）评价结论。

（5）对预案进行修改的建议和要求。

6.5 演练总结

基层单位演练后，要有书面评估，包括演练的时间、地点、预案名称、演练组织与实施、演练目标的实现、参演人员的表现、存在的问题等内容。对于小规模企业或纯经贸危险化学品企业可以采用下列实例1简单的表格进行演练总结。其他单位应撰写总结，如实例2所示。

【实例1】 **某企业应急预案演练记录表**

装置名称：

<table>
<tr><td>演练时间</td><td colspan="2"></td></tr>
<tr><td>演练地点</td><td colspan="2"></td></tr>
<tr><td>演练预案名称</td><td colspan="2"></td></tr>
<tr><td colspan="3">演　练　总　结</td></tr>
<tr><td colspan="3">演练问题：

改进措施：

应急预案不符合项及修订建议：</td></tr>
<tr><td>优</td><td>打√选择</td><td>在方案基础上超水平发挥，及时准确到位，更贴近实战</td></tr>
<tr><td>良</td><td>打√选择</td><td>方案完整，演练到位</td></tr>
<tr><td>中</td><td>打√选择</td><td>方案基本完整，演练基本到位</td></tr>
<tr><td>差</td><td>打√选择</td><td>方案不完整或演练不到位</td></tr>
<tr><td colspan="2">考核人员签字</td><td></td></tr>
</table>

【实例 2】某罐区火灾应急演练总结

演练时间：20　年　月　日 10:10

演练地点：炼油厂某原油罐区

演练科目：火灾应急演练

演练类型：大型实战演练

演练级别：某公司二级响应

演练目的：检验公司应急救援能力及应急预案的符合性

演练要求：扑灭火灾、安全转移物料、控制污染物、无人员伤害事故

参与人员：公司领导，公司机关有关部室、炼油厂、消防支队、职防所、监测站、物装中心、××医院有关人员

一、演练进程简述

演练科目的提出：10:10，公司领导到操作室，向操作人员提出在“罐区 9901 罐顶因雷击发生火灾，请求公司二级响应”。

当班操作人员应急响应：当班操作人员听到演练指令后，立即向班长报告，班长启动预案：一职工向消防支队指挥中心、炼油厂调度室报告，其他职工开启消防喷淋、泡沫系统、消防补水系统，同时进行工艺处理。

消防支队应急响应：10:11，消防支队指挥中心接警，10:12，指挥中心命令四中队、一中队及六中队曲臂车出警。10:14，四中队驻罐区消防车到达火场，10:26，四中队及增援车辆消防支队领导到达罐区，设立现场指挥部，2 分钟后车辆出水；10:28，一中队到达罐区；10 :32，六中队曲臂车到达罐区。

炼油厂应急响应:10:36，炼油厂部室相继到达罐区现场，向总指挥报道，在总指挥部署下开展应急救援工作。10:50，正邦公司应急救援力量赶到现场。

公司应急响应:10:36，凤凰医院救援车辆赶到现场；10:38，公司安全监察部到达罐区现场，向总指挥报道。10:42，职防所到达现场，向总指挥报道，承担现场作业环境监测任务，10:50，职防所上报监测结果。

二、演练总体评述

本次演练过程中，炼油厂当班操作人员应急响应措施到位，处理得当，炼油厂各部室，厂领导动作迅速，到达现场后应急人员职责清晰。消防支队战术动作迅速、准确，指挥部设立合理。总体上，火灾扑救、工艺处理合理，特别是炼油厂及消防支队应急响应符合预案要求。

指挥部设立后，无人、无标志引导后续到达应急人员及时到达指挥部报到；

应急救援过程中，救援现场秩序较为混乱，显示现场不同单位、不同部门之间协调还存在问题。

上述问题，现场总指挥已在演练讲评中传达，各单位已按总指挥要求，进一步提高应急准备、应急响应水平。

三、应急预案修改建议

无。

二〇　年　月　日

第7章　化学品事故调查处理技术

7.1　生产安全事故报告和调查处理

国务院第493号令《生产安全事故报告和调查处理条例》规定：特别重大事故由国务院或者国务院授权有关部门组织事故调查组进行调查。重大事故、较大事故、一般事故分别由事故发生地省级人民政府、设区的市级人民政府、县级人民政府负责调查。省级人民政府、设区的市级人民政府、县级人民政府可以直接组织事故调查组进行调查，也可以授权或者委托有关部门组织事故调查组进行调查。未造成人员伤亡的一般事故，县级人民政府也可以委托事故发生单位组织事故调查组进行调查。上级人民政府认为必要时，可以调查由下级人民政府负责调查的事故。

自事故发生之日起30日内(道路交通事故、火灾事故自发生之日起7日内)，因事故伤亡人数变化导致事故等级发生变化，依照本条例规定应当由上级人民政府负责调查的，上级人民政府可以另行组织事故调查组进行调查。特别重大事故以下等级事故，事故发生地与事故发生单位不在同一个县级以上行政区域的，由事故发生地人民政府负责调查，事故发生单位所在地人民政府应当派人参加。

企事业单位根据事故的类别及严重程度，各类企业级事故由各单位职能部门负责调查，各单位安全监督管理部门为事故综合管理部门，主管各类事故的汇总、统计、分析和上报工作；按“四不放过”原则，对各类事故的调查处理情况进行监督。

各单位发生事故后，在地方政府部门调查处理的同时，企业内部也应组织调查。系统外的承包商、承运商发生事故，由其自行组织调查。各单位应对承包商、承运商的事故调查工作进行监督。

各单位安全监督管理部门负责本单位各类事故的汇总、统计、分析和上报工作，对本单位各类事故的调查处理情况进行监督管理。各类事故的调查、处理、统计、分析、归档等工作要按照“谁主管，谁负责”的原则，由各单位相关职能部门分工负责。具体职责如下：

(1) 人身事故由安全监督管理部门负责；

(2) 火灾和爆炸事故由消防管理部门负责；

(3) 设备事故由设备管理部门负责；

(4) 生产事故由生产、技术管理部门负责；

(5) 放射事故由环境保护管理部门负责；

(6) 交通事故由交通管理部门负责。

7.2　事故调查组

事故调查是由事故调查组独立完成的，根据事故种类和严重程度的不同，由不同部门组织调查组。

7.2.1 组成

国务院第493号令《生产安全事故报告和调查处理条例》要求事故调查组的组成应当遵循精简、效能的原则。

根据事故的具体情况，事故调查组由有关人民政府、安全生产监督管理部门、负有安全生产监督管理职责的有关部门、监察机关、公安机关以及工会派人组成，并应当邀请人民检察院派人参加。

事故调查组可以聘请有关专家参与调查。

7.2.2 成员条件

（1）事故调查组成员应当具有事故调查所需要的知识和专长；

（2）与所调查的事故没有直接利害关系；

（3）在事故调查工作中应当诚信公正、恪尽职守，遵守事故调查组的纪律，保守事故调查的秘密；

（4）实事求是、认真负责、坚持原则。

7.2.3 职责

（1）查明事故发生的经过、原因、人员伤亡情况及经济损失情况；

（2）认定事故的性质和确定事故责任者；

（3）提出对事故责任者的处理建议；

（4）总结事故教训，提出防范和整改措施；

（5）提交事故调查报告。

7.2.4 权力

（1）事故调查组有权向有关单位和个人了解与事故有关的情况，并要求其提供相关文件、资料，有关单位和个人不得拒绝；

（2）有权要求事故发生单位的负责人和有关人员在事故调查期间不得擅离职守，并应当随时接受事故调查组的询问，如实提供有关情况；

（3）事故调查中发现涉嫌犯罪的，事故调查组应当及时将有关材料或者其复印件移交司法机关处理；

（4）事故调查中需要进行技术鉴定的，事故调查组应当委托具有国家规定资质的单位进行技术鉴定，必要时，事故调查组可以直接组织专家进行技术鉴定。

7.3 事故调查方法与程序

7.3.1 现场处理

（1）事故发生后，应救护受伤害者，采取措施制止事故蔓延扩大；

（2）认真保护事故现场，凡与事故有关的物体、痕迹、状态，不得破坏；

（3）为抢救受伤害者需要移动现场某些物体时，必须做好现场标志。

7.3.2 物证搜集

（1）现场物证包括破损部件、碎片、残留物、致害物的位置等。

（2）在现场搜集到的所有物件均应贴上标签，注明地点、时间、管理者。

（3）所有物件应保持原样，不准冲洗擦拭。

（4）对健康有危害的物品，应采取不损坏原始证据的安全防护措施。

7.3.3 事故事实材料的搜集

（1）与事故鉴别、记录有关的材料：

包括发生事故的单位、地点、时间；受害人和肇事者的姓名、性别、年龄、文化程度、职业、技术等级、工龄、本工种工龄、技术状况、接受安全教育情况、过去的事故记录及支付工资的形式；出事当天，受害人和肇事者什么时间开始工作、工作内容、工作量、作业程序、操作时的动作(或位置)；

（2）事故发生的有关事实：包括事故发生前设备、设施等的性能和质量状况；使用的材料；有关设计和工艺方面的技术文件、工作指令和规章制度方面的资料及执行情况；关于工作环境方面的状况；个人防护措施状况；出事前受害人和肇事者的健康状况；其它可能与事故致因有关的细节或因素。

7.3.4 证人材料搜集

要尽快进行证人材料搜集，并对证人的口述材料，认真考证其真实程度。

7.3.5 现场摄影

（1）显示残骸和受害者原始存息地的所有照片；

（2）可能被清除或被践踏的痕迹，如刹车痕迹、地面和建筑物的伤痕，火灾引起损害的照片、冒顶下落物的空间等；

（3）事故现场全貌；

（4）利用摄影或录像，以提供较完善的信息内容。

7.3.6 事故图

报告中的事故图，应包括了解事故情况所必需的信息，如：事故现场示意图、流程图、受害者位置图等。

7.4 事故分析

事故原因分析包括直接原因、间接原因、主要原因。要明确事故的原因，首先要确定事故原点，就是事故隐患转化为事故的具有初始性、突变性特征的，与事故发生有直接因果关系的最初起点；其次是在分析事故时，应从直接原因入手，逐步深入到间接原因，从而掌握事故的全部原因。

7.4.1 事故分析步骤

（1）整理和阅读调查材料；

（2）伤亡事故按以下七项内容进行分析：

① 受伤部位；②受伤性质；③起因物；④致害物；⑤伤害方式；⑥不安全状态；⑦不安全行为。

（3）确定事故的直接原因；

（4）确定事故的间接原因；

（5）确定事故的责任者。

7.4.2 事故原因分析

（1）直接原因

① 机械、物质或环境的不安全状态（见《企业职工伤亡事故分类标准》GB 6441—86 附录 A-A6 不安全状态）；

② 人的不安全行为（见《企业职工伤亡事故分类标准》GB 6441—86 附录 A-A7 不安全行为）。

（2）间接原因

① 技术和设计上有缺陷——工业构件、建筑物、机械设备、仪器仪表、工艺过程、操作方法、维修检验等的设计，施工和材料使用存在问题；

② 教育培训不够，未经培训，缺乏或不懂安全操作技术知识；

③ 劳动组织不合理；

④ 对现场工作缺乏检查或指导错误；

⑤ 没有安全操作规程或不健全；

⑥ 没有或不认真实施事故防范措施；

⑦ 对事故隐患整改不力。

（3）主要原因

指直接原因和间接原因中对事故发生起主要作用的原因。

7.4.3 事故责任分析

根据事故调查所确认的事实，通过对直接原因和间接原因的分析，确定事故中的直接责任者和领导责任者；在直接责任者和领导责任者中，根据其在事故发生过程中的作用，确定主要责任者；根据事故后果和事故责任者应负的责任提出处理意见。

（1）直接责任者

指行为与事故发生有直接因果关系的人。

（2）领导责任者

指行为对事故发生负有领导责任的人。

（3）主要责任者

指在直接责任者和领导责任者中对事故发生负有主要责任的人。确定事故主要责任者的原则是事故的主要原因是谁造成的，谁就是事故的主要责任者。

7.4.4 经济损失计算

(1) 直接经济损失

指人身伤亡后支出的费用、善后费用及财产损失价值。

① 人身伤亡后支出的费用、善后费用按当地工伤保险规定执行。

② 固定资产损失价值按下列情况计算：

- 报废的固定资产，按固定资产净值减去残值计算；
- 损坏后能修复使用的固定资产，按实际损坏的修复费用计算。

③ 流动资产损失价值按下列情况计算：

- 原材料、燃料、辅助材料等均按账面值减去残值计算；
- 成品、半成品、在制品等均以企业实际成本减去残值计算。

④ 火灾损失按照公安部《火灾直接财产损失统计方法》(GA185—1998)中关于火灾损失额的计算方法计算。

⑤ 中的车辆、船舶损失按当地保险公司理赔额计算。

(2) 间接经济损失：指停产、减产损失价值

① 停产期限计算从事故发生起(即停止产出合格产品)至完全恢复正式生产(即开始产出合格产品)止；

② 停产损失按企业产品的计划成本计算。

③ 多系统停产损失按各企业计划成本计算。

7.5 事故档案管理

(1) 事故档案是指安全事故调查报告、事故调查和处理过程中形成的具有保存价值的各种文字、图表、声像、电子等不同形式的历史记录。

(2) 事故档案管理应与事故调查处理同步进行。事故调查组应安排专门人员负责收集、整理事故调查和处理期间形成的文字材料，并在事故调查结束后及时移交有关部门。

(3) 事故档案由组织事故调查处理的单位或部门负责管理。

(4) 事故档案主要包括：

① 事故调查报告及领导批示。

② 事故调查组织工作的有关材料，包括事故调查组成立批准文件、内部分工、调查组成员名单及签字等。

③ 事故抢险救援报告。

④ 现场勘查报告及事故现场勘查材料，包括事故现场图、照片、录像，勘查过程中形成的其他材料等。

⑤ 事故技术分析、取证、鉴定等材料，包括技术鉴定报告，专家鉴定意见，设备、仪器等现场提取物的技术检测或鉴定报告，以及物证材料或物证材料的影像材料，物证材料的事后处理情况报告等。

⑥ 安全生产管理情况调查报告。

⑦ 伤亡人员名单，尸检报告或死亡证明，受伤人员伤害程度鉴定或医疗证明。

⑧ 调查取证、谈话、询问笔录等。

⑨ 其他有关认定事故原因、管理责任的调查取证材料，包括事故责任单位营业执照、有关资质证书复印件、作业规程等。

⑩ 事故经济损失的材料。

⑪ 事故调查组工作简报。

⑫ 与事故调查工作有关的会议记录。

⑬ 其他与事故调查有关的文件材料。

⑭ 事故调查处理意见的请示(附事故调查报告)。

⑮ 事故处理决定、批复或结案通知。

⑯ 相关单位对事故责任认定和对责任人进行处理的意见函。

⑰ 对事故责任单位和责任人责任追究落实情况的文件材料。

⑱ 其他与事故处理有关的文件材料。

7.6 事故调查基本要求

事故调查是整个事故管理的基础，事故调查处理应当坚持实事求是、尊重科学的原则，及时、准确地查清事故发生的基本事实，包括事故经过、事故原因、事故损失，事故性质，事故责任，总结事故教训，提出整改措施，并对事故责任者提出恰当的处理意见，对事故的预防提出合适的防范措施，并使广大职工从中吸取深刻的教训。

(1) 调查人员必须按事故现场的实际进行调查、提取物证，按物证做出事故结论。

(2) 调查人员必须掌握事故调查技术，懂得产品性能、工艺条件、设备结构、操作技术等科学知识，才能圆满完成这一任务。

(3) 坚持“四不放过”原则。

(4) 事故调查前调查组要制订调查方案，明确调查重点，做到合理分工，任务明确，职责分明。

7.7 撰写和审查事故调查报告

事故调查报告是调查报告的一种、是事故调查之后经过调查者的分析而写成的报告材料。一起事故，特别是重大、特大事故，往往造成人员伤亡和财产的重大损失。不仅需要查清事故原因，从中吸取教训，制定防范措施，同时涉及到事故责任者的处理乃至追究刑事责任。因此，事故调查报告既是反映事故综合情况的企业安全生产管理的档案材料，又是对事故责任者追究安全乃至刑事责任的法律依据，应该具有严密的科学性和法定的权威性。

事故调查报告的写作，必须遵循实事求是的原则、严肃认真的写作态度和准确无误的科学分析。

安全处(科)长应该具有撰写事故调查报告的能力和审查事故调查报告的能力。

7.7.1 事故调查报告主要特点

(1) 不仅要介绍事故发生的全过程，还要对事故进行本质的分析、评价，从中总结教训，探索其规律；

(2) 事故调查报告所反映的内容必须客观存在，是事故本来面貌的记录，能够真实地反映事故发生的经过和原因，让人们从中清楚地看出事故是在什么样的条件下发生的，促成事故的原因是什么；

(3) 从不同侧面反映出导致事故发生的客观条件和主观因素，作到所写的事故经过真实，原因分析准确，对事故责任者处理意见客观公正，事故预防措施切实可行，真正起到吸取教训，提高认识，清除隐患，预防事故，强化安全工作的作用。

7.7.2 事故调查报告的内容

包括：事故发生单位概况；事故发生的时间、地点以及事故现场情况；事故发生经过和事故救援情况；事故造成的人员伤亡和直接经济损失；事故发生的原因和事故性质；事故责任的认定以及对事故责任者的处理建议；事故防范和整改措施以及 事故调查报告应当附上有关证据材料。

7.7.3 事故调查报告的写作技巧

事故调查报告的具体格式与内容虽有固定要求，但要写好一篇事故调查报告，还要掌握一定的写作技巧。

(1) 标题

标题是一篇文章的门面，是帮助读者阅读和理解文中内容的窗口，事故调查报告亦是如此。总之，题目要尽量精减，只要表达清楚，字数要力求少而精。

(2) 文体

事故调查报告属于调查报告形式的一种，文体要符合报告的文体要求。

(3) 文字表达

事故调查报告的文字不需要文学式的描述，只要求语言文字表达简洁，明白、准确。特别注意要使用通俗易懂的词语，而忌用深僻的术语，地方用语或应用面很窄的行业用语。

(4) 结构层次

写事故调查报告一般都采用倒叙的方式，先摆出事故发生的事实，如在何时、何地发生什么事故，死伤人数，经济损失情况等。然后按事故发生的先后顺序，叙述事故的经过和事故的原因分析等。

7.8 事故处理

在事故调查结束后，就要进行事故处理工作。其中包括确定事故的性质；对责任事故进行责任分析，提出对责任者的处理意见；制定防范措施；建立事故档案四项工作。

事故处理必须坚持“四不放过”原则，即事故原因未查清不放过、事故责任人员未处理不放过、整改措施未落实不放过、有关人员未受到教育不放过。

7.8.1 事故的性质

事故的性质分为责任事故、自然事故、有意破坏。

(1) 责任事故是由于人的失误或失职造成的非预谋性事故；

(2) 自然事故是人力不可抗拒的非人为事故；

(3) 有意破坏则是有预谋的人为破坏事件。

7.8.2 确定事故责任的原则

下述原因造成的事故，应首先追究领导者的责任：

(1) 工人没按规定进行安全教育和技术培训，或未经工种考试合格就上岗操作；

(2) 缺少安全技术操作规程或规程不健全；

(3) 安全措施、安全信号、安全标志、安全用具、个体防护用品缺乏或有缺陷；

(4) 设备严重失修或超负荷运转；

(5) 对事故熟视无睹、不采取措施、或挪用安全技术措施经费，致使重复发生同类事故；

(6) 对已经列入事故隐患治理或安全技术措施的项目，既不按期实施，又不采取应急措施而造成事故；

(7) 发生事故后，不按"四不放过"的原则处理，不认真吸取教训，不采取整改措施，造成事故重复发生；

(8) 对现场工作缺乏检查或指导错误。

下述原因造成的事故，应追究肇事者或有关人员责任：

(1) 违章指挥、违章作业、违反劳动纪律；

(2) 违反安全生产责任制，玩忽职守；

(3) 擅自开动设备，擅自更改、拆除、毁坏、挪用安全装置和设备

(4) 忽视劳动条件，削弱劳动保护措施；

(5) 在事故发生后隐瞒不报、谎报、故意拖延不报、故意破坏事故现场，或者无正当理由，拒绝接受调查以及拒绝提供有关情况和资料。

7.8.3 事故处罚

7.8.3.1 处罚的形式

7.8.3.1.1 罚款

依据《安全生产法》《危险化学品安全管理条例》《生产安全事故报告和调查处理条例》以及《<生产安全事故报告和调查处理条例>罚款处罚暂行规定》等法律法规，各级政府安全生产监督管理部门有权对违反安全生产法规的企业和相关人员处以罚款。

(1) 依据《<生产安全事故报告和调查处理条例>罚款处罚暂行规定》第十一条规定，事故发生单位主要负责人有《条例》第三十五条规定的行为之一的，依照下列规定处以罚款：

① 事故发生单位主要负责人在事故发生后不立即组织事故抢救的，处上一年年收入80%的罚款；

② 事故发生单位主要负责人迟报或者漏报事故的，处上一年年收入40%~60%的罚款；

③ 事故发生单位主要负责人在事故调查处理期间擅离职守的，处上一年年收入60%~80%的罚款。

(2) 依据《<生产安全事故报告和调查处理条例>罚款处罚暂行规定》第十二条，事故发生单位有《条例》第三十六条第一项规定行为之一的，处200万元的罚款；同时贻误事故抢救或者造成事故扩大或者影响事故调查的，处300万元的罚款；同时贻误事故抢救或者造成事故扩大或者影响事故调查，手段恶劣，情节严重的，处500万元的罚款。

事故发生单位有《条例》第三十六条第二至六项规定行为之一的，处100万元以上200

万元以下的罚款；同时贻误事故抢救或者造成事故扩大或者影响事故调查的，处200万元以上300万元以下的罚款；同时贻误事故抢救或者造成事故扩大或者影响事故调查，手段恶劣，情节严重的，处300万元以上500万元以下的罚款。

（3）依据《<生产安全事故报告和调查处理条例>罚款处罚暂行规定》第十三条，事故发生单位的主要负责人、直接负责的主管人员和其他直接责任人员有《条例》第三十六条规定的行为之一的，依照下列规定处以罚款：

① 伪造、故意破坏事故现场，或者转移、隐匿资金、财产、销毁有关证据、资料，或者拒绝接受调查，或者拒绝提供有关情况和资料，或者在事故调查中作伪证，或者指使他人作伪证的，处上一年年收入80%~90%的罚款；

② 谎报、瞒报事故或者事故发生后逃匿的，处上一年年收入100%的罚款。

（4）依据《<生产安全事故报告和调查处理条例>罚款处罚暂行规定》第十四条，事故发生单位对造成3人以下死亡，或者3人以上10人以下重伤(包括急性工业中毒)，或者300万元以上1000万元以下直接经济损失的事故负有责任的，处10万元以上20万元以下的罚款。

事故发生单位对一般事故发生负有责任且谎报或者瞒报事故的，处20万元的罚款。

（5）依据《<生产安全事故报告和调查处理条例>罚款处罚暂行规定》第十五条，事故发生单位对较大事故发生负有责任的，依照下列规定处以罚款：

① 造成3人以上6人以下死亡，或者10人以上30人以下重伤(包括急性工业中毒)，或者1000万元以上3000万元以下直接经济损失的，处20万元以上30万元以下的罚款；

② 造成6人以上10人以下死亡，或者30人以上50人以下重伤(包括急性工业中毒)，或者3000万元以上5000万元以下直接经济损失的，处30万元以上50万元以下的罚款。

③ 事故发生单位对较大事故发生负有责任且有谎报或者瞒报行为的，处50万元的罚款。

（6）依据《<生产安全事故报告和调查处理条例>罚款处罚暂行规定》第十六条，事故发生单位对重大事故发生负有责任的，依照下列规定处以罚款：

① 造成10人以上15人以下死亡，或者50人以上70人以下重伤(包括急性工业中毒)，或者5000万元以上7000万元以下直接经济损失的，处50万元以上100万元以下的罚款；

② 造成15人以上30人以下死亡，或者70人以上100人以下重伤(包括急性工业中毒)，或者7000万元以上1亿元以下直接经济损失的，处100万元以上200万元以下的罚款。

③ 事故发生单位对重大事故发生负有责任且有谎报或者瞒报行为的，处200万元的罚款。

（7）依据《<生产安全事故报告和调查处理条例>罚款处罚暂行规定》第十七条，事故发生单位对特别重大事故发生负有责任的，处200万元以上500万元以下的罚款。

事故发生单位有本条第一款规定的行为且谎报或者瞒报事故的，处500万元的罚款。

（8）依据《<生产安全事故报告和调查处理条例>罚款处罚暂行规定》第十八条，事故发生单位主要负责人未依法履行安全生产管理职责，导致事故发生的，依照下列规定处以罚款：

① 发生一般事故的，处上一年年收入30%的罚款；

② 发生较大事故的，处上一年年收入40%的罚款；

③ 发生重大事故的，处上一年年收入60%的罚款；

④ 发生特别重大事故的，处上一年年收入80%的罚款。

7.8.3.1.2　行政处分和党内处分

(1) 行政处分分为：警告、记过、记大过、降职、引咎辞职、撤职、留用察看、开除；

(2) 党内处分分为：警告、严重警告、撤职、开除党籍留党察看、开除党籍；

(3) 吊销各种资格证、合格证等；

(4) 提请司法机关依法处理。

7.8.3.2　处罚权限

7.8.3.2.1　国务院令第493号《生产安全事故报告和调查处理条例》规定：

(1) 重大事故、较大事故、一般事故，负责事故调查的人民政府应当自收到事故调查报告之日起15日内做出批复；特别重大事故，30日内做出批复，特殊情况下，批复时间可以适当延长，但延长的时间最长不超过30日。

(2) 有关机关应当按照人民政府的批复，依照法律、行政法规规定的权限和程序，对事故发生单位和有关人员进行行政处罚。

(3) 事故发生单位应当按照负责事故调查的人民政府的批复，对本单位负有事故责任的人员进行处理。

(4) 负有事故责任的人员涉嫌犯罪的，依法追究刑事责任。

7.8.3.2.2　《安全事故管理规定》明确了事故的处理权限，按照事故的级别分别由相应的部门进行处理。

(1) 一般事故由事故调查组提出处理建议，经各单位审批后，报安全部门备案；由某石化企业组织的一般事故调查，其处理意见通报各单位。

(2) 较大、重大事故由事故调查组提出处理建议，报某上级部门审批。

(3) 特别重大事故的处理，按照国家有关规定执行。

(4) 地方政府组织调查的事故，事故单位应当根据事故调查结果，对本单位负有事故责任的人员进行处理。

7.8.3.3　必须严肃处理的情况

(1) 对工作不负责，违反劳动纪律，不严格执行各项规章制度，造成事故的主要责任者；

(2) 对已列入安全技术措施项目，不按期实施，又不采取应急措施而造成事故的主要责任者；

(3) 对违章指挥，强令冒险作业，劝阻不听造成事故的主要责任者；

(4) 对忽视劳动条件，削弱劳动保护措施而造成事故的主要责任者；

(5) 对设备长期失修、带病运转，又不采取紧急措施而造成事故的主要责任者；

(6) 发生事故后，不按"四不放过"原则处理，不认真吸取教训，不采取整改措施，造成事故重复发生的主要责任者。

7.8.3.4　事故调查处理期间责任追究

事故调查处理期间，事故发生单位及其有关人员有下列行为之一的，分别对事故发生单位及其主要负责人、直接负责的主管人员和其他直接责任人员处以罚款、行政处分或者追究刑事责任：

(1) 不立即组织事故抢救的；

（2）在事故调查处理期间擅离职守的；
（3）迟报、谎报或者瞒报事故的；
（4）伪造或者故意破坏事故现场的；
（5）转移、隐匿资金、财产，或者销毁有关证据、资料的；
（6）拒绝接受调查或者拒绝提供有关情况和资料的；
（7）在事故调查中作伪证或者指使他人作伪证的；
（8）事故发生后逃匿的。

7.8.4 事故防范措施

7.8.4.1 事故防范措施的制定

（1）事故防范措施是由事故调查组根据事故的原因，提出的有针对性的、具体的防止同类事故重复发生的办法；

（2）事故防范措施既要注重其安全方面的有效性、可靠性，又要考虑技术方面的可行性；

（3）事故防范措施既要考虑防止事故发生的措施，又要考虑防止事故扩大的措施；

（4）事故防范措施既要注重设计、制造等技术性措施，更要注意管理、教育、培训等其它措施。

（5）事故防范措施不能一劳永逸，要随生产和科学技术的发展而发展，注重科学研究，特别是对尚未认识的危险因素的科学研究。

7.8.4.2 事故防范措施的落实

（1）事故发生单位应当认真吸取事故教训，落实防范和整改措施，防止事故再次发生；

（2）防范和整改措施的落实情况应当接受工会和职工的监督；

（3）安全生产监督管理部门和负有安全生产监督管理职责的有关部门应当对事故发生单位落实防范和整改措施的情况进行监督检查。

7.8.5 建立和使用事故档案

事故档案是人们研究事故发生的原因、制定防止事故重复发生的措施、提高企业安全管理水平的重要资料，事故档案对研究事故发生规律，防范事故发生有重要作用，同时可作为职工安全教育的素材，也可为领导机关的安全生产决策提供依据。在事故结案后，事故档案应及时归档，并应长期保存。

7.9 事故的统计分析

事故的统计分析是建立在完善的事故调查、登记、建档基础上的，也就是说，是依赖于事故资料的完善和齐备。然而，这些完备的事故资料，只不过是一件件独立的偶然事件的客观反映，并无规律可言。但是，通过对大量的、偶然发生的事故进行综合分析就可以从中找出必然的规律和总的趋势，从而提高对事故进行预测和预防的水平。

事故的统计是事故管理工作的重要内容。做好该项工作，能及时掌握准确的事故统计资料，如实反映企业的安全状况和事故发展趋势，为各级领导决策，指导安全生产和制定计划提供依据。

7.9.1 事故的统计分析

事故的统计分析就是统计学在事故管理中的应用，即运用数理统计方法，对大量的事故资料进行收集、加工、整理和分析，从中揭示出事故发生的某种必然规律，为防止事故发生提供参考。

7.9.2 名词、术语

（1）伤亡事故：指企业职工在生产劳动过程中，发生的人身伤害(以下简称伤害)、急性中毒(以下简称中毒)。

（2）损失工作日：指被伤害者失能的工作时间。

（3）暂时性失能伤害：指伤害及中毒者暂时不能从事原岗位工作的伤害。

（4）永久性部分失能伤害：指伤害及中毒者肢体或某些器官部分功能不可逆的丧失的伤害。

（5）永久性全失能伤害：指除死亡外，一次事故中，受伤者造成完全残废的伤害。

7.9.3 统计表

把统计调查所得数字资料，经过汇总整理，按一定要求填在一定的表格中，这种表叫统计表。统计表的形式很多，有简单表、分组表和复合表等。

集团公司规定：各单位安全监督管理部门每月 6 日前填写《某石化企业各单位(年)月事故统计表》报安全环保局。《某石化企业各单位(年)月事故统计表》的内容主要包括人身、火灾、爆炸、设备、放射、生产、交通及其他事故，统计发生的事故次数及死亡、重伤人数和直接损失，其具体格式见集团公司《安全事故管理规定》附表。

7.9.4 统计图

统计图是根据统计数字，用几何图形、事物的形象等绘制的各种图形。其中有几何图，如条形比较图、条形结构图、条形动态图、圆形图、玫瑰图、对数曲线图等；象形图，如人体图、总平面图、金字塔图等。

7.9.5 统计指标

除了伤亡事故的绝对指标和相对指标外，国家标准 GB 6441—86《企业职工伤亡事故分类》中，还规定了以下 6 种伤亡事故统计指标：

（1）千人死亡率：表示某时期内，每千名职工因伤亡事故造成死亡的人数。

（2）千人重伤率：表示某时期内，每千名职工因工伤事故造成重伤的人数。

（3）伤害频率：表示某时期内，每百万工时中，事故造成伤害的人数。伤害人数指轻伤、重伤、死亡人数之和。

（4）伤害严重率：表示某时期内，每百万工时中，事故造成的损失工作日数。

（5）伤害平均严重率，表示某时期内，每人次受伤害的平均损失工作日数。

（6）按产品产量计算的死亡率，其中有百万吨死亡率。

7.9.6 交通事故统计原则

（1）在生产厂区、作业场所内，本单位车辆发生负主要责任的事故，造成执行任务的员工伤亡或直接经济损失在 10 万元及以上的，作为工业伤亡事故统计；负次要责任的作为交通事故统计。

（2）在生产厂区、作业场所内，本单位车辆发生负主要责任的事故，造成单位外部人员伤亡或直接经济损失在 10 万元及以上的，作为交通事故统计；负次要责任的不作考核统计。

（3）在生产厂区、作业场所内，外单位车辆发生负次要责任的交通事故，造成我单位执行任务的员工伤亡或直接经济损失在 10 万元及以上的，作为交通事故统计；负主要责任的不作考核统计。

（4）在公共交通道路上，本单位车辆在执行任务中发生负主要责任的交通事故，造成人员伤亡或直接经济损失在 10 万元及以上的，作为交通事故统计；负次要责任的不作考核统计。

（5）船舶发生事故，应按照海(水)上交通事故有关规定处理。

7.9.7 事故统计分析工作的基本程序和内容

（1）事故统计分析的基本程序

事故统计分析的基本程序是：事故资料的统计调查→加工整理→综合分析。三者是紧密相连的整体，是人们认识事故本质的一种重要方法。其基本程序如图 7-1 所示。

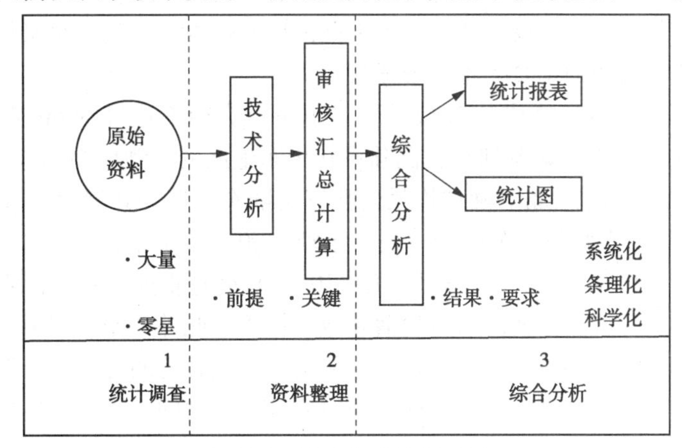

图 7-1 事故统计分析程序

（2）事故统计分析工作的内容

① 事故资料的统计调查

即采用各种手段收集事故资料，将大量零星的事故原始资料系统全面地集中起来。事故调查项目，应按事故调查目的设置，如事故发生的时间、地点、受害人的姓名、性别、年龄、工种、伤害部位、伤害性质、直接原因、间接原因、起因物、致害物、事故类型、事故经济损失、休工天数等。项目的填写方式，可采用数字式、是否或文字式等。

② 事故资料的整理

是根据事故统计分析的目的进行恰当分组和进行事故资料的审核、汇总，并根据要求计算有关数值，统计分组。如按行业、事故类型、伤害严重程度、经济损失大小、性别、年龄、工龄、文化程度、时间等进行分组。审核汇总过程，要检查资料的准确性。看资料的内容是否合乎逻辑，指标之间是否相互矛盾，通过计算，检查有无差错。

③ 事故资料的综合分析

是将汇总、整理的事故资料及有关数据填入统计表或标上统计图，得出恰当的统计分析结论。

第8章　应急装备物资管理

应对突发事件类似于打仗，兵马未动，粮草先行。因此，必须加强应急装备、物资管理，确保事故状态下安全防护用品能够充分发挥作用，做到事故处理高效，应急保障有力，减少人身伤害和财产损失，确保安全生产。

8.1　预置储备确保应急

预置是把作战物资预先储备在可能发生战争的地区或其附近地区，这是美军后勤实施快速保障的重要方法。美国的预置分为海上预置和陆上预置。目前部署在地中海的预置船队载有一个陆战远征旅1.73万人的装备和至少30天的补给。而部署在印度洋上的海上预置船队除载有1个装甲旅的装备外，还储存有桶装油料、建筑材料、水上起重机、拖船、通用登陆艇等各种作战所需的物资。这就意味着，海军陆战队只需要将人员和少量特定物资运至中东地区，即可实现人与装备的结合，迅速形成战斗力。

陆上预置方面，科威特境内的多哈兵营，距伊拉克南部边境约60公里，可能是美军“倒萨”地面战的前沿基地。该基地是美国陆军在中东地区的大型后勤基地，储存有M1主战坦克、M2步兵战车等陆战装备。阿瑞坎兵营驻有美陆军部队，并储存了陆军2个装甲营和1个机械化步兵营的所有装备。美国陆军还在卡塔尔预置了1个师部和1个装甲旅的装备。另外，美国空军也在阿拉伯半岛预置有价值约10亿美元的油料、弹药和装备，甚至还有整体厨房，可以支持多个机场驻地的人员生活和战斗保障。此外，印度洋中部的迪戈加西亚岛是美军一个大型海空综合性战略基地。目前，从美国调往海湾的海军航母编队、空军战斗机联队和陆军部队，都是经过该岛并在此加油补给后开往海湾的，该基地还预置了大量军事装备和作战物资。

就地筹措作补充，早在1991年海湾战争时，美国除动员本国的物资生产能力和动用本国的物资储备外，还进行了就近就地筹措，也得到了中东国家在人财物等方面的大力支持，较好地满足了战争需要。

当年，20多万美军云集海湾，仅在科威特境内的兵力就超过10万人。美军后勤部门一时还难以从本土及时组织所需全部物资实施有效保障。加之不少物资军民通用，当地就可以买到，于是美军官兵掀起了一股采购风。在科威特，洗衣粉、香皂、床单、枕头、手纸等日用品以及水果、食品、帐篷等等，都在美军采购清单之列，让科国商人大赚了一把。

不仅如此，随着美军驻军的增加，原先配给的军用车辆已经明显不足。为了解决这个问题，美军还从科威特人手中购买大型车辆。由于人力的不足，美军大量雇用了当地人从事后勤保障工作，如铺设输水管道、装卸物资、搭建军用帐篷等。

8.2　警队装备监督管理

香港警队对各部门的各种装备舍得投入，各种装备器材比较先进。室内装置有先进的电脑，可通过有线，无线电话接收各种信息，卫星转播的图像，而且很清晰；主要交通道口，大街小巷都有监控设备，特别是“999”热线一接就通，指挥警务人员为市民排忧解难。指挥中心的警务人员还专门为考察团讲解示范，例如一车违章，在1min内马上能查到该车的全部情况，即车主、单位、车架号、发动机号、驾驶员情况及车辆技术状况等，为路面交警提供处理依据。另外还设有高级指挥人员指挥室，供有重大情况时指挥用，设备十分齐全。

香港警队现有电脑近5000台，仅通讯仓库就有2亿多港元的通讯材料；各种车辆2400多辆，而且车辆装备齐全，巡逻车、运兵车、指挥车、支援车、刑事案件调查车、越野车都安装广播及警报系统，安装雾灯、灭火器、电台、车速侦察器等设备。警队每年的车辆增购及更新由政府车辆管理处统一拨款。仅车辆维修一项，1996年、1997年度即需支付1亿1600万元。政府车辆管理处备有紧急车辆编配册，提供紧急警务用车；需要时，警务处可向政府其他部门借用约80辆货车或同类型车辆。全港警队在各区设有38个加油站。

枪支做到人手一支，仓库有各种充足枪支弹药备用，每年用以更新的枪、弹费用达2000多万元，并设有枪械修理车间。水警各类船舰装备有165艘。警务人员的个人装备精良，据支援部的高级督察介绍，警务人员的装备原则是从实际出发，从需要出发。例如，对警务人员的军装，设有专门的研制委员会检查警队现存的制服及装备，向政府物料供应处处长作出有关制服的配额和建议，经装备委员会讨论并进行试验，报行动处长审核呈参事处长批准，然后进行购置。所有警务制服统一经费，统一制作，统一量体裁衣，统一发放，政府根据需要拨款。仅一件秋、冬两用的巡逻风衣即需制做费2300元左右，由此可见香港政府在警务个人装备上投入之巨大。

在资源管理方面，香港警队具有如下几个特点：

a. 实行严格的审批制度。在经费的使用上，只有财务处能代表警务处长进行全警队的经费管理，其他部门均无此职能。

b. 实行统筹的原则，统一归口采购。这种采购也是在政府物料统筹的前提下进行的。采、供、分配三个环节都按有关程序进行，堵塞了漏洞。

c. 统筹开发，统一推广。资源是有限的，多头开发、重复研制的投资不仅效率很低，而且造成了极大的浪费。

d. 对经费开支和物料流通建立有效的监督机制。组织专人每年对警队的资源进行核数，包括对经费账目、实有物资、固定资产的核对，并进行审核。

8.3 应急装备、物资的类别

8.3.1 消防、气放装备类

包括：消防车辆、防护器材、侦检器材、破拆器材、攀登器材、照明器材、通讯器材等。

8.3.2 应急抢险装备

便携汽油泵、便携柴油泵、便携汽油电焊机、气动隔膜泵、带压开孔设备、专用卡具等。

8.3.3 仪器、仪表类

包括生命探测仪、烟雾成像仪、热成像仪、可燃气报警仪、有毒有害报警、可燃气报警仪(便携)。

8.4 日常管理内容

8.4.1 加大对应急管理的资金投入力度

无论是应急队伍建设、人员培训、应急预案的演练，还是应急装备和物资的准备，均需要一定的资金支持。各单位要将应急经费纳入到本单位年度财务预算中，实行严格的审批制度，健全应急资金拨付制度，保障应急管理工作有效开展。对经费开支建立有效的监督机制，组织专人每年对本单位的经费账目开支进行核数。

8.4.2 现有应急装备、物资的管理

加强实物储备的管理，配齐常规救援装备并保持装备的完好性。各单位对现有的实物储备要指定专人管理，确保完备好用，对于本单位目前上报公司的可调用的应急装备，要加强维护和保养，确保其可调用性。对物料流通建立有效的监督机制，组织专人每年对本单位的资源进行核数，包括对实有物资，固定资产的核对，并进行审核。

（1）消防、气防器材管理

a. 各中队、气防站对车上装备的所有消防器材必须按名称、规格、数量逐项登记造册，做到心中有数。

b. 各车班长根据本车配备的人数和器材数量，合理安排，分工保管各种器材，责任必须明确到人。

c. 严格器材交接班制度。交接班时要认真细致检查器材装备，出现问题交接不清，不能交接。

d. 各岗位人员对分工保管的消防器材，要经常进行维护保养，保证器材清洁，完整好用。

e. 在完成灭火、抢险或训练任务后，要对器材进行清点和必要的维护保养，迅速恢复战备值班状态。

f. 各中队、气防站要设专用消防器材库，并由战训副队长负责管理。

g. 器材库要建账、建卡。出入库要登记，做到账物相符，字迹清楚，不得涂改。

h. 器材存放要分类分架定位摆放，做到标记鲜明，材质不混，名称不错，数量准确，规格不串。

i. 要经常对库房内的消防器材进行维护保养，保持库房清洁、卫生。

j. 所有消防器材要妥善管理，不得挪作它用。

（2）各种消防、气防车辆管理

a. 例行保养。每日调班前和每次出动后，必须进行以检查、清洁为中心的例行保养。主要内容是：清洁全车，检查发动机、泵浦、电气设备、控制仪表、泡沫混合器，以及方向盘、制动器、轮胎、灯光、喇叭、雨刷等是否正常，油、水、电、气和灭火药剂是否充足，随车器材是否丢损和放置牢固。发现问题，应及时解决，以保证消防车随时出动。

b. 一级保养。每隔三个月，或每次出动连续工作超过四小时以后，必须进行以润滑、紧固为中心的一级保养。主要内容是：除执行例行保养的全部作业外，要检查、紧固外露部位的螺栓、螺母，检查、添注各总成润滑油，润滑各个润滑点，清洗空气滤清器等，以减少

各活动结合部位的机械磨损，延长机械寿命。

c. 二级保养。每隔六个月，必须进行一次以检查调整为中心的二级保养。主要内容是：除执行一级保养的全部作业外，要对发动机、电气设备、制动、转向机构和离合器等进行检查调整，清洗机油盘和机油滤清器。按实际需要进行轮胎换位，并检查调整其它总成，以保证消防车各部机械完好，灵敏有效。

d. 三级保养。由支队根据车辆的实际情况和现有的技术力量统一安排，进行以总成解体、消除隐患为中心的三级保养。主要内容是：除执行二级保养的全部作业外，要拆洗检验发动机、泵浦和泡沫混合器，清除积炭、结胶和污垢；拆检调整变速器、传动轴、后桥、前轴以及转向、制动等机构；检查车架、车身，必要时进行喷漆，以延长消防车的使用年限。

e. 初驶保养。凡新车和大修车，在参加执勤备战之前，必须进行初驶保养。主要内容是：对全车进行检查、清洁、调整、紧固和润滑，限速行驶一千公里，使各部机械磨合均匀，避免剧烈损伤。

f. 停驶保养。对准备入库存放一周以上的消防车，必须进行停驶保养。主要内容是：排除汽缸余气，放尽车内存水，并对全车进行清洁润滑、涂油防锈、解除负荷、密封孔口，必要时进行喷漆，以防各部机械腐蚀受损。对随车器材的保养，应结合消防车辆的保养工作一道进行。

（3）事故专柜管理

a. 基层单位（作业部、车间）操作室配备 2~3 个事故专柜，仅限于存放附件要求的安全防护用品，与此无关的任何物品禁止存放。

b. 事故专柜内要有防护防用品的中文使用说明书，事故专柜检查记录。事故专柜上禁止粘贴任何文字，所有规定、文件资料统一放在标准的文件夹内。

c. 事故专柜每周检查一次，并将检查情况记录在事故专柜记录本上。过滤式防毒面具每次使用后要做好记录，空气呼吸器使用检查记录每月至少 2 次。

d. 安全防护用品出现故障、缺少的要及时维修、补充，保证时刻完好。要保持事故专柜的清洁卫生。

e. 各基层单位要制定相应的管理规定，加强防护用品管理，落实责任，造成防护用品丢失或人为损坏防护用品的，要对责任人进行考核。

8.4.3 加强损耗补充的管理

根据应急评估、应急策划结果，做好公司内可能发生的重大事故的应急物资准备工作。对于本单位储量不足或损耗的装备和物资，要做好相关的计划和采购工作。实行统筹的原则，统一归口采购。这种采购也是在公司物料统筹的前提下进行的，采、供、分配三个环节都按有关程序进行。

8.5 应急处置现场装备、物资管理内容

准备工作主要体现保险的方针，即一旦发生事故，要保证处置和救援工作能够有效地实施，必须做好救援设备、器材、物资等的准备。

8.5.1　设置临时区保存救援装备、物资

设置临时区不应该离事故现场太远，当然也要考虑安全，可位于应急指挥中心附近。临时区域应该有充足的车位，保证应急车辆自由移动。应设置保卫防止无关人员进入此区域，临时区选址时要考虑保证电力照明和水源充足。临时区的位置应该让所有有关人员知道，要张贴标识以指示应急人员。

临时区需设定专人管理，制定保存现有物资、设备和需求物资清单，包括收到和发放的清单。临时区常用的供应物资、设备是：呼吸器、灭火剂、泡沫、水管、水枪、检测器、挖土和筑堤设备、吸收剂、照明设备、发电机、便携式无线电和其他通讯设备、重型设备和车辆、特种工具、堵漏设备、食物、饮料、卫生设施、衣物、汽油、柴油。应配有塑料盆和安装喷头以擦洗防护设备和进行人员清洁。处理水和溢流水也应该尽可能收集，在消毒后处理。

8.5.2　应急过程中的新闻采访器材的管理

在可燃、有毒、有害气体泄漏的现场，禁止新闻记者和任何采访器材的进入。

处置的过程中，如果有的采访人员要进入事故现场，可以通过签发特别许可证的方法进行控制，必要的时候也可以召开新闻发布会。

在事故处置过程中对受害人或其亲属的采访，要在服从于新闻的真实性、对事故所具有的同情心以及受害人的个人隐私不受侵犯的可能性三个方面求得平衡。同时，管理者要对那些被新闻媒体过度关注的人采取保护措施。

8.6　应急响应中心建设

从业危险化学品是高危行业，具有高温高压、易燃易爆、有毒有害的特点，任何一项设备隐患、制度缺陷、程序遗漏、工作疏忽或个人违章行为，都可能造成事故，引发严重后果。同时，由于企业资产庞大、专业多样、工艺繁杂，加之连续作业和点多、面广、链长等特点，安全生产监管难度很大，防范事故任务艰巨。随着现代化生产的发展，生产储存装置逐渐呈现大型化、规模化发展，重特大危险源不断增多。因此，如何有效实施安全生产监控，控制事故的发展，对于保障企业的可持续发展极为重要。加强应急响应中心建设，建立安全生产应急救援机制，完善安全生产应急救援体系作为今后重点抓好的工作之一。应急响应中心实时监控和救援辅助决策如图 8-1 所示。

8.6.1　国外化学事故应急响应中心建设情况

国外石油化工园区大都建有事故应急指挥中心等类似机构，并在事故预防和应急处置中发挥重大作用。例如德国拜耳公司、巴斯夫公司的安全控制中心在保障生产安全方面起到了重要的枢纽作用，国内的上海化工园区也建立了应急指挥中心。

(1) 拜耳安全控制中心介绍

拜耳公司建有功能强大的安全控制中心，拥有 120 名应急队员和先进的应急指挥系统、消防车、救护车等应急软硬件器材，该中心在安全评估的基础上配置了大屏幕指挥系统、重点部位视频监视系统、事故模拟辅助决策系统、应急响应系统等。控制中心可以对重点区域实时视频监控，辅以计算机决策系统、实时气象数据采集系统，对各种自动报警器材和电话

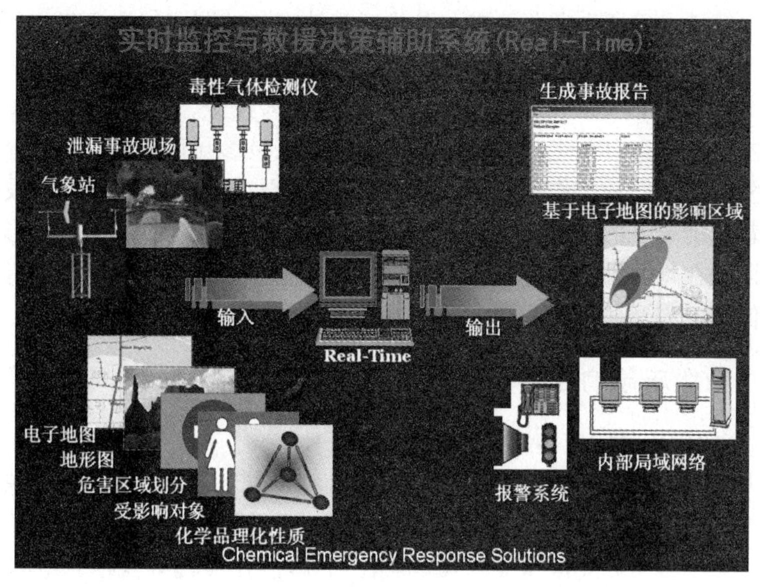

图 8-1　应急响应中心实时监控和救援辅助决策

报警进行跟踪和快速定位，并根据事故引发物质和当时天气状况等条件进行事故模拟计算，配置合理应急救援力量，然后快速出动。在发生事故时，依据预案，分工明确，各负其责。同时对不同的事故类型和规模，自动实施不同的应急方案。紧急警报可分为 3 个级别。一级警报：事故影响仅局限于本装置。如果发出该报警，所有非装置人员要立即离开此装置，并在指定的紧急集合点汇合，由应急人员进行处理，并报安全控制中心，控制中心通过视频监控系统了解事故的进展程度，并依据对现场的判断，随时做好出动准备。二级警报：事故影响本装置以外的其他相邻工厂，立即报告控制中心，出动应急救援力量；所有可能受到影响的工厂均按照相应的应急预案行动。如果需要，可执行三级报警：通知拜耳公司以外的其他公司，执行各自相应的应急预案。

（2）巴斯夫安全控制中心介绍

德国巴斯夫消防队安全控制中心位于德国的路德维希港，成立于 1913 年，它是巴斯夫化工园区的安全保障中心，负责监督响应巴斯夫工业区的生产事故，并为周边化工企业和化学品运输事故提供救援支持。它既是德国化学品运输事故援助网络（TUIS）中的 10 个紧急呼救中心之一，也是德国国家级的化学品运输事故应急指挥中心（National Response Center）。该中心的基本情况如下：

a. 日常运行：该安全控制中心值班人员由 16 名员工分成 4 组轮流值班，以保证其 1 周 7 天，1 天 24h 正常运转。该安全控制中心采用最先进的设备以保证其在特殊情况下的正常工作；另一方面，即使中心控制系统失灵，传统的管理系统仍然能够正常工作。

b. 应急管理决策支持：作为巴斯夫化工园的紧急响应枢纽，该安全控制中心借助计算和通讯系统完全实现计算机化紧急响应管理。根据事故报告，其“事故协调与信息系统”（ELIS）能够迅速提供救援车辆、物质及人员出动指导建议和现场工艺布置及事故物质危害信息支持。

c. 事故预警系统：巴斯夫在路德维希港共有 350 多家生产厂，这些化工装置和储存设施大都安装有自动灭火装置和预警系统，能够实现事故自动监测与处理。这些事故监测信号一部分直接传输到巴斯夫的安全控制中心，一部分由当地的报警控制中心直接处理并给出问题解决方案。据统计，巴斯夫在路德维希港化工基地安装的监测仪达 20000 多个，设立的报警控制中心达 500 多个。

d. 队伍建设：该控制中心的消防队员不仅承担灭火任务，他们还是防火专家，能够提供灾害预防技术支持。在日常生产活动中，这些消防队员参与化工装置的设计、规划、建设及投产的所有阶段，他们的工作包括审核安全距离设计、建筑防火材料选择及防火区划分的合理性，分析紧急情况下的交通状况、消防车的行驶路线、现场最坏事故情形等。同时，他们还负责为巴斯夫在路德维希港的 350 多家化工厂编制应急预案，并定期进行预案检查、审核与更新，以保障工人及居民的安全、健康与环境。

8.6.2 企业级应急响应中心建设

8.6.2.1 企业级应急响应中心的主要职能

应急响应中心的主要职能：依据企业应急预案相关规定，应急响应中心是常设机构，安排 24h 有人值守，采用常态和非常态管理相结合的原则，企业级应急中心主要完成以下工作：

日常工作状态下，主要完成企业的安全监控和监督功能（视频监控、检测仪信号监督）、应急事务的日常管理（应急预案的备案、应急值班、应急资源的整理和维护等）。

a. 在公司应急指挥中心的领导下，负责公司应急指挥中心的日常应急指挥工作；

b. 负责公司应急响应中心的应急值班；

c. 负责应急值班记录、录音和现场应急处置总结的审核、归档工作；

d. 负责公司二级单位应急预案的备案工作。

事故状态下，应急响应中心主要完成应急指挥功能（信息的上传下达，指令的发送等）和辅助决策功能（事故仿真，电话会议等决策功能），为事故处置提供快捷、有效的处置方案。

a. 应急事件发生时，组织、指导、协助和协调应急处理和应急救援；

b. 掌握应急事件的发生情况，及时向公司应急指挥中心领导汇报，确定应急处理对策；

c. 公司应急力量的调配、应急物资的准备；

d. 应急事件发生时负责判断并启动响应应急预案；

e. 按照公司应急指挥中心指令，及时通知公司各职能部门、二级单位和相关单位；

f. 按照公司应急指挥中心指令，向企业应急指挥中心办公室和地方政府应急管理办公室报告和求援。

8.6.2.2 企业级应急响应中心与事故处理紧密结合

应急响应中心的建设具有广泛的适应性，可以根据企业的不同及使用者的不同做出调整，使应急响应中心很好的与企业相结合，充分的发挥出其在事故处理和演练过程中的功能和作用。下面以扬子石化为例对应急响应中心在事故演习和事故处理中的作用进行简单的介绍。

扬子石化作为我国及中国石化重要的石油化工生产基地，十分重视企业安全生产。每年投入相当大的资金和力量进行安全隐患治理，改进安全生产条件等。在关键装置和要害部位配置了带有智能化自诊断功能的紧急停车系统、故障安全控制系统和工业电视安全监控系统。在危险化学品容易泄漏处安装可燃气体报警仪、有毒有害气体检测仪等监控检测设备。拥有专业的消防应急救援队伍和高性能的应急救援器材，编制了各级化学事故及其它安全生产事故应急预案。但各种资源功能单一，没有进行有效的整合，应急响应中心的建设使扬子石化在事故处理和应急响应等多方面都进行了明显的整合，将在事故应急救援和防范过程中发挥重大的作用。应急响应中心的二期建设中，建议应急响应中心的建设与生产调度相结合，利用一切可以调配的应急救援设备和力量对发生的事故进行及时有效的处置，减少事故对社会、国家、企业以及人民群众的危害。

2006 年 9 月 24 日，在扬子石化进行了一次扬子石化苯罐泄漏重大事故应急演练，在此次演练过程中，扬子石化应急响应中心发挥了重要的作用。当应急响应中心人员接到事故电话时，根据现场情况启动公司应急预案，通过短信平台和电话对相关领导和应急人员进行事故通知，召开紧急会议，确定初步方案。事故处置过程中，根据应急响应中心视频监控系统对事故现场进行实时监控，并通过事故模拟及辅助决策系统对事故的发展动态进行模拟，为现场应急救援指挥工作提供快捷、有效的处置方案。并随着事故的发展及时与集团公司和地方政府进行联系。见图 8-2。

(a) 苯G701b泄漏

(b) 企业员工对泄漏五进行吸附

(c) 飞机和快艇协助救援

(d) 围油栏建立

(e) 用吸油毡和吸油机清除油污

(f) 关闭阀门

(g) 迅速救援

(h) 现场水雾隔离保护

(i) 海事部门出动直升飞机协助救援

对现场中毒受伤人员进行急救

图 8-2　扬子石化应急演练图片

8.6.2.3 应急响应中心

国家安全生产监督管理总局化学品登记中心是国家危险化学品危害预防与控制、产业安全风险评价、职业安全健康管理体系建立的主要技术支撑单位。其应急响应中心系统采用Server/Client方式，所有数据和信息均保存在服务器上，客户端仅安装应用程序即可。系统采用一机双屏方式，文字信息和电子地图信息各使用一个屏幕，图形清晰，界面友好，操作方便。系统技术先进，科技含量高，综合了地理信息系统、数据库管理、网络技术、安全管理技术、气象信息、“八五”攻关成果(泄漏扩散模型)等多学科于一体。

应急响应中心作为接受报警的重要窗口，必须做到快速反应、可靠、准确、保密、不间断，在系统建设中，利用计算机、通信控制与信息综合决策的先进技术，集有线、无线、计算机网络、计算机辅助决策、地理信息处理、数据库管理于一体，使指挥系统具有事故受理，实力调度，辅助决策等指挥功能。能“快速、准确、可靠、保密、不间断并系统化”地进行调度指挥，实现“接处警方式计算机化、受理判断智能化、指挥系统网络化、指示下达自动化、力量调度集群化、各种信息实时化、接处警档案标准化”的目标，显著提高应急响应中心快速反应及科学决策能力，适应单个或多个报警情况下的各种需求。

应急响应中心的建立，完善了公司及企业应急指挥和处置系统，实现组织、资源、信息的有机整合。其主要模块：

a. 报警系统模块，包括电话报警系统和自动报警信号报警系统。

b. 视频监控系统模块，包括有线、无线视频监控系统。

c. 处警系统模块，接到报警信号后，系统结合电子地图、信息数据库，自动、分屏显示事故信息。各类相关信息的调用、查看、打印功能方便、快速。

d. 应急预案系统模块，依据我国石化行业重特大突发事件应急预案，系统可完成各级预案的录入和应急物资的储备等情况，在事故状态下可以迅速的启动各级应急预案，通知各级应急指挥人员，以及完成事故的快报、详报等功能。

e. 数据库系统模块。包括：①企业的实时工艺数据；②300多种危险化学品的安全卫生数据，100余种常见有毒物质的救治；③企业、装置、设备的基本信息数据库；④实时的气象数据；⑤应急救援力量数据库(包括应急队伍、专家、物质等)。

f. 应急救援辅助决策系统模块，依据实时气象数据、事故物质的理化数据、事故设备实时的参数信息，对事故进行快捷估算物料泄漏、火灾等事故造成的破坏区域和影响范围。结合公司现有应急救援力量进行科学估算事故需要出动的应急救援力量，为事故应急救援提供辅助决策功能。

g. 通信网络系统模块，应急响应中心建有通讯传呼通报系统，充分利用现有的各种通讯网络技术手段，依据事故的轻重缓急和事故类型及时将事故信息、处理方案和应急预案的启动级别通过电话、短信、电子邮件等不同方式通知有关各方和报告相应部门，所有的通讯联系均可依据事故的情况进行自动联络。

h. 电子地理信息系统模块，系统采用了标准地理信息平台技术，将地理信息和属性(如单罐数据)有机结合起来，实现了地图信息化管理，除了包括扬子石化的平面布置图及周边环境外，还包括消防管网、检测仪分布、预案等专题图。

i. 大屏幕指挥系统模块，该子系统主要由大屏幕图形投影机、LED显示器、视频监视器、会议电话、电子白板等构成。能显示处警系统的文字、图形信息，也可以显示电视监控系统的视频信息，为指挥中心领导提供辅助决策用。

8.6.2.4 应急响应中心事故处理的一般流程

a. 交接班。工作人员可以通过系统中的“交接班”，完成每天的交接班和日常工作日志的纪录。

b. 电话报警处理程序。见图 8-3。

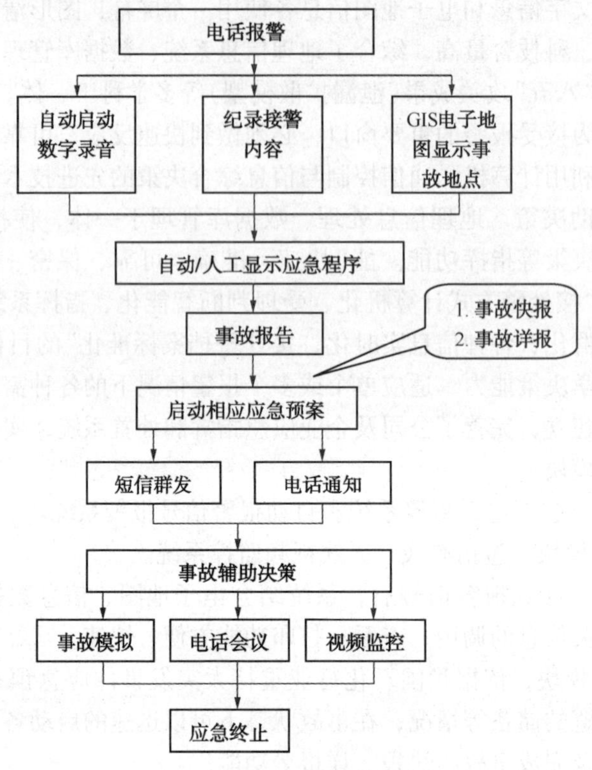

图 8-3 电话报警处理程序图

8.6.3 主要建设任务

8.6.3.1 基础硬件支撑系统

a. 建立或完善应急响应中心或应急响应值班室等应急场所：在企业现有调度中心等场所基础上，按照应急管理方面的需求建立和完善应急响应中心。利用已有的卫星视频会议系统、移动视频系统和公司内部局域网，使用统一开发的应急救援管理平台和上级应急指挥中心以及与本企业内部各分公司间进行联通，实现能够全天候、全方位接收和显示来自事故现场、救援队伍、社会公众各渠道的信息并对各种信息进行全面监控管理；实现能够对本单位应急救援资源协调和管理；实现能够值守应急，在发生生产安全事故时进行救援资源调度、异地会商和决策指挥等，切实满足安全生产应急管理工作的需要。

应急指挥厅和值班室要配备：DLP 大屏幕拼接显示和指挥系统、专业摄像系统、视频监控系统、视频会议系统、综合接警管理平台、UPS 电源保障系统、专业操控台及桌面显示系统、多通道广播扩声系统和电控玻璃幕墙及常用办公设备等。

b. 视频监控系统：主要包括两部分，第一部分是利用企业内部局域网或光纤等介质将企业原有的工业电视监控系统整合起来，实现对企业的日常视频安全监控；扬子应急响应中心就是整合了各企业、码头和道路监控的 130 多路视频监控信息，另外一部分是事故现场的移动视频监控系统，利用最新的无线传输网络，可以对公司内部任一地点发生的事故进行实时录像并发送到应急响应中心。具体方案要依据企业现有资源予以配置。

c. 现场检测仪监控管理系统，整合企业现有各装置的可燃气体报警仪和有毒有害气体检测仪的信号，按照企业实际情况确定连接方案，可以实现对企业日常检测仪的监督监控和管理以及和事故状态下的快速确认和响应，目前扬子石化已将各企业 1000 多路检测信号接入到应急响应中心。

8.6.3.2 综合应用系统

运用计算机技术、网络技术和通讯技术、模拟仿真技术、GIS、GPS 等高技术手段，对企业的重大危险源进行监控、预警、事故应急响应和辅助决策。通过统一规划和开发形成满足企业安全生产应急救援协调指挥和应急管理需要的综合应用系统。

系统能够采集、分析和处理应急救援信息，为应急救援指挥机构协调指挥事故救援工作提供参考依据。系统能够满足全天候、快速反应安全生产事故信息处理和抢险救灾调度指挥的需要，使其具备事故快报功能，并以地理信息系统和视频会议系统为平台，以数据库为核心，快速进行事故受理，与救灾资源和社会救助联动，及时有效地进行抢险救灾调度指挥。

应急平台的综合应用系统应包括的子系统及其功能如下：

a. 应急值守管理子系统：实现生产安全事故的信息接收、屏幕显示、跟踪反馈、专家视频会商、图像传输控制、电子地图 GIS 管理和情况综合等应急值守业务管理。利用监测网络，掌握重大危险源空间分布和运行状况信息，进行动态监测，分析风险隐患，对可能发生的特别重大事故进行预测预警。

b. 应急救援决策支持子系统：生产安全事故发生后，通过汇总分析相关地区和部门的预测结果，结合事故进展情况，对事故影响范围、影响方式、持续时间和危害程度等进行综合研判。在应急救援决策和行动中，能够针对当前灾情，采集相应的资源数据、地理信息、历史处置方案，通过调用专家知识库，对信息综合集成、分析、处理和评估，研究制定相应技术方案和措施，对救援过程中遇到的技术难题提出解决方案，实现应急救援的科学性和准确性。

c. 应急预案管理子系统：遵循分级管理、属地为主的原则。根据有关应急预案，利用生产安全事故的研判结果，通过应急平台对有关法律法规、政策、安全规程规范、救援技术要求以及处理类似事故的案例等进行智能检索和分析，并咨询专家意见，提供应对生产安全事故的措施和应急救援方案。根据应急救援过程不同阶段处置效果的反馈，在应急平台上实现对应急救援方案的动态调整和优化。

d. 应急救援资源和调度子系统：在建立集通信、信息、指挥和调度于一体的应急资源和资产数据库的基础上，实施对专业队伍、救援专家、储备物资、救援装备、通信保障和医疗救护等应急资源的动态管理。在突发重大事件时，应急指挥人员通过应急平台，迅速调集救援资源进行有效的救援，为应急指挥调度提供保障。与此同时，自动记录事故的救援过程，根据有关评价指标，对救援过程和能力进行综合评估。

e. 应急救援培训与演练子系统及其应具有的功能：事故模拟和应急预案模拟演练；合理组织应急资源的调派(包括人力和设备等)；协调各应急部门、机构、人员之间的关系；提高公众应急意识，增强公众应对突发重大事故救援的信心；提高救援人员的救援能力；明确救援人员各自的岗位和职责；提高各预案之间的协调性和整体应急反应能力。

f. 应急救援队伍资质评估子系统：准确判断企业内，救援队伍的应急救援能力，为应急救援协调指挥、应急预案管理、应急救援培训演练以及应急救援资源调度提供准确、可靠依据。

g. 基础数据库和专用数据库：数据库包括事故接报信息、预测预警信息、监测监控信息以及应急指挥过程信息等内容的应急信息数据库；存贮各类应急预案的预案数据库；存贮应急资源信息(包括指挥机构及救援队伍的人员、设施、装备、物资以及专家等)、危险源、人口、自然资源等内容的应急资源和资产数据库；存贮数字地图、遥感影像、主要路网管网、避难场所分布图和救援资源分布图等内容的地理信息数据库；存贮各类事故趋势预测与影响后果分析模型、衍生与次生灾害预警模型和人群疏散避难策略模型等内容的决策支持模型库；存贮有关法律法规、应对各类安全生产事故的专业知识和技术规范、专家经验等内容的知识管理数据库；存贮国内外特别是本地区或本行业有重大影响的、安全生产事故典型案例的事故救援案例数据库；存储应急救援人员或队伍评估情况的应急资质评估数据库；存储各类事故的应急救援演练情况和演练方案等信息的演练方案数据库；存储对各级各类应急救援数据统计分析信息的统计分析数据库。

第 9 章　危险化学品防火防爆

危险化学品企业的灾害是由石油化工产品、中间产品、原料、辅料、助剂特点所决定的。石油化工生产从原料到产品，要经过许多工序和复杂的加工单元，通过多次的化学反应(或物理处理过程)才能完成，所以生产过程既复杂又庞大。为了满足石油化工生产的需要，还设有供热、供水、供电等庞大的辅助系统，生产过程使用的各种反应器(釜)、塔、加热炉、槽、罐、压缩机、泵等都以管道相联通，从而形成了工艺过程复杂和工艺流程长的系列生产线。由于石油化工生产具有潜在的危险性，一旦操作条件发生变化，工艺受到干扰产生异常，或因人为因素、素质欠佳等原因造成误操作，潜在的危险就会发展成为灾害性事故，主要是火灾、爆炸。

火灾、爆炸是石油化工生产中发生较多而且危害甚大的事故类型。在生产过程中，使用的原材料、半成品、成品以及各种辅助材料等大都是易燃易爆物质，当管理不当、操作失误、使用不合理时极易引起着火和爆炸。当气体发生着火时火势凶猛而且不易扑灭，危险性极大。一旦发生火灾，就要立即采取紧急处理措施及时进行扑救，如果扑救不及时或扑救中采取的措施不当，由于火焰的热传导和热辐射作用，使周围设备、设施强度降低；温度压力的升高，引起钢结构框架等设施坍塌或设备爆裂甚至爆炸；火灾中产生大量有毒物质或者有毒物质发生火灾，还有可能引起人员中毒事故；在火灾中和扑救火灾时，还可能造成人员烧伤等人身事故。因此，一旦发生火灾要立即采取有效的控制措施，扑救火灾并防止引发上述事故的发生，把损失和灾害减少在最低程度。

9.1　防止可燃可爆系统的形成

各种危险化学品工业生产，根据其特点都存在这样或那样的火灾和爆炸事故的危险性，为了使这种可能性不致转化成现实，把事故消灭在产生之前，除在思想上根除事故难免论的消极情绪外，从技术上来说应该把握住每一个环节，从设计工作开始，就采取各种措施，消除可能造成火灾爆炸事故的根源。下面归纳一些处理危险物品时常用的一般措施。

9.1.1　控制可燃物和助燃物

(1) 工艺过程中控制用量

在工艺过程中不用或少用易燃易爆物。这只有在工艺上可行的条件下进行，如通过工艺或生产设备的改革，使用不燃溶剂或火灾爆炸危险性较小的难燃溶剂代替易燃溶剂。一般沸点较高的液体物质，不易形成爆炸性混合体系，如沸点在 110℃ 以上的液体，在常温下，通常不致形成爆炸系。在溶解脂肪、油、沥青时，是否可以四氯化碳、丁醇、氯苯等代替汽油、苯、丙酮等易燃液体，这些都是为生产创造安全条件值得考虑的问题。

(2) 加强密闭

为了防止易燃气体、蒸气和可燃性粉尘与空气构成爆炸性混合物，应设法使生产设备和容器尽可能密闭，对于具有压力的设备，更应注意它的密闭性，以防止气体或粉尘逸出与空气形成爆炸性混合物；对真空设备，应防止空气流入设备内部达到爆炸极限。

为保证设备的密闭性，对危险设备及系统应尽量少用法兰连接，但要保证安装检修方便；输送危险气体、液体的管道应采用无缝钢管；盛装腐蚀性介质的容器，底部尽可能不装开关和阀门，腐蚀性液体应从顶部抽吸排出；如用计液玻璃管观察液面情况，要装设结实的保护，以免打碎玻璃漏出易燃液体，慎重使用脆性材料。

如设备本身不能密封，可采用液封，负压操作，以防系统中有毒或可燃性气体逸入厂房。

加压或减压设备，在投产前和定期检查后应检查密闭性和耐压程度，所有压缩机、液泵、导管、阀门、法兰接头等容易漏油、漏气部位应经常检查，填料如有损坏应立即调换，以防渗漏，设备在运转中也应经常检查气密情况，操作压力必须严格控制，不允许超压运转。

接触氧化剂如高锰酸钾、氯酸钾、硝酸铵、漂白粉等粉尘生产的传动装置部分的密闭性能必须良好，转动轴密封不严会使粉尘与油类接触，要定期清洗传动装置，及时更换润滑剂，应防止粉尘漏进变速箱中与润滑油相混，避免由于蜗轮、蜗杆的摩擦发热而导致爆炸。

（3）注意通风排气

要使设备完全密封是有困难的，尽管已经考虑得很周到，但总会有部分蒸气、气体或粉尘泄漏到器外。对此，必须采取另一些安全措施，使可燃物的含量达到最低，也就是说要保证易燃、易爆、有毒物质在厂房生产环境里不超过最高允许浓度，这就是通风排气。

对通风排气的要求，应从以下两种情况考虑，对于仅是易燃易爆的物质，其在厂房内的浓度要低于爆炸下限的1/4；对于既易燃易爆又具有毒性的物质，应考虑到在有人操作的场所，其容许浓度只能从毒性的最高容许浓度来决定，因为一般情况下毒物的最高容许浓度比爆炸下限还要低得多。

对有火灾爆炸危险的厂房的通风，由于空气中含有易燃易爆气体，所以通风气体不能循环使用。排送风设备应有独立分开的风机室，送风系统应送入较纯净的空气。如通风机室设在厂房里，应有隔绝措施。排除、输送温度超过80℃的空气或其他气体以及有燃烧爆炸危险的气体、粉尘的通风设备，应用非燃烧材料制成。空气中含有易燃易爆危险物质的厂房应用不产生火花的通风和调节设备。

排除有燃烧爆炸危险的粉尘和容易起火的碎屑的排风系统，其除尘装置也应采用不产生火花的材料。有爆炸危险粉尘的空气宜在进入排风机前选用恰当的方法进行净化，如粉尘与水能形成爆炸性混合物，当然不应采用湿法除尘。

对局部通风应注意气体或蒸气的密度。密度比空气大的要防止可能在低洼处积聚；密度轻的要防止在高处死角积聚。

设备的一切排气管都应伸出屋外，高出附近屋顶。排气管不应造成负压，也不应堵塞，如排出蒸气遇冷凝结，则放空管还应考虑有蒸气保护措施。

（4）惰性化

在可燃气体、蒸气或粉尘与空气的混合物中充入惰性气体，降低氧气、可燃物的百分比，从而消除爆炸危险和阻止火焰的传播。

燃烧反应中，氧气是一种关键成分，燃烧的传播要求有一个最小氧气浓度。最小氧气浓度是指在空气和燃料的体积之和中氧气所占的百分比，低于这个比值，火焰就不能传播。如果没有实验数据则可以通过燃烧反应的化学计算式及爆炸下限来估算最小氧气浓度。这种方法适用于许多碳氢化合物。低于最小氧气浓度，反应就无法生成足够的热量来加热所有的气体混合物，从而也就无法使燃烧自身的传播得到延续。

惰性化可以是将惰性气体加入易燃混合物以降低氧气浓度，使现有氧气浓度低于最小氧气浓度(MOC)的过程，也可以是以惰性气体置换容器、管道内的可燃物，使可燃气体降至爆炸下限以下的过程。

对大多数可燃气体而言，最小氧气浓度约为10%，对大多数粉尘而言，最小氧气浓度约为8%。惰性化过程从用惰性气体对容器进行初期净化开始，使氧气浓度降至安全浓度，通常控制点为比最小氧气浓度低4%。有几种方法可达到惰性化目的。

要求液相上方的气相空间保持惰性氛围时，较为理想的做法是这个系统具有自动添加惰性气体的装置，以确保氧气浓度始终低于最小氧气浓度。控制系统中必须设有连续测定系统氧气浓度与最小氧气浓度关系的分析仪，以及在系统氧气浓度接近最小氧气浓度时添加惰性气体的控制系统。常见的惰性系统仪由一台调节器组成，此调节器可保持气相中确定的惰性气体压力。

在开停车或动火维修时常用的容器惰性化方法有：

ⓐ 真空抽净法，即将容器抽真空，直至达到预定的真空状态，接着充入惰性气体至大气压，再抽真空，再充惰气直至达到预定的氧气浓度。

ⓑ 压力净化法，向容器中加入加压的惰性气体也可以净化容器。当加入的气体扩散至整个容器后，气体被排入大气，直到容器压力降至大气压。要使氧化剂含量降至预定浓度，可能要进行几次循环。

ⓒ 吹扫净化法，将惰性气体从容器的一个口加入，而混合气从容器的另一个口排入大气。当容器不适宜用真空抽净及压力净化法时，通常就使用这种方法。

(5) 监测空气中易燃易爆物质的含量

测定厂房空气中生产设备系统内易燃气体、蒸气和粉尘浓度，是保证安全生产的重要手段之一。特别是在厂房或设备内部要动火检修时，既要测定易燃气体或蒸气是否超过卫生标准或爆炸极限，当有人进入设备时，还应监测含氧量，不论过高或过低均不相宜。在可燃、有毒物质可能泄漏的区域设报警仪，是监测空气中易燃易爆物质含量的重要措施，应按《石油化工企业可燃气体检测报警设计规范》执行。

(6) 工艺参数的安全控制

在化工生产过程中，工艺参数主要指温度、压力、流量、料比等。按工艺要求严格控制工艺参数在安全限度以内，是实现化工生产的基本条件，而对工艺参数的自动调解和控制则是保证生产安全的重要措施。

① 温度控制

温度是化工生产中主要控制参数之一。不同的化学反应都有自己最适宜的反应温度。对某一特定反应来说，如果超温，可能造成的后果是：反应物分解，造成压力升高，导致爆炸；产生副反应生成新的危险产物，升温过快、过高或冷却设备发生故障，可引起剧烈反应发生冲料和爆炸。如果温度过低，有时会造成反应速度减慢或停滞，而一旦反应速度恢复正常时，则往往会因为反应物料过多而发生剧烈反应，引起爆炸。温度过低也会使某些物料冻结，堵塞管路或使之破裂，致使易燃物料泄漏而发生火灾爆炸事故。液化气体或低沸点介质，可以因为温度过高而气化，发生超压爆炸；干燥过程，可能因温度过高而使物料分解，着火爆炸；凡此种种情况均说明控制温度的重要性。

a. 除去反应热。化学反应的热效应，可能是放热也可能是吸热，为保证在一定的温度下进行，对特定的反应就要给予或移去一部分热量。如硝化、氧化、氯化、水合和聚合等反应过程多是放热反应；而裂解、脱氢、脱水等则是吸热反应。传热可通过夹套、蛇管等多种传热方法实现。

b. 防止搅拌中断。搅拌能加速热量传递和物料的扩散混合，有利于温度控制和反应的进行。如果中途停止搅拌，物料不能充分混匀，反应和传热不良，且物料大量积聚，当搅拌恢复时则大量反应物迅速反应，往往造成冲料，以致酿成燃烧爆炸事故。因此，一般情况下在搅拌因故障停止时，应立即停止加料，视物料性质，必要时进行冷却；在恢复搅拌后，应待反应温度平稳后，再继续加料。在某些工艺中，为防止搅拌中断，设计时就应考虑用双路供电并设人力搅拌装置。在检修中应特别注意搅拌器的机械强度，防止变形与器壁摩擦；防止断落而中断搅拌。

c. 正确选用传热介质。常用的热载体有水蒸气、热水、过热水、矿物油、联苯醚、融盐和熔融金属、烟道气等，不同的热载体对加热过程的安全有重要的影响，因此在选用时，要根据物料和热载体的性质，正确选用。要避免使用和反应物性质相抵触的介质作为加热或冷却介质。如金属钠，虽然熔点很低只有 97.81℃，但它遇水剧烈反应，故绝不可用水或蒸气加热。环氧乙烷遇水也发生剧烈反应，会引起自聚发热发生爆炸，故对这类物质一般使用液态石蜡作热载体。而对一些水相物料，则不应用联苯醚，因其遇水在高温下会气化而喷出，遇火发生燃烧。

d. 防止传热结疤。结疤不仅影响传热效率，更危险的是因物料分解而引起爆炸。结疤原因很多，如水质不好而结垢；物料结在传热面上，物料聚合、缩合炭化等而结疤。应该对不同的情况采取措施，为防锅壁由于水质而引起的结疤，应控制水质、定期清洗等；对于物料聚合等原因引起的结疤，应在设备设计时就要充分考虑传热方式、特别是对搅拌形式的选择。

e. 热不稳定物质的处理。对热不稳定物质的温度控制十分重要，要注意降温和隔热。既要在工艺过程中严格控制温度使其不致分解，在贮存时也必须注意与高温物体的隔离。

② 控制投料速度和料比

对于放热反应，投料速度不得过快，以防放热超过设备的传热能力，同时产生冲料危险。如在染料生产中常有多种氧化反应，当用氧化剂氯酸钠时，由于反应在强酸条件下进行，$NaClO_3$ 遇酸变成氯酸，氯酸不稳定，放出氧气，同时温度猛升，易发生冲料，甚至自行爆炸，所以在 $NaClO_3$ 投料时，必须严格控制，不得过量，投料速度要均匀，不得突然增大，以免局部反应过剧，温升过快引起氯酸迅速分解而导致危险。在投料时，对投料顺序也不得颠倒，应先投放盐酸，不然，$NaClO_3$ 将与物料直接接触，发生自燃危险。

对危险性较大的生产过程要特别注意反应物料的加入速度和配比，如丙烯直接氧化制取丙烯酸，在氧化反应时，一旦加料或反应失控，则丙烯浓度就会发生变化，有可能进入爆炸范围，从而引起爆炸，因此必须严格控制料速和料比。

③ 超量杂质和副反应的控制

反应物料中危险杂质的存在会导致副反应的发生，从而引起燃烧或爆炸。

为了防止某些有害杂质存在引起事故，可采用加稳定剂的办法，如氰化氢在常温下呈液态，储存时必须使其含水量低于 1%，装入密闭容器中。由于水的存在，时间一长生成氨，氨作为催化剂可引起聚合反应，聚合热使蒸气压上升，从而导致爆炸事故。为提高氰化氢的稳定性，常加入浓度为0.001%～0.5%的硫酸、磷酸或甲酸等酸性物作为稳定剂。

在使用乙醚作溶剂的一些生产过程中，由于乙醚与空气的接触，在蒸馏乙醚时最终会生成亚乙基过氧化物 CH_3COOH，此物极不稳定，易猛烈爆炸，要控制其发生和积累。

9.1.2 着火源及其控制

为预防火灾或爆炸灾害，对着火能源的控制是一个重要问题。引起火灾爆炸事故的能源主要有以下几个方面，即明火、高温表面、摩擦和碰撞、绝热压缩、自行发热、电气火花、静电火花、雷击和光热射线等，对于这些着火源，在有火灾爆炸危险的生产场所都应引起充分的注意和采取严格的预防措施。

（1）明火及高温表面

工厂中的明火是指生产过程中的加热用火和维修用火，即生产用火；另外还有非生产用火，如取暖用火、焚烧、吸烟等与生产无关的明火。

a. 加热

在工业生产中为了达到工艺要求经常要采用加热操作，如燃油、燃煤的直接明火加热、电加热、蒸汽、过热水或其他中间载热体加热，在这些加热方法中，对于易燃液体的加热应尽量避免采用明火。一般温度加热时可采用蒸汽或过热水；较高温度时也可采用其他载热体加热，但热载体的加热温度必须低于其安全使用温度，在使用时要保持良好的循环并留有热载体膨胀的余地，要定期检查热载体的成分，及时处理和更换变质了的热载体。当更高温度采用熔盐热载体时，应严格控制熔盐的配比，不得混有有机杂质，以防载体在高温下爆炸。如果必须采用明火，设备应严格密封，燃烧室应与设备分开建筑或隔离，并按防火规范规定留出防火间距。

在使用油浴加热时，要有防止油蒸气起火的措施。

在积存有可燃气体、蒸气的管沟、深坑、下水道及其附近，没有消除危险之前，不能有明火作业。

在有火灾爆炸危险场所的贮槽和管道内部不得用蜡烛或普通照明灯具，必须采用防爆电器。

对熬炼设备要经常检查，防止烟道窜火和熬锅破裂。盛装不要过满，以防溢出。

喷灯是一种轻便的加热工具，维修时常常使用，在有火灾爆炸危险场所使用应按动火制度进行。

高温物料的输送管线，不应与可燃物可燃建筑构件等接触；在高温表面防止可燃物料散落在上面，可燃物的排放口应远离高温表面，如果接近则应有隔热措施。

b. 动火维修

有易燃易爆物料的场所，应尽量避免动火作业。如果因为生产急需无法停工，应将要检修的设备管道卸下移至远离易燃易爆的安全地点进行。

对输送、贮存易燃易爆物料的设备、管道进行检修时，应将有关系统进行彻底处理，用惰性气体吹扫置换，并经分析合格后方可动火。

当检修的系统与其他设备管道连通时，应将相连的管道拆下断开，或加堵金属盲板隔离。在加盲板处要挂牌并登记，防止易燃易爆物料窜入检修系统或因遗忘造成事故。

电焊把线破残应及时更换修补，不能利用与生产设备有联系的金属构件作为电焊地线，以防止在电路接触不良时，产生电火花。

使用喷灯在易燃易爆场所作业，要按动火制度规定进行。

关于维修作业，在禁火区动火及动火审批、动火分析等要求，必须按有关规范规定严格执行，采取预防措施，并加强监督检查，以确保安全作业。

(2) 摩擦与撞击

机器中轴承等转动部分的摩擦、铁器的相互撞击或铁器工具打击混凝土地面等，都可能产生火花，当管道或容器裂开，物料喷出时，也可能因摩擦而起火。因此，在有火灾爆炸危险的场所，应采取防止火花生成的措施。

a. 轴承应保持良好的润滑，并经常清除周围的可燃油垢；

b. 锤子、扳手等工具应用铍青铜或镀铜的钢制作；

c. 为防止金属零件等落入设备或粉碎机里，在设备进料前应装磁力离析器，不宜使用磁力离析器的，应采用惰性气保护；

d. 输送气体或液体的管道，应定期进行耐压试验，防止破裂或接口松脱喷射起火；

e. 凡是撞击的两部分，应采用两种不同的金属制成，例如黑色金属与有色金属，撞击的工具应用青铜制成或用木榔头；

f. 搬运金属容器，严禁在地上抛掷或拖拉，在容器可能碰撞部位覆盖不发生火花的材料；

g. 不准穿带钉子的鞋进入易燃易爆区。不能随意抛掷、撞击金属设备、管道。

h. 吊装盛有可燃气和液体的金属容器用吊车，应经常重点检查，以防吊绳断裂、吊钩松滑造成坠落冲击发火。

在处理燃点较低或起爆能量较小的物质如二硫化碳、乙醚、乙醛、汽油、环氧乙烷、乙炔等时，特别要注意不要发生摩擦和冲击。

当把高压气体通过管道时，管道中的铁锈因与气流流动，与管壁摩擦变成高温粒子，成为可燃气的着火源。

(3) 绝热压缩

绝热压缩的点燃现象，在柴油机中广为应用。在柴油机中，压缩比为 13~14，压缩行程终点压力达到 3432~3628kPa 时，绝热压缩作用能使汽缸温度升高到 500℃左右。这个温度已远远超过柴油燃点，故能立即点燃喷射到在气缸内的柴油。

有人进行过这样一个有趣的实验，在平滑的金属板上滴一滴硝化甘油，用平滑的金属锤打击。如果在硝化甘油液滴内不含有气泡时，要使它爆炸就需要 $10^5 \sim 10^6$g·cm 的冲击能。当硝化甘油液滴中含有小气泡时(直径 0.05mm)，用 400g·cm 的能，也就是用 40g 重锤从 10cm 处落下的冲击能，就可使其爆炸，且几率达 100%。

这个事实表明，在硝化甘油液滴中的小气泡，被落锤冲击受到绝热压缩，瞬间升温，可使硝化甘油液滴的部分被加热到着火点而爆炸。估计此时的压缩比为 20:1 左右，气泡温度可达 480℃以上。

由此可见，在爆炸性物质的处理中，如果其中含有微小气泡，有可能受到绝热压缩，导致意想不到的爆炸事故。

(4) 防止电气火花

一般的电气设备很难完全避免电火花的产生，因此在有爆炸危险的场所必须根据物质的危险性正确选用不同的防爆电气设备。

(5) 其他火源的控制

a. 防止自燃。某些物质在没有外来热源影响时，由于物质内部所产生的物理(辐射、吸附等)、化学(分解、氧化等)及生物化学(细菌腐败、发酵等)过程产生热量，这些热量若不能扩散到环境中而积聚起来会导致升温，达到一定温度时，就会发生燃烧。常见的自燃现象有：堆积植物的自燃、煤的自燃、涂油物(油纸、油布)的自燃，化学物质及化学混合物的自燃等。

油抹布、油棉纱等易自燃而引起火灾，应放置在安全地点或装入金属桶内，及时外运。

b. 严禁吸烟。烟头的温度可达700~800℃，而且往往可以阴燃很长时间。因此，厂区内必须严禁吸烟，也严禁带火种。

c. 有些化学反应，在反应过程中放出大量热，如热量不能及时散去而积聚，使温度升高成为点火源，要注意监控。

d. 烟囱飞火，汽车、拖拉机、柴油机等的排气管喷火等都可能引起可燃、易然气体或蒸气的爆炸事故，故此类运输工具不得进入危险场所。烟囱应有足够高度，必要时装入火星熄灭器，在一定范围内不得堆放易燃易爆物品。

e. 无线传呼机、对讲机等通讯工具可能成为点火源。

9.2 阻止火灾蔓延措施

限制火灾爆炸事故蔓延扩散的基本内容可以概括为如下几个方面：第一方面是考虑总体布局、厂址选择和厂区总平面的布置对限制灾害的要求；第二方面是建筑防火防爆的设计；第三方面是消防设施的设置。

生产装置中常用的阻火设施主要有切断阀、止逆阀、安全水封、水封井、阻火器、火星熄灭器等。此外，在建筑上还有防火门、防火墙、防火帘、防火堤以及防火安全距离等。这些设施都可以防止火灾的蔓延扩大。

9.2.1 火灾单位应采取的紧急处理措施

(1) 利用声音报警发出警报，并将火灾的发生报告有关部门：消防队、生产科、调度处、公安局、安监处及其他对口部门。

(2) 组织现场人员采用灭火器材进行扑救和控制。

(3) 组织现场操作人员采取相应的工艺措施。

a. 侦察。迅速查明着火的部位、着火的物质及物料来源；

b. 停止进料。及时关闭阀门切断物料来源，减少可燃物的供给；

c. 退料。起火设备中的物料尽可能转移到其他容器中，减少损失；

d. 惰性气体保护；

e. 冷却。打开紧急喷淋水，或组织人员利用消防水冷却周围的设备或设施；

f. 停车。根据火灾情况，决定是否采取紧急停车措施，可根据具体情况，将反应器、高压设备放空，降低内部压力。

(4) 在条件许可的情况下，组织人员穿上防火服，将可能受到火灾威胁的易燃易爆固体物料、产品运出，远离火灾现场。

(5) 消防车辆在指定的路口或门口入厂，保持消防通道畅通，并引导消防车辆进入现场。

(6) 向消防队介绍伤亡情况、事故情况、有无爆炸危险、是否有毒及可否用水等。

(7) 火灾单位防火管理人员在消防队到达现场后，向其说明本单位的消防设施、急救器材的配备，并按消防队的指令行动。

石化企业的火灾发展迅速，危险极大，因此上述工作要同时进行。

9.2.2 灭火注意事项

为了防止火灾的蔓延或引发其他事故，在火灾初期灭火时注意以下事项：

a. 对于储罐火灾，用固定式泡沫灭火设施最为有效，因此要立即投入使用；

b. 检查防止物料从储罐流向堤外的排水阀、水闸等是否关闭；

c. 为防止罐体受热变形及固定泡沫排放口损伤等，要对罐体进行冷却；

d. 打开紧急车辆的入口，在紧急车辆入口关闭时，要将紧急车辆进出的大门及毗邻厂、车间(装置)的联络通道的出入口打开；

e. 为使灭火工作顺利进行，防止无关人员和车辆对灭火工作的干扰，要禁止无关车辆和人员进入；

f. 灭火和冷却时产生的废水积聚在防液堤内时，要适当向堤外排水，一般引入收集池或排向污水处理系统，严禁排入河道；

g. 火场存在大量的有害气体，灭火时要使用空气呼吸器等防护器具。

9.3 加强易燃易爆危险化学品的管理

具有自燃能力的危险物质，如遇空气能自燃的黄磷、三异丁基铝，遇水燃烧的钾、钠等，应采取隔绝空气、防水或防潮、散热、降温等措施。

两种互相接触会引起燃烧爆炸的物质不能混存；遇酸、碱分解爆炸燃烧的物质应防止与酸碱接触。易燃、可燃气体和易燃液体的蒸气，要根据它们与空气的密度，采取相应的排放方法。根据物质的沸点、饱和蒸气压力来考虑容器的耐压强度、贮存温度、保温降温措施等。

对于不稳定的物质，在贮存中应添加稳定剂。对机械作用比较敏感的物质要轻拿轻放。

易燃液体具有流动性，因此要考虑到容器破裂后液体流散和火灾蔓延问题。不溶于水的燃烧液体由于能浮于水面燃烧，要防止火灾随水流由高处向低处蔓延。为此，要设置必要的防护堤。

为了防止易燃气体、蒸气和可燃性粉尘与空气构成爆炸性混合物，应该使设备密闭。为保证设备的密闭性，对危险系统应尽量少用连接，但这也要看安装检修是否方便。

采用通风置换方法时，排送风设备应有独立的通风机室。排出或输送超过 80℃ 的空气或其他气体，应使用非燃烧材料制成。排出有燃烧爆炸危险粉尘的排风系统，应采用不产生火花的除尘器。当粉尘与水接触能生成爆炸气体时，不应采用湿式除尘系统。

9.4 防火防爆有关规定

a. 人身安全十大禁令；

b. 防火、防爆十大禁令；

c. 车辆安全十大禁令；
d. 防止贮罐跑油(料)十条规定；
e. 防止中毒窒息十条规定；
f. 防止静电危害十条规定；
g. 防止硫化氢中毒十条规定；
h. 生产、使用氢气十条规定；
i. 使用液化石油气及瓦斯安全规定。

附　录

附录1　某大型石化企业火灾爆炸专项应急预案

1　事故风险分析

1.1　事件界定

本预案的火灾爆炸事件系指某大型石化企业关键装置、要害(重点)部位、大型油气储存设施、锅炉压力容器、油气输送管道以及运输油气的火车、船舶、汽车等交通工具在工作场所发生的火灾爆炸事件。

1.2　风险分析(附表1-1)

附表1-1　风险分析

<table>
<tr><th>类　别</th><th>危　险　源</th><th>周边环境风险</th><th>危 害 程 度</th></tr>
<tr><td>油气勘探</td><td>高压气井
高压油井
大型油气储罐
站场(库)房
海上平台</td><td rowspan="7">本企业人员、设备设施
相邻工厂
商(市)场、学校、医院、人员密集场所
乡镇、社区
水源地
军事设施
生命线工程
铁路、公路

注意油品质量
封闭爆炸空间
低洼地带
海上风力、海况</td><td rowspan="7">火灾是在起火后火势逐渐蔓延扩大，随着时间的延长，损失数额会迅速增加，损失大约与时间的平方成正比例关系。
装置、设备、容器等发生爆炸后产生许多碎片，飞出后在相当大的范围内造成危害。碎片飞散的距离与爆炸威力有关，一般可飞出100～500m。飞出的碎片可砸伤人、畜，击穿其他设备、容器等。
爆炸初始冲击波波阵面上的压力可达100～200MPa，以每秒几千米的速度在空气中传播。当冲击波大面积作用于建筑物时，波阵面上压力在0.02～0.03MPa内就能对大部分砖木结构的建筑物造成严重破坏。在无掩蔽的情况下，人员无法承受0.02MPa的冲击波超压的作用。
上述事故危害将造成或可能造成重大人员伤亡、大面积环境污染、严重的社会影响、重大财产损失、重大设备损坏</td></tr>
<tr><td>油气储运</td><td>厂际管道
原油罐区
成品油罐区
油码头、成品油管道
运输油气的火车、船舶、汽车</td></tr>
<tr><td>炼油</td><td>原油经过蒸馏装置生产成品油、石脑油、润滑油等基础油，再进行精制、脱硫、调和，生产成品油</td></tr>
<tr><td>化工</td><td>石脑油通过裂解，生成化工原料，进一步通过聚合、氧化、合成、烷基化等反应，生产化工产品</td></tr>
<tr><td>销售</td><td>成品油储罐区
加油加气站
液化气储罐、液化气装卸车台
加油加气站</td></tr>
<tr><td>公用工程</td><td>锅炉、压力容器</td></tr>
<tr><td>其他</td><td>火工器材(雷管、炸药)
高层建筑</td></tr>
</table>

2 信息报告内容及研判标准

2.1 应急报告

应包括但不限于附表 1-2 所列内容。

附表 1-2 应急报告

事发单位名称		事件发生时间		具体部位	
设施名称或介质名称		数量		容器容积	
事件简要情况			初步原因		
事件处置进展情况					
火势大小		爆炸影响范围			
现场人员状况		人员伤亡		失踪及撤离情况	
对周边自然环境影响程度			对周边社会人员影响具体情况		
现场气象		海况		地貌	
周边居民人口分布		道路分布		海（水）域分布	
已采取的措施					
装置设施、压力容器损毁情况		周边建筑损毁情况		财产损失情况	
地方政府协调情况			企业应急物资储备及消耗情况		
应急人员及器材到位情况			请求中国石化协调、支持的事项		
报告人的单位			姓名		
职务			联系电话		

在处理过程中，直属企业应尽快了解事态进展情况，并随时向应急指挥中心办公室报告，报告应包括但不限于附表 1-3（火灾爆炸事件报告内容一览表）要求的内容。

附表 1-3 火灾爆炸事件报告内容一览表

事发单位名称		事件发生时间			
介质种类、数量		火势发展及爆炸影响范围			
事件原因初步分析					
是否已就到安全区		是否已送医院			
装置设施、压力容器损毁情况					
周边建筑损毁情况					
财产损失情况					
泄漏污染情况					
人员伤亡人数		姓名	性别	年龄	单位

续表

救援救治措施		防范措施情况	
地方政府协调情况			
应急物资使用情况			
应急人员及器材到位情况			
援助请求			
天气(阴、晴、雨、雪等)		风向、风速	
地形地貌		水流向、流速、海浪、海涌情况	
地理位置、周边装置设施叙述		周边居民设施损毁情况	
周边居民人口疏散情况			
周边道路管制情况			
海(水)域管制情况			

2.2 信息研判

根据企业上报情况，提示企业处置过程中的信息收集，要求及时补报。

通过火灾爆炸模型计算出危险化学品火灾爆炸死伤半径，将造成或可能造成重大人员伤亡、重大环境(生态)破坏、周边设施的冲击破坏和次生灾害，将会严重影响或可能影响到社会安全，必须启动企地联动加以应对。

对于建设应急平台的企业，要求启动指挥系统，搭建总部、企业、现场三级连通应急平台，要求传输现场处置的视频图像、现场气象、检测数据以及工艺数据等。

对于未建设应急平台的企业，应每15min，随时报告进展情况，并上传处置图片。

3 现场应急指挥指导原则

3.1 现场指挥部

在上级单位或政府应急指挥部派出的现场应急指挥到达现场前，由事发企业领导担任现场指挥，组织救援工作。

由已经在现场的直属企业、已到达现场的上级单位、属地政府和社会救援机构共同构建现场应急指挥部，包括企业生产、安全、环保、工程等相关部门相关专业人员、上级单位派出人员、属地政府公安、交警、环境、气象、医疗等部门的人员。

现场指挥由到达现场的属地政府最高领导担任，或属地政府最高领导授权企业最高领导担任。

属地政府相关部门人员到达现场后，现场应急指挥部第一指挥者应由现场政府相关领导担任，当现场政府相关领导授权企业担任时，应按上述先后顺序担任，依次递补。特殊情况下，应急指挥中心可授权他人为第一指挥者。

3.2 现场应急小组和职责

现场指挥部根据危险化学品事件应急处置需要成立现场应急专业组，见附表1-4。

附表 1-4　现场应急专业组

<table>
<tr><th colspan="2">救援专业组别</th><th>职　　责</th></tr>
<tr><td colspan="2">监测侦检组</td><td>侦查事故现场、检测泄漏物质和影响范围</td></tr>
<tr><td rowspan="4">现场处置组</td><td>技术支持</td><td>制定现场处置方案，对现场进行研判</td></tr>
<tr><td>工艺处置</td><td>现场工艺处置</td></tr>
<tr><td>灭火、救援</td><td>灭火、救援</td></tr>
<tr><td>工程抢险</td><td>调集大型机具进行工程抢险</td></tr>
<tr><td colspan="2">警戒疏散组</td><td>现场警戒、人员疏散、撤离</td></tr>
<tr><td colspan="2">医疗救护组</td><td>医疗救护受伤害人员</td></tr>
<tr><td rowspan="3">保障组</td><td>通讯信息组</td><td>提供指挥通讯保障、联通与总部应急平台</td></tr>
<tr><td>物资供应组</td><td>提供应急装备和物资</td></tr>
<tr><td>后勤保障组</td><td>提供应急人员生活后勤保障</td></tr>
<tr><td rowspan="2">协调组</td><td>公共关系协调</td><td rowspan="2">应对、引导媒体，信息公开发布</td></tr>
<tr><td>媒体应对组</td></tr>
</table>

4　应急处置程序

（1）应急人员防护：进入现场的所有应急救援人员必须配备合适的个人防护器具，在确保自身安全的情况下，实施救援工作。

a. 应急救援指挥人员、医务人员和其他不进入污染区域的应急人员一般配备过滤式防毒面罩、防护服、防毒手套、防毒靴等。

b. 工程抢险、消防、检测和侦检等进入污染区域的应急人员应配备密闭型防毒面罩、防酸碱型防护服和空气呼吸器等。

c. 做好现场的洗消工作(包括人员、设备、设施和场所等)。

d. 应急人员应随时注意现场风向、风速、降雨等气象情况，加强自身防护。

（2）检测、侦检：检测人员携带检测仪器进入现场，检测出着火爆炸物质、影响范围；侦检人员携带专用工具深入火场，查看着火部位、搜寻受伤害人员。

（3）隔离、管制：设定初始隔离区，封闭事件现场，实行交通管制。

根据检测的结果、火焰辐射热和爆炸所涉及到的范围建立警戒区，警戒区域的边界应设警示标志并实行专人警戒，除消防及应急处置人员外，其他人员禁止进入警戒区。泄漏溢出的化学品为易燃易爆物品时，警戒区域内应严禁各类火种。并在通往事故现场的交通干道上实行交通管制。

（4）人员保护和撤离

撤离是指把所有可能受到威胁的人员从危险区域转移到安全区域。在有足够的时间向群众报警，进行准备的情况下，撤离是最佳保护措施。一般是从上风侧离开，撤离必须有组织、有秩序地进行。

就地保护是指人进入建筑物或其他设施内，直至危险过去。当撤离比就地保护更危险或撤离无法进行时，采取此项措施。指挥建筑物内的人关闭所有门窗，并关闭所有通风、加热、冷却系统。

(5) 现场控制

针对不同事故开展现场控制工作。应急人员应根据事故部位采取工艺控制措施，关断上下游阀门或工艺停车。根据事故特点和引发事故物质的不同，采取不同的防护措施。如严禁明火，静电等潜在火源；车辆熄火；给高温物体降温，并应注意摩擦。

根据火灾发生区域的周围环境和周围区域存在的重大危险源分布情况，确定火灾扑救的基本方法。确定火灾可能导致的后果(含火灾与爆炸伴随发生可能性)。确定火灾可能导致后果对周围区域的可能影响规模及程度和火灾可能导致后果的主要控制措施(控制火灾蔓延、人员疏散、医疗救护等)，确定可能需要调动的应急救援力量(公安消防队伍、企业消防队伍等)。

根据爆炸地点、爆炸类型(物理爆炸、化学爆炸)、引起爆炸的物质类别(气体、液体、固体)，明确爆炸地点的周围环境和周围区域存在的重大危险源分布情况，确定爆炸可能导致的后果(如火灾、二次爆炸等)，确定爆炸可能导致后果的主要控制措施(再次爆炸控制手段、工程抢险、人员疏散、医疗救护等)，确定可能需要调动的应急救援力量(公安消防队伍、企业消防队伍等)。

(6) 区域隔离与防备

一旦有毒气体、蒸气或烟雾的扩散可能波及事故发生地周边区域和下风向区域时，要实施紧急隔离和防范。

(7) 疏散及群众的安全防护

根据实际情况，制定切实可行的疏散程序(包括疏散组织、指挥机构、疏散范围、疏散方式、疏散路线、疏散人员的照顾等)。

a. 紧急疏散

受灾区域内被围困人员由公安消防部门负责搜救；警戒区域内无关人员由事故单位配合公安部门实施紧急疏散。

b. 扩大疏散

当事故可能危及周边地区较大范围人员安全时，现场指挥应综合专家组及有关部门的意见，及时向应急救援专业组发出实施人员紧急疏散的指令，指令应当明确疏散的范围、时间与方向。

(8) 现场检测与环境评估

对水源、空气、土壤等样品就地实行分析处理，及时检测出毒物的种类和浓度，并计算出扩散范围等应急救援所需的各种数据，以确定污染区域范围，并对事故造成的环境影响进行评估。

对受损建筑垮塌危险性等进行鉴定与危害评估。

(9) 注意事项

a. 执行救援任务时，以2~3人为一组，集体行动，互相照应。

b. 带好通信联系工具，随时保持通信联系。

c. 在堵源抢险过程中，工程救援人员尽可能地和事故单位的自救队或技术人员协同作战，以便熟悉现场情况和生产工艺，有利堵源工作的实施。

d. 在营救伤员、转移危险物品和化学泄漏物的清消处理中，公安、消防和医疗急救等专业队伍应协调行动，互相配合，提高救援的效果。

e. 在易燃易爆物质的事故现场，所用的工具应具备防爆功能。

f. 易燃易爆危险化学品泄漏时，应根据事故现场情况，及时切断电源、火源、气源等可引起事故扩大的能源。

g. 应尽量减少进入危险化学品事故危险区域的人数。

5　处置措施

5.1　关键装置、要害（重点）部位发生火灾爆炸

a. 当事件发生区域的可燃物料存量较多时，应尽量采取工艺处理措施，转移可燃物料，切断危险区与外界装置、设施的连通，组织专家组和直属企业技术人员制定方案。

b. 火灾扑救过程中，专家组应根据危险区的危害因素和火灾发展趋势进行动态评估，及时提出灭火的指导意见。

c. 当火灾失控，危及灭火人员生命安全时，应立即指挥现场全部人员撤离至安全区域。

5.2　危险化学品火灾爆炸

a. 在发生危险化学品火灾爆炸事件时，应遵循“先控制、后消灭”的处置原则。

b. 火灾扑救：针对不同的危险化学品，选择正确的灭火剂和灭火方法控制火灾，当外围火点已彻底扑灭、火种等危险源已全部控制、堵漏准备就绪并有把握在短时间内完成、消防力量已准备就绪时，实施灭火。

c. 确定撤退信号和撤退方法：当火灾失控危及应急救援人员生命安全时，应立即指挥现场全场全部人员撤离至安全区域。

d. 火灾扑灭后，应派人监护现场，防止复燃。

特殊危险化学品的火灾扑救注意事项：

a. 扑救液化气体火灾切忌盲目扑灭，在没有采取堵漏措施的情况下，必须保持稳定燃烧。

b. 对于爆炸物品火灾，切忌用沙土盖压，以免增强爆炸物品爆炸时的威力；扑救爆炸物品堆垛时，水流应采用吊射，避免强力水流直接冲击堆垛，以免堆垛倒塌引起再次爆炸。

c. 对于遇湿易燃物品火灾，禁止用水、泡沫、酸碱等湿性灭火剂扑救。

d. 扑救毒害品和腐蚀品的火灾时，应尽量使用低压水流或雾状水，避免腐蚀品、毒害品溅出；遇酸类或碱类腐蚀品最好调制相应的中和剂进行稀释中和。

e. 易燃固体、自燃物品一般都可用水和泡沫扑救，只要控制住燃烧范围，逐步扑灭即可。但有少数易燃固体、自燃物品的扑救方法比较特殊，对易升华的易燃固体，受热发出易燃蒸气，能与空气形成爆炸性混合物，尤其在室内，易发生爆燃，在扑救过程应不时向燃烧区域上空及周围喷射雾状水，并消除周围一切火源。

5.3　油码头发生火灾爆炸

a. 立即通知船方紧急停泵，停止所有收发油作业，关闭码头所有阀门，通知库区关闭罐根阀及中转阀门，切断油源，并立即使用码头干粉等灭火器进行扑救。

b. 督促船方检查船仓盖板与各油仓的严密情况。

c. 启动水幕喷林系统冷却隔离油船，启动泡沫系统对船体喷射泡沫液进行扑救。

d. 油轮发生火灾爆炸后，应立即切断油轮与码头的管线连接，砍断缆绳，让油船离开码头。

e. 若油品喷溅外溢发生火灾，应对船体四周喷射泡沫液进行扑救。

f. 要求海事部门通知码头下游 3000m 和上游 1000m 范围内的人员与船泊进行紧急疏散

避险。

g. 视情况在下游使用围栏进行围堵，防止扩散加大。

h. 应急中心应调集回收器具对向外流淌油品进行回收。

i. 调集防污染设备，对海岸线进行防污染处理。

5.4 液化气装卸车台发生火灾爆炸

a. 立即断电停泵，停止所有作业，关闭紧急切断阀和相连阀门，疏散装卸区其他车辆与无关人员。

b. 车辆装卸气口发生初期火灾，可用毛毡、石棉被等盖在充装口上，扑灭火源；还可集中用干粉等灭火器直接向着火处喷射灭火，并用石棉被覆盖防止复燃；而且在火灾初期应尽快将事故车撤离装卸车台进行处理，防止事故扩大。

c. 对装卸外围500m进行警戒，禁止无关人员与车辆进入，抢救疏散火源附近的物资。

5.5 运输油气的火车、船舶、汽车等交通工具途中发生火灾爆炸

运输油气的火车、船舶、汽车等交通工具途中发生火灾爆炸时，按以下原则开展工作：

a. 应立即向事发地政府应急机构报告。

b. 提供远程应急咨询和指导。必要时派出应急专家和救援力量，配合地方政府做好抢险工作。

5.6 (高层)建筑物发生火灾爆炸

a. 组织消防力量灭火，抢救伤员，并建立洗消站，为现场抢险队员和受污染的公众提供洗消服务，并按照现场应急指挥部的指令实施其他救援和抢险行动。

b. 利用扩音设备向周边公众宣传个体防护注意事项、疏散和逃生方法等应急安全常识，稳定公众情绪。

c. 运用“掩护疏散、强攻近战、内外结合、重点突破”等战术措施，有效地控制火势，消灭火灾。

5.7 电气火灾的抢救、救援方法

a. 由于潮湿及烟熏等原因，电气设备绝缘已经受损，所以在操作时，用绝缘良好的工具操作。

b. 选好电源切断点。切断电源的地点要选择适当，若在夜间切断电源时，考虑临时照明电源问题。尽可能的在切断(局部或全部)电源后，实施灭火行动，以免人员触电伤亡。

c. 若需剪断电线时，注意非同相电源在不同部位剪断，以免造成短路。剪断电线部位选有支撑电线的地方。

d. 来不及断电或因其他原因不能断电时，灭火救援任务时，注意做好接地和绝缘保护，防止发生触电危险。

e. 谨慎使用水枪射流，尽可能使用开花水流或雾状水流，必要时可在水墙的掩护下使用干粉灭火剂，以减少因为用水而造成电力设施的损坏。

f. 带电灭火的安全技术要求：带电灭火的关键是在带电灭火的同时，防止扑救人员发生触电事故。带电灭火应注意以下几个问题：

① 应使用允许带电灭火的灭火器；②扑救人员所使用的消防器材与带电部位应保持足够的安全距离，10kV电源不小于0.4m，35kV电源不小于0.5m；③对架空线路等高空设备灭火时，人体与带电体之间的仰角不应大于45°，并站在线路外侧，以防导线断落造成触电；④高压电气设备及线路发生接地短路时，在室内扑救人员不得进入距离故障点4m以

内，在室外扑救人员不得进入距离故障点8m以内。凡是进入上述范围内的扑救人员，必须穿绝缘靴。接触电气设备外壳及架构时，应戴绝缘手套；⑤使用喷雾水枪灭火时，应穿绝缘靴、戴绝缘手套；⑥穿靴的扑救人员，要防止因地面水渍导电而触电。

5.8 火灾爆炸扑救注意事项

a. 扑救液化气体火灾切忌盲目扑灭，在没有采取堵漏措施的情况下，必须保持稳定燃烧；

b. 对于爆炸物品火灾，切忌用沙土盖压，以免增强爆炸物品爆炸时的威力；扑救爆炸物品堆垛时，水流应采用吊射，避免强力水流直接冲击堆垛，以免堆垛倒塌引起再次爆炸；

c. 对于遇湿易燃物品火灾，禁止用水、泡沫、酸碱等湿性灭火剂扑救；

d. 扑救毒害品和腐蚀品的火灾时，应尽量使用低压水流或雾状水，避免腐蚀品、毒害品溅出；遇酸类或碱类腐蚀品最好调制相应的中和剂稀释中和；

e. 易燃固体、自燃物品一般都可用水和泡沫扑救，控制住燃烧范围，逐步扑灭；对易升华的易燃固体，受热发出易燃蒸气，能与空气形成爆炸性混合物，尤其在室内，易发生爆燃，在扑救过程应不时向燃烧区域上空及周围喷射雾状水，并消除周围一切火源。

5.9 发生火灾爆炸时环境保护措施：

a. 当扑灭火灾过程中引起液体物料泄漏时，事故所在基层单位应立即切断物料来源，同时检查清污分流切换阀，确认去清净下水阀门处于关闭状态；同时对装置区域清净下水总排放口进行截堵并回收污染物料，通知污水处理场做好应急准备。

b. 加强对污水处理外排装置的监控，在水质突变的情况下，紧急投用事故污水调节罐。如果事故污水调节罐已无法承接来水，应及时报告厂应急指挥中心。

c. 加强事故所在基层单位雨水排口的监测和污水总排放口的监测，严密监控污染事态的发展、变化。必要时对总排放口进行截堵，监控数据及时上报厂应急指挥中心。

d. 对流出事故界区外的污染物进行围堵，严防污染物流入清净下水，同时现场应急指挥部立即调集力量封堵污染物流经区域的清净下水。

5.10 相关专项预案启动

根据火灾爆炸现场情况，启动以下相关专项预案：

附表1-5 火灾爆炸专项预案

序 号	火灾爆炸事件导致的事故类型	启动的专项预案
1	危险化学品事件	《危险化学品事件应急预案》
2	海(水)上溢油事件	《海(水)上溢油应急预案》
3	油气管道泄漏事件	《油气管道泄漏应急预案》
4	环境事件	《环境事件应急预案》

附录2 某石化化工部应急预案

1 总则

1.1 适用范围

本预案适用于某石化化工部所属各车间发生生产安全事故时的应急。

1.2 衔接预案

某石化生产安全事故应急预案。

化工部基层单位生产安全事故应急预案。

1.3 应急预案体系图

某石化化工部生产安全事故应急预案分作业部级预案和车间现场处置方案两级管理。

2 事故风险描述

根据风险分析结果，化工部在生产过程中存在火灾爆炸、危险物泄漏、人员中毒、放射源丢失、公用工程供应中断等重大风险。

3 应急组织机构与职责

3.1 化工部应急指挥部

总指挥：化工部经理或党委书记

副总指挥：化工部各主管副经理、党委副书记、副总工程师

成员：生产部、安全环保部、设备管理部、技术质量部、综合管理部(保卫组)、财务部、党委工作部、纪委(监察)部、工会(团委)、大项目组及外聘协议单位负责人。

遇总指挥不在时按化工部班子成员领导排序自然代理总指挥。

化工部应急指挥部是化工部应急管理的最高指挥机构，负责化工部生产安全事故的应急工作，职责如下：

a. 接受某石化应急指挥中心的领导，请示并落实指令；

b. 发生作业部部级及以上生产安全事故时，必须在半小时内向某石化应急指挥中心办公室报告；

c. 下达预警和预警解除指令；

d. 下达应急预案启动和终止指令；

e. 审定化工部生产安全事故应急处置的指导方案；

f. 确定现场指挥部人员名单和专家组名单，并下达派出指令；

g. 统一协调应急资源；

h. 配合某石化应急指挥中心、政府的应急工作。

3.2 现场应急指挥部

现场应急指挥部是化工部应急指挥部在应急状态下的别称，执行的是化工部应急指挥部各项职能及现场应急职能。当现场指挥丧失指挥职能时，由现场最高领导接替。

现场应急指挥部在化工部应急指挥部职责外，履行现场应急职责如下：

a. 负责现场应急指挥工作；

b. 收集现场信息，核实现场情况，针对事态发展制定和调整现场应急抢险方案；

c. 及时向公司汇报应急处置情况；

d. 收集、整理应急处置过程的有关资料；

g. 核实应急终止条件。

3.3 应急指挥办公室

应急指挥办公室设在生产部，由生产部、安全环保部和综合管理部组成。

主任：生产部主任、安全环保部主任、综合管理部主任

副主任：生产部副主任、安全环保部副主任、综合管理部副主任。

应急指挥办公室是化工部应急指挥部的日常办事机构，职责如下：

a. 接受应急事故报告，跟踪事故发展动态，及时向化工部应急指挥部汇报、请示并落实指令；

b. 跟踪化工部发生的各类生产安全事故及处置情况，及时向应急指挥部汇报、请示并落实指令；

c. 按照化工部应急指挥部指令，及时通知化工部职能部室、基层单位和专家组；

d. 派出现场应急指挥部的组成人员，参与现场应急处置工作；

e. 调动和协调医疗、消防、气防救护救援力量，并指导环境监测；

f. 协调公安、治安等救援力量，组织人员疏散；

g. 制定应急处置指导方案；

h. 配合公司相关部门做好信息发布材料的起草工作；

i. 组织制定其他事故应急处置指导方案；

j. 负责化工部应急指挥部交办的其他任务。

3.4　技术处置组

组长单位和成员单位根据生产安全事故性质确定。

技术处置组主要职能是针对生产安全事故提出技术处置建议和方案，协调和维持生产平衡。组织制定现场应急处置方案；协调原辅料供应，维持事发单位和波及单位的生产平衡；调动、协调化工部内、外专家。

3.5　应急救援组

组长单位：安全环保部

成员单位：综合管理部(保卫组)

应急救援组主要职能是现场灭火、现场救人、现场保卫警戒、抢修保护。组织调动、协调化工部内、外部消防联防队伍；负责灭火、洗消、抢修保护、现场救人工作；负责现场保卫和警戒工作；负责现场环境监测(可燃气体、有毒气体、大气等)。

3.6　医疗救护组

组长单位：综合管理部

成员单位：安全环保部、医院(协议单位)

医疗救护组主要职能是对受伤、中毒人员的医疗救护。辅助公司内、外部医疗救护现场救护工作；负责受伤、中毒人员运送和救护。

3.7　应急资源协调组

组长单位：生产部

成员单位：设备管理部、综合管理部

应急资源协调组主要职能是协调和调动化工部应急救援队伍、装备和物资，组织协调应急物资的快速采购和运送渠道。

3.8　后勤保障组

组长单位：综合管理部

成员单位：党群工作部

后勤保障组主要职能是做好应急过程中的后勤保障。配合公司编写新闻稿、公告、信息发布材料的起草工作；根据应急指挥部指令，组织对公司的应急信息上报；负责与内部员工及利益相关方的沟通和告知；确保现场实时记录（录音、录像）及时录制和保存；负责应急过程中的交通、食宿、保卫等后勤保障工作。

3.9 专家组

根据应急工作的实际需要，化工部应急指挥部应聘请有关专家，建立化工部生产安全事故应急处置的专家库。在应急状态下，可挑选有所需专业特长的应急救援专家组成专家组。专家组职责是为现场应急工作提出应急救援方案、建议和技术支持，参与制定应急救援方案。

4 预警及信息报告

4.1 预报、预测与预警

4.1.1 预报

化工部应急指挥部办公室相关职能部门将接收预报信息（地方政府公开发布的预警信息，某石化应急指挥中心告知的预报信息，以及基础单位报告的预报信息），对发生或可能发生的生产安全事故，通报基层单位。

4.1.2 预测

化工部应急指挥部组织有关部门和专家，根据预报信息结合化工部的实际情况，应对事故做出如下判断：

a. 基层单位采取防范措施；

b. 基层单位启动化工部应急预案；

c. 启动级应急预案建议启动某石化级应急预案。

4.1.3 预警

化工部应急指挥部根据预测结果，应进行以下预警：

a. 提醒基层单位对可能的生产安全事故做好应急准备；

b. 要求基层单位提前落实各项预防措施；

c. 若预测结果超出化工部应急处置能力，上报某石化应急指挥中心。

根据更新信息进行预测、判断是否解除预警，由化工部应急指挥部宣布预警解除。

4.2 信息报告

4.2.1 信息接报

（1）化工部所属各基层单位和部门发生中国石化级、某石化级、化工部级事故，基层单位在启动本单位应急预案的同时，迅速按照化工部生产安全事故应急预案中附图 2-1（应急报告程序框图）规定的程序报警及向应急指挥办公室报告，报告时间不得超过事发后 15min。化工部应急指挥办公室必须根据事故发生的类型及级别，30min 内向某石化应急指挥中心办公室报告。在应急处置过程中，基层单位应随时报告事态进展情况，至少每一小时报告一次。

（2）化工部所属基层单位发生某石化级、中国石化级事故，基层单位可直接向某石化应急指挥中心办公室报告及立即向消防支队报警。

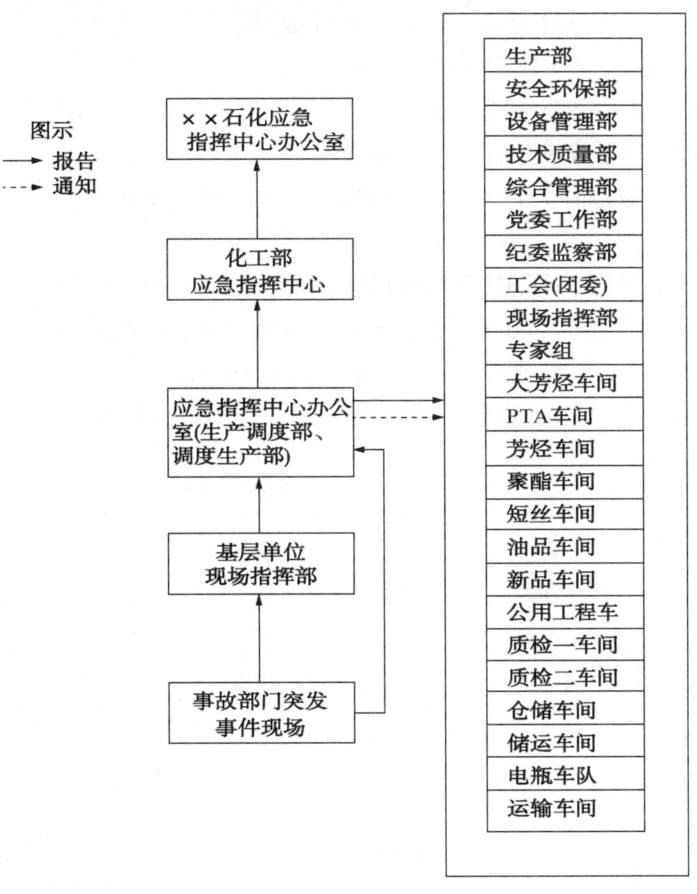

附图 2-1 应急报告程序框图

(3) 应急报告主要内容：

a. 事发单位名称，事故类别；

b. 事故发生的时间、地点；

c. 事故发生的初步原因；

d. 事故经过和采取的处置措施情况；

e. 现场人员状况，人员伤亡、失踪及撤离情况；

f. 事故对周边自然环境影响，是否造成环境污染；

g. 事故对周边社会人员影响情况，是否波及社会人群或造成社会人员生命财产威胁和影响；

h. 现场气象、地貌等自然环境条件；

i. 现场应急物资储备及消耗情况；

j. 请求协调、支持的事项；

k. 报告人的单位、姓名、职务和联系电话；

l. 其他需要报告的情况。

(4) 应急信息报送以书面报告为主，必要时和有条件的可采用影音、影像的形式。情况特别紧急时，可用电话口头初报，随后再书面报告。

4.2.2 信息处置

(1) 化工部应急指挥部办公室应急值班人员接到报告后，立即向总指挥、副总指挥报告，并启用信息平台向应急工作组成员发短信通报。

(2) 化工部应急指挥部总指挥根据事故的性质、严重程度、影响范围和可控性，对事故进行研判，作出应急准备或应急启动的决策：

a. 当未达到启动条件时，下达应急准备指令，化工部职能部门做好应急准备工作，做好启动本预案的准备；

b. 当达到启动条件时，下达应急启动指令，成立现场应急指挥部，开展应急处置工作。

4.2.3 化工部应急指挥部办公室接到应急准备或应急启动的指令后，立即安排应急值班人员迅速通知各应急工作组做好应急准备或开展应急处置。

4.2.4 应急指令下达程序见附图 2-2(应急指令下达程序框图)。

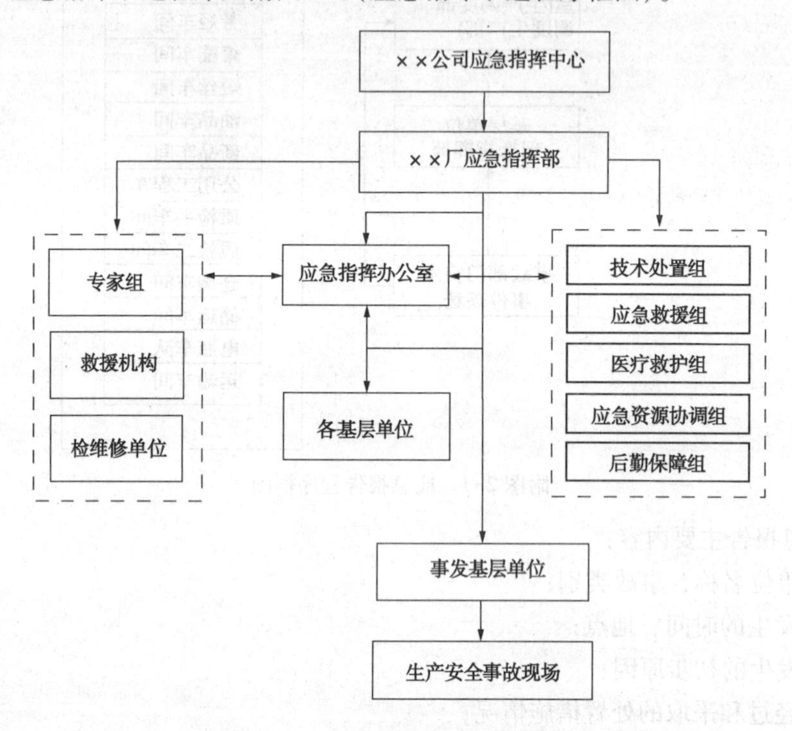

附图 2-2 应急指令下达程序框图

5 应急响应

5.1 应急响应流程

应急响应基本流程见附图 2-3。

5.2 应急启动条件

符合以下条件之一时，应启动本预案：

a. 地方政府、某石化已经启动应急预案或地方政府、某石化要求化工部启动应急预案时；

b. 发生某石化级、化工部级生产安全事故时；

c. 基层单位处置能力不足以控制事态发展，请求启动化工部级应急预时。

化工部应急指挥部根据生产安全事故的性质、严重程度、影响范围和可控性，对事故进行研判，作出应急准备或应急启动的决策。如下：

a. 当未达到启动条件时，下达应急准备指令，开展应急准备工作；

b. 当达到启动条件时，下达应急启动指令，开展应急处置工作。

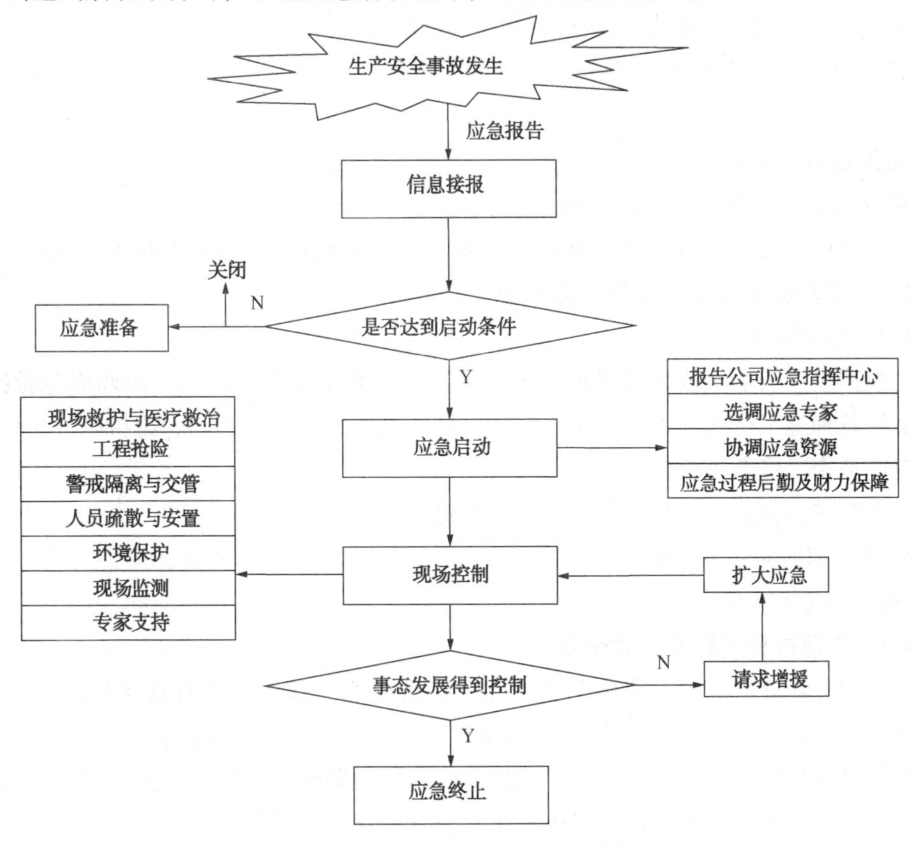

附图 2-3　应急响应基本流程图

5.3　应急准备

化工部应急指挥部下达应急准备指令后，应急指挥办公室和应急工作组成员应做好以下应急准备：

a. 跟踪并详细了解事故的发展动态及现场应急处置情况，及时向化工部应急指挥部汇报、请示并落实指令；

b. 指导基层单位进行应急处置；

c. 确定派往现场人员、专家，并通知待命；

d. 协调应急资源，做好调配准备；

e. 做好起草上报材料的准备；

f. 启动化工部应急信息平台，做好与现场相关信息传递工作。

5.4　应急处置

总指挥接到化工部应急指挥办公室应急值班人员通知后，立即赶赴事发现场，现场指挥部指挥权上交给总指挥，总指挥全面指挥协调现场的应急处置，下达启动本预案的指令，并按照本预案中相应专项应急处置措施的要求实施应急处置。

5.4.1 报告

（1）按照化工部应急指挥部指令，应急指挥部办公室向某石化应急管理中心报告。报告内容需经化工部应急指挥部办公室审查，总(副总)指挥审批后上报。

（2）向某石化应急指挥中心初步报告内容如下：

a. 事故发生的时间、地点；

b. 事故概况和目前处理情况；

c. 人员伤亡情况；

d. 对周边造成的影响；

e. 请求某石化协调、支持的事项。

（3）应急处置中发生新情况，应及时向某石化应急指挥中心补充上报事故情况。

5.4.2 派赴现场人员、选调应急专家

5.4.3 协调资源

（1）根据生产安全事故现场需求，应急资源协调组及时组织调配、协调应急救援队伍、应急物资装备和施工机具及设计、施工队伍。技术处置组协调原辅料，维持事故单位和波及单位的生产平衡，降低事故损失。

（2）调配应急救援队伍和应急物资装备渠道：

a. 从化工部所属各单位调配；

b. 请求上级单位调配。

5.4.4 应急过程后勤及财力保障

（1）在应急处置过程中，应确保化工部应急指挥部与基层单位和现场应急指挥部的网络、电话及传真通畅，确保现场实时记录(录音、录像)及时录制和保存。

（2）做好应急处置过程中的交通、食宿、医疗等后勤保障工作。在地方政府、某石化的领导下，本企业会同有关部门做好受灾员工和公众的基本生活保障工作。

（3）做好保卫工作，确保化工部办公场所正常工作秩序。

（4）按照化工部应急指挥部指令，落实应急资金。

5.5 处置措施

应急处置按照常见的六种生产安全事故有针对性进行。

5.5.1 火灾爆炸应急处置措施

a. 迅速将受伤、中毒人员送往医院抢救；

b. 现场进行有毒有害、易燃易爆气体监测，强化救援人员的个人防护；

c. 采取隔离和疏散措施，避免无关人员进入事故现场，必要时采取交通管制；

d. 尽快采取工艺处理措施，转移可燃物料，隔离泄漏点，切断与装置、管线、设施的连通；

e. 根据地形地貌、风向、天气等因素，制定灭火方案，并合理布置消防和救援力量；

f. 火灾扑救过程中，专家组应根据危险区的危害因素和火灾发展趋势进行动态评估，及时提出灭火指导意见；

g. 对火灾现场附近受威胁的易燃易爆物料储存设施，应及时采取冷却、退料、泄压等措施，防止升温、升压而引起火灾爆炸；

h. 当火灾失控，危及救援人员生命安全时，应立即指挥全部人员撤离至安全区域。

5.5.2　危险化学品(含剧毒品)应急处置措施

5.5.2.1　发生危险化学品泄漏

a. 立即清除泄漏污染区域内的各种火源，救援器材应具备防爆功能，并且要有防止泄漏物进入下水道、地下室或受限空间的措施；

b. 泄漏源控制：根据现场泄漏情况，采取关断料、开阀导流、排料泄压、火炬放空、倒罐转移、应急堵漏、冷却防爆、注水排险、喷雾稀释、引火点燃措施控制泄漏源；

c. 泄漏物控制：用水雾、蒸汽等稀释泄漏物浓度，拦截、导流和蓄积泄漏物，防止泄漏物向重要目标或环境敏感区扩散，视情况使用泡沫充分覆盖泄漏液面；

d. 泄漏物清理：大量残液，用防爆泵抽吸或使用无火花器具收集，集中处理；少量残液用稀释、吸附、固化、中和等方法处理；

e. 当泄漏到水体时，应及时启动《水体风险防控应急预案》。

5.5.2.2　发生危险化学品中毒

a. 隔离、疏散：设定初始隔离区，封闭事故现场，紧急疏散转移隔离区内所有无关人员，实行交通管制；

b. 现场急救：应急救援人员必须佩戴个人防护用品迅速进入现场危险区，沿逆风方向将受伤、中毒人员转移至空气新鲜处，根据受伤情况进行现场急救，并视实际情况迅速将受伤、中毒人员送往医院抢救；

c. 危害信息告知：宣传中毒化学品的危害信息和应急预防措施。

5.5.2.3　发生剧毒品丢失/被盗

a. 应保护好现场，封锁现场，组织力量排查与搜寻丢失或被盗的物质；

b. 配合公安机关、卫生行政部门进行调查、侦破；

c. 在指定区域内宣传剧毒品的危害信息。

5.5.3　油气管道泄漏应急处置措施

a. 迅速切断泄漏源，封闭事故现场，发出有害气体逸散报警信号；

b. 组织专业医疗救护小组抢救现场中毒人员；

c. 检测有害气体浓度，根据现场风向，加强现场人员的个人防护，疏散现场及周边无关人员；

d. 若泄漏点处于重点穿跨越段(如铁路、高等级公路等)，并导致交通中断，立即向当地铁路、交通的政府主管部门汇报，请求启动当地政府部门相应的应急预案；立即组织清理交通要道及两侧安全距离内的污染物，全力恢复交通；

e. 若泄漏点处于人员密集场所时，立即向公安、消防等政府主管部门汇报，请求启动当地政府部门相应的应急预案；

f. 条件允许时，迅速组织力量对泄漏管道进行封堵、抢修；

g. 油气管道泄漏引发火灾、爆炸时，立即组织现场消防力量进行灭火，同时采取5.5.1中的火灾爆炸应急处置措施；

h. 对污染物进行隔离，并组织清理。

5.5.4 放射性事件应急处置措施

5.5.4.1 放射性同位素丢失或被盗事件应急处置措施

a. 立即向公司应急指挥中心、公司保卫部和港中治安分局报警；

b. 疏散现场人员，防止无关人员超剂量照射；组织事发单位各部门对各个场所、储存部位进行排查；

c. 采取紧急措施，加大厂区各出入口管理力度，严格盘查出入厂门人员，做好登记，调取出入监控录像、射源监控录像；

d. 向事发单位相关人员了解事故信息，在公安机关到达现场后，配合进行调查取证，尽快查找放射源的下落；

e. 在可能发生放射污染和人员照射的情况下，组织疑似接触人员进行隔离，立即联系送专业防治部门进行检查、治疗；

f. 由有资质的环境放射监测单位对放射源可能经过或遗失的场所进行放射性影响监测。对放射性超标的部门进行环境洗消、处理。

5.5.4.2 放射性污染或人员超剂量照射事件应急处置措施

（1）放射性污染应急处置措施

a. 严格遵循事件的正当化、放射防护最优化、个人剂量限制的原则开展工作；

b. 立即疏散现场人员，封锁现场；

c. 切断一切可能扩大污染范围的环节，严格切断废水外排、物料外送等；

d. 对可能受放射性污染或者辐射损伤的人员，立即采取暂时隔离和应急救援措施，并根据需要实施其他医疗救治及处理措施；

e. 经政府环保部门同意，组织有资质的环境放射监测单位专业技术队伍对环境污染情况进行监测，为监测单位提供放射性同位素的种类、活度，通过监测确定污染范围和污染程度；

f. 立即组织对发生辐射污染的装置进行生产负荷调整，为进行放射污染处理或射源处置创造条件；

g. 由有资质的辐射专业作业单位进行放射性物质泄漏的清污和回收工作，对回收的失控放射性物质，进行屏蔽、隔离、封装及其清污的处置；

h. 认真配合公安机关进行调查、侦破，禁止任何单位和个人故意破坏事故现场、毁灭证据。

（2）人员超剂量照射应急处置措施

a. 立即撤离事件现场有关工作人员，封锁现场，切断一切可能扩大污染范围的环节；

b. 组织有关人员携带仪器设备赶赴事故现场，核实事故情况，估算受照剂量；

c. 对于受到或可能受到急性辐射损伤的人员，应进行隔离和应急救援措施，迅速联系并送往专业治疗机构进行诊断和治疗，聘请辐射损伤医疗专家对受损伤人员进行辐射损伤诊断；

d. 安全环保部应关注病人的临床症状，详细了解被救治人员的受照射情况，力求对其所受剂量做出合理估计；

e. 对超剂量照射人员应建立详细档案和跟踪；

f. 认真配合公安机关进行调查、侦破，禁止任何单位和个人故意破坏事故现场、毁灭证据。

5.5.5　公用工程系统应急处置措施

a. 迅速切断或者隔离泄漏源，封闭事故现场，若伴有有害物质的逸散，立即发出有害气体逸散报警信号；

b. 组织专业医疗救护小组抢救现场受伤或中毒人员；

c. 检测有害气体浓度，根据现场风向，加强现场人员的个人防护，疏散现场及周边无关人员；

d. 若泄漏点处于重点穿跨越段(如铁路、高等级公路等)，并导致交通中断，立即向当地铁路、交通的政府主管部门汇报，请求启动当地政府部门相应的应急预案，并立即组织清理交通要道及两侧安全距离内的污染物，全力恢复交通；

e. 若事发地点处于人员密集场所，立即向公安、消防等政府主管部门汇报，请求启动当地政府部门相应的应急预案；

f. 条件允许时，迅速组织力量对泄漏管道进行封堵、抢修；

g. 若引发火灾、爆炸时，立即组织现场消防力量灭火，同时采取 5.5.1 中的火灾爆炸应急处置措施。

5.5.6　气防应急处置措施

a. 划分重度、中度、轻度毒害区和影响区域，采取隔离和疏散措施，避免无关人员进入事故现场；

b. 救援人员佩戴正压式空气呼吸器，迅速将中毒人员移至空气新鲜通风良好处，解开外衣、裤带等(注意保暖)，采取必要的心肺复苏等急救措施，直至气防站和 120 急救中心专业人员到来；

c. 对有毒有害气体进行实时监测，强化现场救援人员的个体防护；

d. 采取工艺处理措施，切断有毒气体来源；

e. 采取防扩散控制措施，防止毒气蔓延；

f. 视情况组织带压堵漏等措施，并采取油气管道泄漏应急处置措施进行应急处理；

g. 进入危险隔离区的人员严禁携带各种危险物品，不准使用非防爆工器具、手机、手电和禁止使用明火；

h. 一旦事故扩大，现场无法控制，应组织人员迅速向侧上风方向转移，疏散到集合地点，并清点、记录人数；

i. 在安全区域集中设置洗消站，采用脱除污染的衣物，用流动清水冲洗皮肤等方法，及时对被污染的撤出人员进行消毒，防止发生继发伤害。

5.6　应急结束

经应急处置后，现场应急指挥部确认同时满足应急预案终止条件时：

a. 现场已得到有效处置，导致次生、衍生事故的隐患已消除；

b. 受伤人员得到妥善救治、受灾人员得到妥善安置；

c. 环境污染得到有效控制；

d. 社会影响基本消除；

e. 地方政府、某石化应急处置已经终止。

向总指挥报告，由总指挥判断，由总指挥下达应急结束指令。

6 信息公开

化工部所有生产安全事故的应急信息如实上报某石化应急指挥中心，信息公开内容以某石化为主体向有关新闻媒体、社会公众通报事故信息。

7 后期处置

应急处置结束后，事发单位应及时组织现场清理，对废弃物和污染物进行妥善处置，尽快恢复生产和经营。

对受影响的人员及家属进行合理安置。

8 保障措施

通信与信息、应急队伍、物资装备、经费、交通运输、治安、技术、医疗、后勤等保障工作按各部室职能分工组织落实，听从应急指挥部的统一调配指令。

9 应急预案管理

应急预案培训、演练、修订、备案按照《化工部应急管理程序》相关规定执行。

本预案由化工部应急指挥部制定，化工部应急指挥办公室负责解释并组织实施。

自本预案发布实施之日起实施，《化工部生产安全事故应急预案（试行）》（2008）同时废止。

附件

附件 1　化工部内部应急通讯录

附件 2　化工部外部应急通讯录

附件 3　化工部应急处置专家

附件 4　化工部应急设备和物资一览表

附件 5　化工部要害（重点）部位、关键装置一览表

附件 6　化工部所属单位区域分布图

附件 7　化工部应急人员集结疏散图

附件 8　化工部剧毒化学品基础数据表

附件 9　化工部放射源统计表

附件 10　化工部厂际间和界外油气管线走向图表

附件 11　化工部排水管网及排污口设置平面图

附录 3　××厂 ××车间应急预案

××厂××车间应急预案包括封面、批准页、目录、具体内容和附件，具体如下：

× × × × 公 司 突 发 事 件 应 急 程 序 文 件

ZSGZ-CS-××××-06.07

××厂××车间应急预案

2013-08-08 发布　　　　2013-08-08 实施

××公司××厂　发布

ZSGZ-CS-××××-13.07

文件审批表

日期　2013 年 06 月 09 日

<table>
<tr><td colspan="3">名　　称</td><td colspan="2">××厂××车间应急预案</td></tr>
<tr><td colspan="3">编　写　人　员</td><td colspan="2">唐志强　陈九斤</td></tr>
<tr><td rowspan="5">审　　查</td><td colspan="2">单　　位</td><td>审查人</td><td>单位负责人</td></tr>
<tr><td colspan="2">安全员</td><td></td><td></td></tr>
<tr><td colspan="2">安全工程师</td><td colspan="2"></td></tr>
<tr><td colspan="2">设备员</td><td colspan="2"></td></tr>
<tr><td colspan="2">工艺员</td><td colspan="2"></td></tr>
<tr><td rowspan="4">审　批</td><td rowspan="4"></td><td>生产副主任</td><td colspan="2"></td></tr>
<tr><td>设备副主任</td><td colspan="2"></td></tr>
<tr><td>工艺副主任</td><td colspan="2"></td></tr>
<tr><td></td><td colspan="2"></td></tr>
<tr><td>批　准</td><td colspan="2">主任</td><td colspan="2"></td></tr>
</table>

目　　录

××公司		××厂××车间应急预案	文件编号	ZSGZ-CS-××××-13.07
			版　号	A/0
序号		操作文件	文件页码	共××页第×页

1　应急响应程序

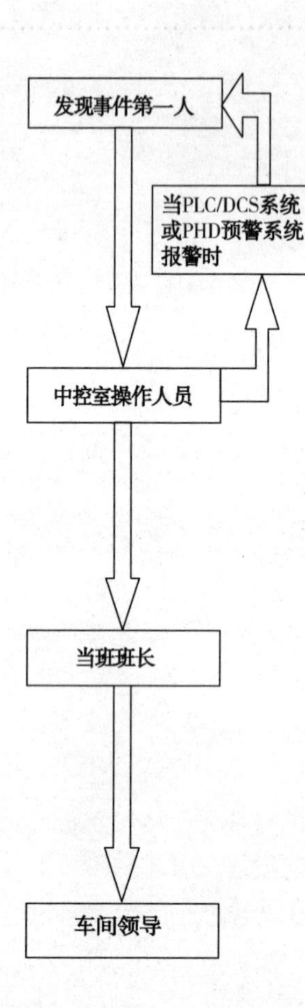

职责

1. 迅速向中控室报告。
2. 在确保自身和他人安全的情况下，采取措施控制事态。

1. 接到报告后记录报告的详细内容。报告班长，并立即采取措施控制事态。
2. 当PLC/DCS系统或PHD预警系统报警时，确认报警地点，通知所属岗位职工到报警现场检查处置。

1. 立即成为现场指挥员，启动应急响应程序。
2. 立即组织向119/120报警，向厂应急响应中心、车间领导报告。
3. 组织本班应急响应人员进行应急处理。

1. 接替班长成为现场指挥员并确认现场正在进行的应急措施是否合理有效。
2. 负责协调外部力量参与应急抢险。
3. 负责采取措施确保区域内其他生产的安全。
4. 负责车间级应急程序的终止。

2 突发事件及处置

2.1 危险化学品泄漏及人员中毒应急处理

步 骤	处 置	负 责 人
发现异常	发现 PLC/DCS 系统报警或 PHD 液位异常报警时：汇报班长，同时要求岗位人员现场确认。	副班长
	巡检发现，立即返回，就近取空气呼吸器佩带前往确认。	发现泄漏第一人
现场确认、报告	班长或岗位外操佩戴空气呼吸器现场确认，向中控室报告。	班长、发现泄漏第一人
切断泄漏源	1. 远程切断泄漏源前后的自控阀门。	副班长
	2. 切断泄漏点前后的手动阀门(若可能)。	班长、事故岗位外操
	视情况采取措施： 1. 关闭作业流程。通过切水线向贮罐注水，力争将泄漏物抬高到漏点之上(贮罐下部泄漏)。 2. 打通倒料流程，力争将泄漏物降低到漏点之下(贮罐上部泄漏)。 3. 倒罐作业(乙烯焦油＼乙二醇罐不能注水)。	副班长、事故岗位外操 车间应急人员协助
报警	向公司 119/120 报警。	计量工
	向厂应急响应中心及车间领导报告。	副班长
应急程序启动	通知其他岗位人员增援。 通知码头车间中控准备提供泡沫(若险情发生在原油罐组)。	班长
人员抢救	戴空气呼吸器转移中毒人员，并施行急救(专业人员未接替前决不放弃)。	班长指定的人员
人员疏散	组织现场与抢险无关的人员(含施工人员)疏散。	计量工
消防、泡沫系统保障	1. 监控消防水泵备用情况，保证管网压力。	苯岗位外操、副班长
	2. 打通泡沫流程、准备提供泡沫保护(若有必要)。	苯岗位外操/码头班长 (险情发生在原油区域时)
泄漏物的封堵与回收	1. 检查确认罐组的雨排阀、污排阀已经关闭。	车间应急人员
	2.(必要时)放下清净下水总排口闸板，沙袋封堵外排沟。	事故岗位外操、 车间应急人员
	3. 用器皿或吸油棉回收泄漏物。用回收泵将积聚在低洼处的泄漏物抽至就近的污水井，使其进入污水池。	班长、车间应急人员
	4. 启污水泵将进入污水池的泄漏物倒往原油罐。	苯岗位外操
警戒	携可燃气检测仪测试，划定警戒范围。	车间应急人员
接应救援	打开消防通道，接应消防、气防、环境监测等车辆及外部应急增援力量。	车间应急人员
带压堵漏	具备堵漏条件时，组织人员进入现场带压堵漏。	车间领导
注 意	1. 进入罐组及可能中毒区域戴空气呼吸器，其他附近区域戴过滤式防毒面具。接触有毒介质的关阀人员、回收人员和堵漏人员须穿防护服。 2. 人员疏散应根据风向标指示，撤离至上风口的紧急集合点，并清点人数。 3. 施工人员疏散时，应检查关闭现场的用火火源，切断临时用电电源。 4. 报警时，须讲明泄漏地点、泄漏介质、严重程度、人员伤亡情况、有无火情。	

案例：苯 G403b 罐来料线罐根金属软管泄漏人员中毒应急处理

步　骤	处　置	负　责　人
发现异常	PLC 画面突然显示：位号为 AE4036 的可燃气测爆仪红灯闪烁，并伴声音报警。副班长判断：G403b 罐根附近可能有泄漏。汇报班长；同时要求岗位人员现场确认。	中控副班长
现场确认、报告	1. 班长、苯岗位外操佩戴空气呼吸器现场确认。 2. 向中控室报告：发现 G403b 罐来料线罐根金属软管裂开、苯正在泄漏、周围地面已积聚大量苯，现场没有着火，但发现一人中毒倒地。	班长、 发现泄漏第一人
切断泄漏源	1. 远程关闭苯来料线进罐气缸阀(HV4031)。	副班长
	2. 关闭苯来料线罐根手动阀(若可能)。	班长、苯岗位外操
	3. 关闭苯界区来料线总阀(须与调度协调)。	班长指定人员
报警	向公司 119/120 报警：贮运厂油品车间 G403b 罐来料线罐根金属软管裂开、苯正在泄漏、周围地面已积聚大量苯，现场没有着火，但有一人中毒倒地，报警人×××。	计量工
	向厂应急响应中心及车间领导报告：G403b 罐来料线罐根金属软管裂开、苯正在泄漏、周围地面已积聚大量苯，现场没有着火，但有一人中毒倒地。	副班长
应急程序启动	通知其他岗位人员增援：G403b 罐来料线罐根金属软管裂开、苯正在泄漏、周围地面已积聚大量苯，现场有一人中毒倒地；请各岗位留守一人维持正常作业，其他人员立即到苯罐组集合，由班长指挥开展应急抢险，请无关人员及施工人员立即沿上风向、到紧急集合点集中(重复数遍)。	班长
人员抢救	1. 戴空气呼吸器转移中毒人员，并施行急救。	班长、苯岗位外操
	2. 持续进行急救(决不放弃)，直到专业人员到达。	班长、车间应急人员
人员疏散	组织现场与抢险无关的人员(含施工人员)撤离。	车间应急人员
流程调整	通过切水线向贮罐注水，力争将物料抬高到漏点之上(若罐根阀无法关闭)。	班长、 车间应急人员
消防、泡沫系统保障	1. 监控消防水泵备用情况，保证管网压力。	苯岗位外操、副班长
	2. 打通泡沫流程、准备提供泡沫保护	苯岗位外操
泄漏物的封堵与回收	1. 检查确认罐组的雨排阀、污排阀已经关闭。	车间应急人员
	2. (必要时)放下 2#清净下水外排口闸板，沙袋封堵外排沟。	车间应急人员
	3. 用器皿或吸油棉回收泄漏物。用回收泵将积聚在防火堤内水沟中的苯抽至就近的污水井，使其进入污水池	班长、 车间应急人员
	4. 启污水泵将进入污水池的苯倒往原油罐。	苯岗位外操
警戒	携可燃气检测仪测试，划定警戒范围。	车间应急人员
接应救援	打开消防通道(打开 2#、3#、4#门)，接应消、气防、环境监测等车辆及外部应急增援力量。	车间应急人员
带压堵漏	具备堵漏条件后，组织维修人员进入现场带压堵漏。	车间领导
注　意	1. 进入罐组及可能中毒区域戴空气呼吸器，其他附近区域戴过滤式防毒面具。接触苯的关阀人员、回收人员和堵漏人员须穿防护服。 2. 人员疏散应根据风向标指示，撤离至上风口的紧急集合点，并清点人数。 3. 施工人员疏散时，应检查关闭现场的用火火源，切断临时用电电源。	

2.2 危险化学品火灾应急处理

步　骤	处　置	负 责 人
报警	向中控室报告(中控室监控电视发现，直接执行以下程序)。	发现火情第一人
	向公司 119/120 报警。	计量工
	向厂应急响应中心及车间领导报告。	副班长
应急程序启动	通知其他岗位人员增援。 通知码头车间中控准备提供泡沫(若险情发生在原油区域)。	班长
切断泄漏源	1. 远程切断泄漏源前后的自控阀门。	副班长
	2. 关闭泄漏点前后的手动阀门(若可能)。	班长、事故岗位外操
	3. 贮罐着火，切断系统与该罐的所有联系(关闭罐根阀门)。	班长、事故岗位外操
人员疏散	组织现场与抢险无关的人员(含施工人员)撤离。	事故岗位外操
消防、泡沫、干粉系统保障	1. 监视消防水系统自动运行情况，保证管网压力。	副班长、苯岗位外操
	2. 启动泡沫(干粉)系统。	苯岗位外操/码头班长(火情发生在原油区域时)
灭火、冷却	1. 开消防水炮和消防喷淋(若有)对着火罐进行冷却，对邻近贮罐、设施降温隔离。	车间应急人员
	2. 开通泡沫进行灭火。	车间应急人员
泄漏物封堵回收	1. 检查确认罐组的雨排阀、污排阀已经关闭。	车间应急人员
	2. 放下清净下水总排口闸板，沙袋封堵外排沟。	事故岗位外操、车间应急人员
	3. 用器皿或吸油棉回收泄漏物。用回收泵将积聚在低洼处的泄漏物抽至就近的污水井，使其进入污水池。	班长、车间应急人员
	4. 启污水泵将进入污水池的泄漏物倒往原油罐。	苯岗位外操
警戒	携可燃气检测仪测试，划定警戒范围。	车间应急人员
接应救援	打开消防通道，接应消防、气防、环境监测等车辆及外部应急增援。	车间应急人员
带压堵漏	现场余火扑灭后，具备堵漏条件时，组织维修人员进入现场带压堵漏。	车间领导
注　意	1. 进入罐组及可能中毒区域戴空气呼吸器，其他附近区域戴过滤式防毒面具。接触有毒介质的关阀人员、回收人员和堵漏人员须穿防护服。 2. 人员疏散应根据风向标指示，撤离至上风口的紧急集合点，并清点人数。 3. 施工人员疏散时，应检查关闭现场火源，切断临时用电电源。 4. 报警时，须讲明着火地点、着火介质、火势、人员伤亡情况。	

案例：原油 G901a 罐顶着火应急处理

步　骤	处　置	负 责 人
现场发现	发现 G901a 罐顶起火(假想该罐正在收料)。	发现火情第一人
报警	向中控室报告：G901a 罐罐顶原油起火燃烧，现场没有人员受伤。	发现火情第一人
	向公司 119/120 报警：贮运厂油品车间 G901a 原油罐罐顶着火、没有人员受伤，报警人×××。	计量工
	向厂应急响应中心及车间领导报告：G901a 罐罐顶着火、现场没有人员受伤。	副班长
应急程序启动	通知其他岗位人员增援：G901a 罐罐顶着火、现场没有人员受伤；请各岗位留守一人维持正常作业，其他人员立即到原油罐组集合，由班长指挥开展应急抢险，请无关人员及施工人员立即沿上风向、到紧急集合点集中(重复数遍)。 通知码头车间中控，油品车间原油罐着火，请快速启动泡沫系统，提供泡沫灭火。	班长
人员疏散	组织现场与抢险无关人员(含施工人员)撤离。	原油岗位外操
停止相关作业	远程关闭 G901a 进料气缸阀(HV9011、HV9012)。	副班长
消防、泡沫系统保障	1. 监视消防水系统自动运行情况，保证管网压力。	副班长、苯岗位外操
	2. 启动泡沫系统。	码头车间班长
灭火操作	1. 开消防水炮对着火罐进行冷却，对邻近贮罐、设施降温隔离。	车间应急人员
	2. 开通泡沫进行灭火。	车间应急人员
污染物封堵回收	检查确认罐组的雨排阀、污排阀已经关闭。	车间应急人员
	合拢清净下水 3 号外排口闸板，沙袋封堵外排沟。	车间应急人员
警戒	携可燃气检测仪测试，划定警戒范围。	车间应急人员
接应救援	打开消防通道(打开 3#、4#、5#门)，接应消防、气防、环境监测等车辆及外部应急增援。	车间应急人员
注　意	1. 进入罐组及可能中毒区域戴空气呼吸器，其他附近区域戴过滤式防毒面具。 2. 人员疏散应根据风向标指示，撤离至上风口的紧急集合点，并清点人数。 3. 施工人员疏散时，应检查关闭现场火源，切断临时用电电源。	

附录 4　北京某气体有限责任公司现场处置方案

一、重要设备现场处置方案

本公司重要设备有：

氧气压缩机——氧气充装动力，将低压氧气压缩到 15MPa 左右进行气瓶充装。

石油气压缩机——尾气回收动力，将低压火炬气经过压缩到 1.8MPa 后冷凝液化为工业液化气。

尾气球罐——工业液化气存储设备，用于存储液化的工业液化气，存储压力 1.8MPa，达到 80%液位下，充装到汽车罐车。

（一）氧气压缩机

1. 风险分析

基本情况	设备名称	氧气压缩机型号：Z-1.67/150 规格：100Nm³/h
	负责人及联系方式	××××内线：××××电话：××××手机：××××
	周边是否有其他重要设备(名称)	3 台氧气压缩机并列，相距大约 50cm。
危险性辨识	存储(使用)介质的危险性	介质：氧气，生产过程中禁油，配件等使用前用四氯化碳脱脂；生产过程为高压。 危险性类别：第 2.2 类不燃气体。 侵入途径：吸入，皮肤接触。 健康危害：长时间吸入纯氧造成中毒。常压下，氧浓度超过 40%时，就有发生氧中毒的可能性，氧中毒有两种类型：①肺型。主要发生在氧分压 1~2 个大气压，相当于吸入氧浓度 40%~60%。开始时，胸骨后稍有不适感，伴轻咳，进而感胸闷，胸骨后灼烧感和呼吸困难，咳嗽加剧。严重时可发生肺水肿，窒息。②神经型。主要发生于氧分压在 3 个大气压以上时，相当于吸入氧浓度 80%以上，开始多出现口唇或面部肌肉抽动，面色苍白，眩晕，心动加速，虚脱，继而出现全身强直性癫痫样抽搐，昏迷，呼吸衰竭而死亡。长期处于氧分压为 60~100kPa 的条件下可发生眼损害，严重可失明。 环境危害：无。 爆炸危险：强氧化剂，助燃，与可燃气体混合可形成燃烧式爆炸性混合物。
	易产生隐患的部位	连接管线的法兰、阀门、丝扣连接处和检修部件
	导致事故隐患的因素	丝扣滑扣、法兰变形泄漏、部件未脱脂
	引发事故的可能原因	压力超高、检修后未进行有效气密、未按照规程脱脂
可能发生的事故	事故类型	火灾，其他爆炸
	事故后果	人员伤亡、设备损坏、装置停车
	事故先兆	泄漏有异常气流声音、超压安全阀起跳
	可能的次生、衍生事故	无

2. 现场处置措施

事故类型	火灾，其他爆炸
应急处置程序	(1)设备等起火 氧气为助燃物质，所有管道、附件、阀门等在安装时必须严格脱脂，维修工具严禁油脂。 设备(特别是氧气设备)在起火后，首先立即停氧压机，关闭氧气进气总阀，用干粉灭火器等灭火(电器部分严禁使用水和泡沫灭火器)，根据火情判断是否通知消防队 119。出现人员伤害，立刻将受伤人员转移到安全地带，通知 120 救援。 (2)管道、阀门泄漏 管道阀门发生泄漏，立刻停氧压机，关闭进气总阀，根据情况决定是钳工或电气焊消漏(或更换部件)，在检查并脱脂气密合格后再进行操作。
应急物资、设备情况	干粉灭火器 4 只位于氧压机厂房西侧墙边，应急消防包(包括消防斧、消防绳、应急灯、防毒面具、灭火毯、小型灭火器)和救护包由段长收于应急柜里，应急柜位于氧压机北侧休息室内。

受伤人员救治	将受伤人员移动到车间外安全处，同时通知120。
人员防护措施	安全帽、防砸鞋、防静电工作服、手套等。
注意事项	(1)现场人员如无外伤，将人员移动到室外安全处；如呼吸停止，可进行压胸式人工呼吸；出现骨折等情况，尽量减少移动；出现烧伤等尽量将燃烧衣物脱去，防止感染，用清水洗涤伤处，尽快联系专业救护。 (2)电气部位只能使用干粉和二氧化碳灭火器，不得使用水灭火，消防斧用于门窗无法打开时的砸开工具，灭火毯可扑灭小范围起火处。 (3)救援时先考虑人员安全，后设备安全。在不伤害人的情况下，关闭进气阀和电源。 (4)处理结束后，在"三不放过"情况下分析事故原因，对事故设备和部位在检修后试车，特种设备及其附件由专业机构检验合格后方可投入使用。未找到事故原因，严禁试车、生产。 (5)如无法快速灭火，尽可能将现场钢瓶移动到安全处或者喷水降温，防止发生气瓶连锁爆炸。
疏散路线图	(略)

(二)石油气压缩机

1. 风险分析

基本情况	设备名称	石油气压缩机型号：
	负责人及联系方式	××××内线：××××电话：××××手机：××××
	周边是否有其他重要设备(名称)	2台压缩机中间隔一房间，20m外尾气球罐
危险性辨识	存储(使用)介质的危险性	介质：工业液化气(丙烯、丙烷混合气)。易燃易爆，爆炸极限：2%~11%；封闭空间发生窒息、中毒，原料中含微量一氧化碳。 危险性类别：第2.1类可燃液化气体。 侵入途径：吸入，皮肤接触。 健康危害：本品有麻醉作用。急性中毒：有头晕、头痛、兴奋或嗜睡、恶心、呕吐、脉缓等；重症者可突然倒下，尿失禁，意识丧失，甚至呼吸停止。可致皮肤冻伤。慢性影响：长期接触低浓度者，可出现头痛、头晕、睡眠不佳、易疲劳、情绪不稳以及植物神经功能紊乱等。 环境危害：对环境有危害，对水体、土壤和大气可造成污染。 燃爆危险：本品易燃，易爆炸，具麻醉性。
	易产生隐患的部位	阀门、法兰
	导致事故隐患的因素	法兰、阀门泄漏、设备进空气
	引发事故的可能原因	超压、检修后未合格气密、置换、操作不当引起入口负压
可能发生的事故	事故类型	火灾、中毒、窒息、其他爆炸
	事故后果	人员伤亡、设备损坏、系统停车
	事故先兆	可燃气报警仪报警
	可能的次生、衍生事故	大气污染、水污染

2. 现场处置措施

事故类型	火灾、中毒、窒息、其他爆炸
应急处置程序	(1)设备泄漏 立即停车，关闭压缩机进出口阀门，佩戴空气呼吸器打开去火炬阀门，进行泄压处理。如果设备内物料很多，联系专业维修人员协助带压消漏；分析人员携带便携式可燃气检测仪，现场检测可燃气浓度。泄漏时，所有检修工具必须防爆、人员佩戴空气呼吸器。 如果泄漏伴随火情，必须先消漏，再灭火，现场人员密切注视火情，防止火情扩大、蔓延。 正在装车的车辆罐体发生泄漏，关闭罐车进气阀，关闭球罐根部阀，打开气液相平衡阀放火炬。如果罐车物料比较多，通知专业维修人员协助带压堵漏。 (2)管线、阀门 相关管线、阀门，如果能和系统特别是储罐切断，立刻切断，切断后将损坏阀门更换，损害管线根据情况判断是堵漏或更换。 如果阀门、管线为储罐根部阀、管线，系统停车，通知专业维修人员带压堵漏，等堵漏完成后将储罐中物料装车，对系统进行放空、置换，等检修后气密、置换合格后重新开车。 (3)人员窒息晕倒 救援人员佩戴空气呼吸器将人员转移到上风口，一边系统停车，检查泄漏情况，一边通知120救援。等找到人员窒息原因并处理合格后再开车。
应急物资、设备情况	干粉灭火器8只：围堰北侧外。防爆铜质工具1套：中间检修室。空气呼吸器1只：尾气操作间。应急消防包1套(消防斧 消防绳 应急灯 小型灭火器 防毒面具 灭火毯)、应急救护包1套均在尾气操作间应急柜。
受伤人员救治	发生人员伤亡，将人员移动到公路安全处(上风口)，同时联系120。
人员防护措施	安全帽、空气呼吸器、防毒面具、防静电工作服、手套等。
注意事项	(1)现场人员如无外伤，将人员移动到室外安全处，如呼吸停止，可进行压胸式人工呼吸，出现骨折等情况，尽量减少移动，出现烧伤等尽量将燃烧衣物脱去，防止感染，用清水洗涤伤处，尽快联系专业救护。 (2)电气部位只能使用干粉和二氧化碳灭火器，不得使用水灭火，消防斧用于门窗无法打开时的砸开工具，灭火毯可扑灭小范围起火处。 (3)救援时先人员安全，后设备安全。在无危险时，关闭进气阀和电源，将去火炬阀打开。 (4)无法消漏时，不能灭火，注意控制火势，同时将附近容器用水降温，在漏点消除后灭火。 (5)处理结束后，先分析事故原因。在“三不放过”情况下分析事故原因，对事故设备和部位在检修后试车，特种设备及其附件由专业机构检验合格后方可投入使用。未找到事故原因，严禁试车、生产。
疏散路线图	(略)

（三）尾气球罐

1. 风险分析

基本情况	设备名称	尾气球罐容积：50 m^3
	负责人及联系方式	××××内线：××××电话：××××手机：××××
	周边是否有其他重要设备(名称)	20m 外石油气压缩机
危险性辨识	存储(使用)介质的危险性	介质：工业液化气(丙烯、丙烷混合气)。易燃易爆，爆炸极限：2%~11%；封闭空间发生窒息、中毒，原料中含微量一氧化碳。 危险性类别：第 2.1 类可燃液化气体 侵入途径：吸入，皮肤接触 健康危害：本品有麻醉作用。急性中毒：有头晕、头痛、兴奋或嗜睡、恶心、呕吐、脉缓等；重症者可突然倒下，尿失禁，意识丧失，甚至呼吸停止。可致皮肤冻伤。慢性影响：长期接触低浓度者，可出现头痛、头晕、睡眠不佳、易疲劳、情绪不稳以及植物神经功能紊乱等。 环境危害：对环境有危害，对水体、土壤和大气可造成污染。 燃爆危险：本品易燃，易爆炸，具麻醉性。
	易产生隐患的部位	连接法兰
	导致事故隐患的因素	泄漏
	引发事故的原因	超压或误开阀门
可能发生的事故	事故类型	火灾、中毒、窒息、其他爆炸
	事故后果	人员伤亡、设备损坏、系统停车
	事故先兆	可燃气报警仪报警
	可能的次生、衍生事故	大气污染、水污染

2. 现场处置措施

事故类型	火灾、中毒、窒息、其他爆炸
应急处置程序	(1)设备泄漏 立即停车，关闭压缩机进出口阀门，佩带空气呼吸器打开去火炬阀门，进行泄压处理。如果设备内物料很多，电话通知专业维修人员协助带压消漏；分析人员携带便携式可燃气检测仪，现场检测可燃气浓度。泄漏时，现场所有检修工具均必须为防爆设备、人员佩戴空气呼吸器。 如果泄漏伴随火情，必须先消漏，再灭火，现场人员密切注视火情，防止火情扩大、蔓延。 正在装车的车辆罐体发生泄漏，关闭罐车进气阀，关闭球罐根部阀，打开气液相平衡阀放火炬。如果罐车物料比较多，通知专业维修人员协助带压堵漏。 (2)管线、阀门 相关管线、阀门，如果能和系统特别是储罐切断，立刻切断，切断后将损坏阀门更换，损害管线根据情况判断是堵漏或更换。 如果阀门、管线为储罐根部阀、管线，系统停车，通知专业维修人员带压堵漏，等堵漏完成后将储罐中物料装车，对系统进行防空、置换，等检修后气密、置换合格后重新开车。 (3)人员窒息晕倒 救援人员带空气呼吸器将人员转移到上风口，一边系统停车，检查泄漏情况，通知 6120 救援。等找到人员窒息原因并处理合格后再开车。

事故类型	火灾、中毒、窒息、其他爆炸
应急物资、设备情况	干粉灭火器 8 只：围堰北侧外 防爆铜质工具 1 套：中间检修室 空气呼吸器 1 只：尾气操作间 应急消防包 1 套(消防斧 消防绳 应急灯 小型灭火器 防毒面具 灭火毯)应急救护包 1 套均在尾气操作间应急柜。
受伤人员救治	发生人员伤亡，将人员移动到公路安全处(上风口)，同时联系 120。
人员防护措施	安全帽　空气呼吸器　防毒面具　防静电工作服　手套等。
注意事项	(1)现场人员如无外伤，将人员移动到室外安全处，如呼吸停止，可进行压胸式人工呼吸，出现骨折等情况，尽量减少移动，出现烧伤等尽量将燃烧衣物脱去，防止感染，用清水洗涤伤处，尽快联系专业救护。 (2)电气部位只能使用干粉和二氧化碳灭火器，不得使用水灭火，消防斧用于门窗无法打开时的砸开工具，灭火毯可扑灭小范围起火处。 (3)救援时先人员安全，后设备安全。在不伤害人的情况下，关闭进气阀和电源，将去火炬阀打开。 (4) 在无法消漏情况下，不能灭火，注意控制火势，同时将附近容器用水降温，在漏点消除后灭火。 (5) 处理结束后，在“三不放过”情况下分析事故原因，对事故设备和部位在检修后试车，特种设备及其附件由专业机构检验合格后方可投入使用。未找到事故原因，严禁试车、生产。
疏散路线图	(略)

二、重点部位现场处置方案

本公司重点部位为尾气罐区，有 1 台 50m^3 球罐，2 台 20m^3 卧罐，其中一台卧罐属于化四设备，用于存储回收的丙烯。工作压力 1.8MPa，周边为 1.2m 高的围堰，围堰内有可燃气报警仪。

1. 风险分析

基本情况	部位名称	尾气罐区
	所处位置	化四中部、公司东边、尾气岗位装置和控制室中间(具体见附图 2：尾气岗位逃生路线图)
	部位负责人及联系方式	××××内线：××××电话：××××手机：××××
	存在的重要设备	1 台球罐、2 台卧罐
危险性辨识	存储(使用)介质的危险性	介质：工业液化气(丙烯、丙烷混合气)。易燃易爆，爆炸极限：2%~11%；封闭空间发生窒息、中毒，原料中含微量一氧化碳 危险性类别：第 2.1 类可燃液化气体 侵入途径：吸入，皮肤接触 健康危害：本品有麻醉作用。急性中毒：有头晕、头痛、兴奋或嗜睡、恶心、呕吐、脉缓等；重症者可突然倒下，尿失禁，意识丧失，甚至呼吸停止。可致皮肤冻伤。慢性影响：长期接触低浓度者，可出现头痛、头晕、睡眠不佳、易疲劳、情绪不稳以及植物神经功能紊乱等。 环境危害：对环境有危害，对水体、土壤和大气可造成污染。 燃爆危险：本品易燃，易爆炸，具麻醉性。
	易产生隐患的因素	连接法兰
	导致事故隐患的因素	泄漏
	引发事故的可能原因	超压

续表

可能发生的事故	事故类型	火灾、中毒、窒息、其他爆炸
	事故后果	人员伤亡、设备损坏、系统停车
	事故先兆	可燃气报警仪报警
	可能的次生、衍生事故	大气污染、水污染

2. 现场处置措施

事故类型	火灾、中毒、窒息、其他爆炸
应急处置程序	(1)设备泄漏 立即停车，关闭压缩机进出口阀门，佩戴空气呼吸器打开去火炬阀门，进行泄压处理。如果设备内物料很多，电话通知专业维修人员协助带压消漏；分析人员携带便携式可燃气检测仪，现场检测可燃气浓度。泄漏时候，现场所有检修工具均必须为防爆设备、人员佩戴空气呼吸器。 如果泄漏伴随火情，必须先消漏，再灭火，现场人员密切注视火情，防止火情扩大、蔓延。 正在装车的车辆罐体发生泄漏，关闭 罐车进气阀，关闭球罐根部阀，打开气液相平衡阀放火炬。如果罐车物料比较多，通知专业维修人员协助带压堵漏。 (2)管线、阀门 相关管线、阀门，如果能和系统特别是储罐切断，立刻切断，切断后将损坏阀门更换，损害管线根据情况判断是堵漏或更换。 如果阀门、管线为储罐根部阀、管线，系统停车，通知专业维修人员带压堵漏，等堵漏完成后将储罐中物料装车，对系统进行防空、置换，等检修后气密、置换合格后重新开车。 (3)人员窒息晕倒 救援人员带空气呼吸器将人员转移到上风口，一边系统停车，检查泄漏情况，一边120救援。等找到人员窒息原因并处理合格后再开车。
应急物资、设备情况	干粉灭火器8只：围堰北侧外 防爆铜质工具1套：中间检修室 空气呼吸器1只：尾气操作间 应急消防包1套(消防斧 消防绳 应急灯 小型灭火器 防毒面具 灭火毯) 应急救护包1套均在尾气操作间应急柜。
受伤人员救治	发生人员伤亡，将人员移动到公路安全处(上风口)，同时联系救援电话120。
人员防护措施	安全帽、空气呼吸器、防毒面具、防静电工作服、手套等。
注意事项	(1) 现场人员如无外伤，将人员移动到室外安全处，如呼吸停止，可进行压胸式人工呼吸，出现骨折等情况，尽量减少移动，出现烧伤等尽量将燃烧衣物脱去，防止感染，用清水洗涤伤处，尽快联系专业救护。 (2)电气部位只能使用干粉和二氧化碳灭火器，不得使用水灭火，消防斧用于门窗无法打开时的砸开工具，灭火毯可扑灭小范围起火处。 (3) 救援时先人员安全，后设备安全。在不伤害人的情况下，关闭进气阀和电源，将去火炬阀打开。 (4) 在无法消漏情况下，不能灭火，注意控制火势，同时将附近容器用水降温，在漏点消除后灭火。 (5) 处理结束后，在“三不放过”情况下分析事故原因，对事故设备和部位在检修后试车，特种设备及其附件由专业机构检验合格后方可投入使用。未找到事故原因，严禁试车、生产。
疏散路线图	(略)

三、重点工作岗位现场处置方案

本公司重点工作岗位为尾气控制室操作人员，操作人员绝大多数为高中、中专以上学历，在化工厂5年以上工作经验，熟练操作尾气岗位操作规程，对岗位设备能进行正常维护保养及部件的更换。

1. 风险分析

基本情况	岗位名称	尾气岗位控制室操作人员
	联系方式	组长：×××× 内线：×××× 电话：×××× 手机：×××× 操作人员：××× ××× ××× 内线：××× 电话：×××
	工作岗位情况说明	负责尾气岗位的生产、操作，简单设备维护和配件更换，尾气岗位消防器材等维护、保养，负责公司的重点部位——尾气罐区和重要设备石油气压缩机和尾气球罐的操作，组长为重点部位联系人。
危险性辨识	接触(使用)介质的危险性	介质：工业液化气(丙烯、丙烷混合气)。易燃易爆，爆炸极限：2%~11%。 危险性类别：第2.1类可燃液化气体。 侵入途径：吸入，皮肤接触。 健康危害：本品有麻醉作用。急性中毒：有头晕、头痛、兴奋或嗜睡、恶心、呕吐、脉缓等；重症者可突然倒下，尿失禁，意识丧失，甚至呼吸停止。可致皮肤冻伤。慢性影响：长期接触低浓度者，可出现头痛、头晕、睡眠不佳、易疲劳、情绪不稳以及植物神经功能紊乱等。 环境危害：对环境有危害，对水体、土壤和大气可造成污染。 燃爆危险：本品易燃，易爆炸，具麻醉性。
	易产生的隐患或异常情况	连接法兰
	导致事故隐患的因素	泄漏
	引发事故的可能原因	超压
可能发生的事故	事故类型、异常情况类型	火灾、中毒、窒息、其他爆炸
	事故后果	人员伤亡、设备损坏、系统停车
	事故先兆	可燃气报警仪报警
	可能的次生、衍生事故	大气污染、水污染

2. 现场处置措施

事故类型及异常情况	火灾、中毒、窒息、其他爆炸
应急处置程序	(1)设备泄漏 立即停车，关压缩机进出口阀门，佩戴空气呼吸器打开去火炬阀门，进行泄压处理。如果设备内物料很多，电话通知专业维修人员协助带压消漏；分析人员携带便携式可燃气检测仪，现场检测可燃气浓度。泄漏时，现场所有检修工具均必须为防爆设备、人员佩戴空气呼吸器。 如果泄漏伴随火情，必须先消漏，再灭火，现场人员密切注视火情，防止火情扩大、蔓延。 正在装车的车辆罐体发生泄漏，关闭 罐车进气阀，关闭球罐根部阀，打开气液相平衡阀放火炬。如果罐车物料比较多，通知专业维修人员协助带压堵漏。 (2)管线、阀门 相关管线、阀门，如果能和系统特别是储罐切断，立刻切断，切断后将损坏阀门更换，损害管线根据情况判断是堵漏或更换。

续表

应急处置程序	如果阀门、管线为储罐根部阀、管线，系统停车，通知专业维修人员带压堵漏，等堵漏完成后将储罐中物料装车，对系统进行防空、置换，等检修后气密、置换合格后重新开车。 (3)人员窒息晕倒 救援人员带空气呼吸器将人员转移到上风口，一边系统停车，检查泄漏情况，一边通知120救援。等找到人员窒息原因并处理合格后再开车。
应急物资、设备情况	干粉灭火器8只：围堰北侧外。防爆铜质工具1套：中间检修室。空气呼吸器1只：尾气操作间。应急消防包1套(消防斧 消防绳 应急灯 小型灭火器 防毒面具 灭火毯)应急救护包1套均在尾气操作间应急柜。
受伤人员救治	发生人员伤亡，将人员移动到公路安全处(上风口)，同时联系120。
人员防护措施	安全帽、空气呼吸器、防毒面具、防静电工作服、手套等。
注意事项	1. 现场人员如无外伤，将人员移动到室外安全处，如呼吸停止，可进行压胸式人工呼吸，出现骨折等情况，尽量减少移动，出现烧伤等尽量将燃烧衣物脱去，防止感染，用清水洗涤伤处，尽快联系专业救护。 2. 电气部位只能使用干粉和二氧化碳灭火器，不得使用水灭火，消防斧用于门窗无法打开时的砸开工具，灭火毯可扑灭小范围起火处。 3. 救援时先人员安全，后设备安全。在不伤害人的情况下，关闭进气阀和电源，将去火炬阀打开。 4. 在无法消漏情况下，不能灭火，注意控制火势，同时将附近容器用水降温，在漏点消除后灭火。 5. 处理结束后，先分析事故原因。在“三不放过”情况下分析事故原因，对事故设备和部位在检修后试车，特种设备及其附件由专业机构检验合格后方可投入使用。未找到事故原因，严禁试车、生产。
疏散路线图	(略)

3. 附件

附件1　车间概况(工艺概况、人员配置情况、组织机构与职责等)(略)

附件2　应急联络通讯录(略)

附件3　危险化学品性质、防护及应急措施(略)

附件4　应急设施及抢险物资一览表(略)

附件5　应急疏散线路和紧急集合点图(略)

附件6　平面布置图(含消防设施、气防设施、职业卫生设施、环保设施、火灾报警系统、可燃气和有毒气体报警分布)等(略)

附件7　变更记录表(略)

注：由于篇幅原因，未将突发事件和个案全部列出。

附录5　岗位（班组）应急预案卡片

岗位(班组)应急预案卡片　　编号：2.1

突发事件名称	危险化学品泄漏及人员中毒应急处理
岗位名称	副班长
所在班组	×××班
所在装置(车间)	油品车间

<table>
<tr><th>步　骤</th><th colspan="2">处　置</th><th>备　注</th></tr>
<tr><td>发现异常</td><td colspan="2">发现PLC/DCS系统报警或PHD液位异常报警时：汇报班长，同时要求岗位人员现场确认。</td><td></td></tr>
<tr><td rowspan="2">切断泄漏源</td><td colspan="2">远程切断泄漏源前后的自控阀门。</td><td></td></tr>
<tr><td>视情况采取措施</td><td>1. 关闭作业流程。通过切水线向贮罐注水，力争将泄漏物抬高到漏点之上(贮罐下部泄漏)。
2. 打通倒料流程，力争将泄漏物降低到漏点之下(贮罐上部泄漏)。
3. 倒罐作业。(乙烯焦油、乙二醇罐不能注水)</td><td></td></tr>
<tr><td>报警</td><td colspan="2">向厂应急响应中心及车间领导报告。</td><td></td></tr>
<tr><td>消防、泡沫系统保障</td><td colspan="2">监控消防水泵备用情况，保证管网压力。</td><td></td></tr>
</table>

-- 中间裁开 --

岗位(班组)应急预案卡片　　编号：2.1.1

突发事件名称	苯G403b罐来料线罐根金属软管泄漏人员中毒应急处理(个案)
岗位名称	副班长
所在班组	×××班
所在装置(车间)	油品车间

步　骤	处　置	备　注
发现异常	PLC画面突然显示：位号为AE4036的可燃气测爆仪红灯闪烁，并伴声音报警。副班长判断：G403b罐根附近可能有泄漏。汇报班长；同时要求岗位人员现场确认。	
切断泄漏源	远程关闭苯来料线进罐气缸阀(HV4031)。	
报警	向厂应急响应中心及车间领导报告：G403b罐来料线罐根金属软管裂开、苯正在泄漏、周围地面已积聚大量苯，现场没有着火，但有一人中毒倒地。	
消防、泡沫系统保障	监控消防水泵备用情况，保证管网压力。	

附录6 优化版应急处置卡示例

1. ××公司应急处置卡

××公司生产安全事故应急处置卡 1

应急指挥中心

组成	总指挥：公司总经理或党委书记 副总指挥：公司副总经理、公司党委副书记、工会主席、总会计师、总经理助理 成员：副总师、机关部室负责人及外聘、协议单位负责人	
序号	行动内容	执行情况（√）
1	听取应急情况汇报，研判事故程度	
2	宣布公司级及以上级应急预案的启动	
3	主持召开应急处理首次会议	
4	批准重大应急决策	
5	指挥应急处置行动	
6	决定向集团公司、地方政府报告	
7	授权公司对外公告突发事件相关人员	
8	审定对外发布材料	
9	审定并签发应急报告	
10	宣布应急状态结束	
11	其他	

××公司生产安全事故应急处置卡 1

主要联系电话

成员	姓名	职务	办公电话	手机
总指挥				
副指挥				
主要成员				
值班室主任				
值班室副主任				

××公司生产安全事故应急处置卡 2

应急指挥中心办公室

组成	应急指挥中心办公室设在生产部，由生产部、安全环保部和办公室组成。 主任：由公司分管领导担任 副主任：生产部部长、安全环保部部长、办公室主任	
序号	行动内容	执行情况（√）
1	全面跟踪、了解生产安全事故的发展动态及处置情况，及时向应急指挥中心汇报	
2	保持各应急工作组之间的信息沟通渠道，与各应急工作组负责人沟通，汇总、传递相关信息	
3	负责召集应急会议，做好会议记录，并形成纪要	
4	负责生产营运指挥系统的运维监管，应急状态下迅速启动信息快速交换的通道，并保持畅通	
5	按照应急指挥中心指令，向地方政府主管部门（应急办公室、安监局、环保局等）报告和求援	
6	负责应急指挥中心交办的其他任务	
7	其他	

××公司生产安全事故应急处置卡 2

集团公司及地方政府主要联系电话

单　位	值班电话	传真
总部生产调度指挥中心		
总部办公厅总值班室		
××市应急办公室/总值班室		
××市安全生产监督管理局		
××市公安局	110	
××市国资委党委宣传工作处		
××区应急办公室		
××区总值班室		
××区安全生产监督管理局		
××区区委宣传部		
××区应急办公室		
××区总值班室		
××区安全生产监督管理局		

应急指挥中心主要成员联系电话

主任	副总经理		
	总经理助理		
副主任	生产部部长		
	安全环保部部长		
	办公室主任		
应急指挥值班室副主任	副总调度长		

××公司生产安全事故应急处置卡 3

现场应急指挥部

组成	现场指挥及成员由××应急指挥中心根据事故情况指派。	
序号	行动内容	执行情况（√）
1	负责现场应急指挥工作，执行应急指挥中心指令	
2	收集现场信息，核实现场情况，针对事态发展制定和调整现场应急处置方案并组织实施	
3	负责整合、调配现场应急资源，根据现场情况及时向应急指挥中心提出求援申请	
4	及时向应急指挥中心和地方政府汇报应急处置情况	
5	组织、协调、指挥现场各应急专业组及二级单位应急救援工作	
6	收集、整理应急处置过程的有关资料	
7	核实应急终止条件，并向应急指挥中心请示应急终止	
8	其他	

××公司生产安全事故应急处置卡 3

主要协作单位联系电话

单　位	值班电话	传真
总部生产调度指挥中心		
总部办公厅总值班室		
××区应急办公室		
××区总值班室		
××安全生产监督管理局		

应急救援单位

单　位	姓　名	办公电话	手　机
××公司			
××公司			
××公司			
××公司			

主要应急资源及来源

类型	名　称	规格型号	数量	所属单位
车辆类	通讯指挥消防车	FXZ25	1	
	抢险救援器材车		1	
	消防车		27	
	救护车	CA5020XJH	1	
工程抢险类	双相异动锯	CDC2235	1	
	排烟机	G100HONOA/1. 25	1	
	强磁堵漏板	神封软体、压力 2MPa	2	

××公司生产安全事故应急处置卡 4

技术处置组

组成	组长单位：生产部 成员单位：技术质量部、经营计划部	
序号	行动内容	执行情况（√）
1	收集现场信息，核实现场情况	
2	针对生产安全事故提出技术处置建议和方案	
3	组织制定现场应急处置方案	
4	协调和维持事发单位和波及单位的生产平衡	
5	协调原辅料供应	
6	调动、协调公司内、外部专家	
7	其他	

××公司生产安全事故应急处置卡 4

主要联系电话

姓　名	职　务	办公电话	手机
	生产部部长		
	技术质量部副部长		
	经营计划部部长		

公司内、外部专家联系电话

姓名	专业特长	办公电话	手机
	应急专家		
	设备专家		
	电气专家		
	仪表专家		
	安全专家		
	消防专家		
	防腐专家		
	计算机专家		
	安全专家		
	化工工艺专家		
	设备专家		
	电气专家		

××公司生产安全事故应急处置卡 5

应急救援组

组成	组长单位：消防支队 成员单位：保卫部、地方消防队、××石化和联防灭火区域华北片成员单位消防队	
序号	行动内容	执行情况（√）
1	组织调动、协调公司内、外部消防应急救援队伍	
2	进行现场救护	
3	组织现场灭火、洗消	
4	布置现场保卫和警戒工作	
5	负责对抢修现场进行保护	
6	负责配合联防协助单位协同作战	
7	负责人员疏散及交通管制	
8	其他	

××公司生产安全事故应急处置卡 5

主要联系电话

姓名	职务	办公电话	手机
	消防支队支队长		
	保卫部部长		
	××石化消防支队支队长		
	××消防支队支队长		
公司调度			

主要应急资源及来源

类型	名称	规格型号	数量	所属单位
车辆类	通讯指挥消防车	FXZ25	1	
	抢险救援器材车		1	
	消防车		27	
	救护车	CA5020XJH	1	
工程抢险类	双相异动锯	CDC2235	1	
	排烟机	G100HONOA/1.25	1	
	强磁堵漏板	神封软体、压力 2MPa	2	
船舶类	救生筏		3	
生命救助类	救生衣		150	

××公司生产安全事故应急处置卡 6

工程抢险组

组成	组长单位：设备管理部 成员单位：工程部、物资装备部	
序号	行动内容	执行情况（√）
1	根据现场勘查，确认需抢修的设备	
2	针对事故破坏情况，确定现场紧急修复作业方案	
3	组织调动、协调公司内、外应急协作的检维修、工程施工单位进行现场抢险	
4	掌握抢修情况，及时向指挥部汇报进度及现场状况	
5	负责对损坏设备设施的修复、检验、恢复	
6	其他	

××公司生产安全事故应急处置卡 6

主要联系电话

姓名	职务	办公电话	手机
	设备管理部部长		
	工程部部长		
	物资装备部经理		
	××公司董事长		
	××公司董事长		
	××公司董事长		
	××公司董事长		

主要应急协作单位及资源

××公司：大型吊装机械、带压堵漏机具等。

××公司：运输车辆、大型挖掘机、铲车等。

××公司：乙烯设备抢险。

××公司：炼油设备抢险。

××公司：真空吸油车、物料收集桶、物料收集泵、隔膜泵等。

××公司生产安全事故应急处置卡 7

环境监测组

组成	组长单位：安全环保部 成员单位：职业健康与环境中心	
序号	行 动 内 容	执行情况（√）
1	带上检测仪器迅速赶赴现场	
2	对事故现场周边进行大气毒害物的监测	
3	对排水系统进行检查，进行水体污染监测。	
4	组织对事故现场周围进行不间断的监测	
5	将监测结果及时报现场指挥部	
6	其他	

××公司生产安全事故应急处置卡 7

主要联系电话

姓名	职　　务	办公电话	手机
	安全环保部部长		
	职业健康与环境中心主任		
公司调度			

主要应急资源

职业健康与环境中心：大气、环境、水体监测设备，监测车。

××公司生产安全事故应急处置卡 8

医疗救护组

组成	组长单位：综合管理部 成员单位：消防支队、安全环保部、医院(协议单位)	
序号	行 动 内 容	执行情况（√）
1	对受伤、中毒人员的医疗救护	
2	组织调动、协调公司内、外部医疗救护资源	
3	调动、协调公司内、外部医疗专家	
4	负责受伤、中毒人员运送和救护	
5	其他	

××公司生产安全事故应急处置卡 8

主要联系电话

姓名	职　　务	办公电话	手机
	综合管理部部长		
	消防支队支队长		
	安全环保部部长		
医院		120	
公司调度			

主要应急资源及来源

消防支队：气防车、担架、急救药品、生命探测仪、空呼等。

医院：是一所二级甲等医保定点综合医院，设有内科、外科、妇科、儿科等 22 个临床专业科室，检验、放射、功能等 13 个医技科室，开设病床 302 张，在创伤性外科急救等方面形成了特色。开通了 120 急救电话，三辆救护车 24 小时待命。

××公司生产安全事故应急处置卡 9

资源协调组

组成	组长单位：生产部 成员单位：物资装备部、设备管理部、工程部、综合管理部	
序号	行 动 内 容	执行情况（√）
1	协调和调动应急救援队伍、装备和物资	
2	组织协调应急物资的快速采购和运送渠道	
3	其他	

××公司生产安全事故应急处置卡 9

主要联系电话

姓名	职　务	办公电话	手机
	生产部部长		
	物资装备部经理		
	设备管理部部长		
	工程部部长		
	综合管理部部长		

主要应急资源及来源

类型	名　称	规 格 型 号	数量	所属单位
车辆类	通讯指挥消防车	FXZ25	1	
	抢险救援器材车		1	
	消防车		27	
	救护车	CA5020XJH	1	
工程抢险类	双相异动锯	CDC2235	1	
	排烟机	G100HONOA/1. 25	1	
	强磁堵漏板	神封软体、压力：2MPa	2	
照明设备类	自动泛光灯	SFW6110B	2	
工程材料类	木桩、编织袋、麻袋等			

××公司生产安全事故应急处置卡 10

公共关系与后勤组

组成	组长单位：办公室 成员单位：宣传部、企业管理部、人事部、纪委、综合管理部、保卫部、信息档案管理中心	
序号	行 动 内 容	执行情况（√）
1	协调公共关系，提供法律支持，做好应急过程中的后勤保障	
2	收集、跟踪新闻媒体、网络、社会公众等各方面舆情信息	
3	负责新闻稿、公告、信息发布材料和上报材料的起草工作	
4	根据应急指挥中心指令，组织对外信息发布	
5	负责与媒体、内部员工及利益相关方的沟通和告知	
6	分析事故处置的法律责任，提供法律支持	
7	确保现场实时记录（录音、录像）及时录制和保存	
8	确保应急通信、信息网络的畅通	
9	负责应急指挥中心应急过程中的交通、食宿、保卫等后勤保障工作	
10	其他	

××公司生产安全事故应急处置卡 10

主要联系电话

姓名	职　务	办公电话	手机
	办公室主任		
	党委宣传部部长		
	企业管理部部长		
	人事部部长		
	纪委副书记		
	综合管理部部长		
	保卫部部长		
	信息档案管理中心主任		
公司调度			

××公司生产安全事故应急处置卡 11

资金保险组

<table>
<tr><td>组成</td><td colspan="2">组长单位：财务部
成员单位：人事部、发展计划部、安全环保部、企业管理部、纪委、审计部</td></tr>
<tr><td>序号</td><td>行动内容</td><td>执行情况（√）</td></tr>
<tr><td>1</td><td>落实应急物资、应急处置等应急资金</td><td></td></tr>
<tr><td>2</td><td>处理保险和理赔</td><td></td></tr>
<tr><td>3</td><td>分析财务风险并提供应对策略</td><td></td></tr>
<tr><td>4</td><td>其他</td><td></td></tr>
</table>

××公司生产安全事故应急处置卡 11

主要联系电话

姓名	职　　务	办公电话	手机
	财务部部长		
	人事部部长		
	发展规划部部长		
	安全环保部部长		
	企业管理部部长		
	纪委副书记		
	审计部部长		
公司调度			

2. ××公司车间应急处置卡(节选)

××车间生产安全事故应急处置卡 1

预分馏装置紧急停车现场处置方案

现　　象	处　　置	负 责 人
由于外界因素，或装置紧急处理事故，需立即停车，确保安全	1. 通知部调度、车间值班人员。	值班长
	2. 通知车间主任。	值班人员
	3. 通知工艺员、安全工程师和设备员。	车间主任
	4. 车间主任、技术员协同值班长指挥事故处理。	车间主任
	5. 停止向预加氢进料：停 P-101C/D 泵，关闭 FV1102，加氢反应系统负荷通过开大直馏重石脑油 FIC1001 进料量保持。	内操、外操
	6. 切断 C-102 进料：通知公用工程停 P-50407/50408 泵，关闭 FV1101 调节阀，停止向 C-102 进料。	外操、内操
	7. C-102 全回流：关闭 FV1106，通知调度停止向乙烯供料。	外操、内操
	8. C-102 降温：逐渐关闭 FV1103，C-102 以 30℃/h 降温。	内操
	9. 停回流泵：当 D-108 液位低时(10%)，停回流泵 P-107。	外操
	10. 停塔底再沸：当 C-102 底温度降至 100℃ 时，关闭 E-108，关闭 FV1103。	外操
	11. 系统退料：通过 E-109 退料。	外操
	12. 停空冷器：停 A-103A/B。	外操
	13. 系统泄压：关闭 PV1101A 及 D-204 出口闸阀，打开 PV1101B 泄压。	内操、外操

××车间生产安全事故应急处置卡 1

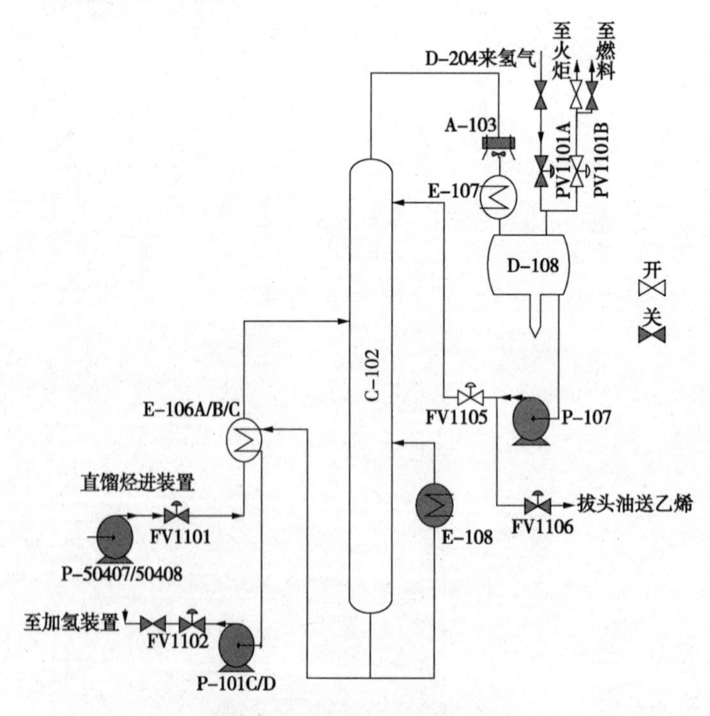

预分馏装置紧急停车处置流程图

××车间生产安全事故应急处置卡 2

吸附分离装置紧急停车现场处置方案

现　　象	处　　置	负 责 人
由于外界因素，或装置紧急处理事故，需立即停车，确保安全	1. 通知部调度、车间值班人员。	值班长
	2. 通知车间主任。	值班人员
	3. 通知工艺员、安全工程师和设备员。	车间主任
	4. 车间主任、技术员协同值班长指挥事故处理。	车间主任
	5. 外操把 PX 产品切向 D-602。	外操
	6. 内操逐渐关小 FV-6030A/B、FV6037A/B。	内操
	7. 外操停 C-602、C-603、C-604 塔底泵，视液位停塔顶泵。	班长
	8. 班长带领外操开公共吸入口阀，RV 离座，停循环泵、冲洗泵。	班长
	9. 停 P-601，关 FIC-6017 调节阀及一、二次阀。关 FIC-6034 调节阀及一、二次阀。	外操
	10. 减少 F、D，外操停 P-403，内操关 FIC6002、FIC6006、FIC6013、PIC6015、PIC6008、PIC6007 调节阀，外操关闭一、二次阀。	内操
	11. 关封头冲洗进出、拱顶密封调节阀，外操关闭一、二次阀。	内操

××车间生产安全事故应急处置卡 2

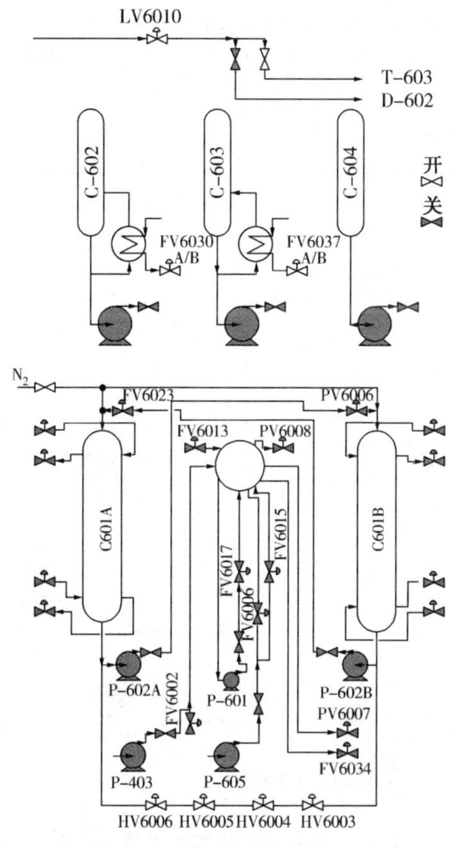

吸附分离装置紧急停车处置流程图

××车间生产安全事故应急处置卡 5

四合一加热炉炉管破裂现场处置方案

现　　象	处　　置	负 责 人
炉膛飞温，烟道温度急剧上升，烟囱冒黑烟	1. 立即向部调度报告。 2. 紧急停炉并报火警。 3. 根据指令组织装置停车。 4. 关闭烟道挡板 PIC-2011。 5. 关闭燃料调节阀门 PV-2006、2010、2014、2018。	内操
	1. 立即向车间领导(车间值班人员)报告。 2. 成为现场中指挥员，启动炉管破裂应急预案。 3. 负责设置警戒区，保护现场。 4. 负责停止现场一切作业。 5. 负责指挥外操人员进行装置的紧急停车。	值班长
	1. 现场所有人员佩带合格劳动保护用具、根据指令进行装置紧急停车。 2. 切断现场燃料阀门，熄灭全部燃烧器，关闭物料进出口阀 FIC-2002；关闭现场风门。 3. 打开灭火蒸汽。 4. 慢慢将物料压到储存罐。 5. 使炉膛处于“隔绝”状态并处理好相关装置。 6. 必要情况其他加热炉也必须停。	外操
	1. 接报告后立即赶赴现场，接替班长成为现场指挥者。 2. 根据事件变化情况，向部领导及时报告和反馈现场事故发展状态。 3. 通知车间安全、工艺、设备管理人员赶赴现场，辅助指挥、参与事故处理。	车间领导(车间值班人员)
	接车间领导的通知后，在各自的专业范围内辅助指挥、参与事故处理。	安全工程师、工艺员、设备员

××车间生产安全事故应急处置卡 5

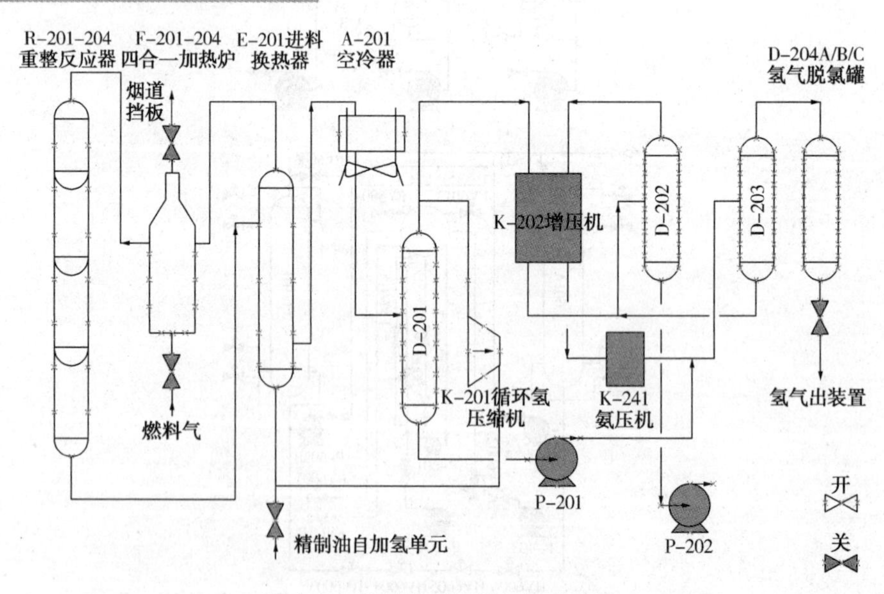

四合一加热炉炉管破裂处置流程图

××车间生产安全事故应急处置卡 6

D-104、D-103 及其管线硫化氢泄漏中毒事故现场处置方案

现　　象	处　　置	负　责　人
D-104、D-103 及其管线硫化氢泄漏、中毒	1. 立即向值班长和内操报告。	发现事件第一人
	2. 通知部调度、车间主任（车间值班人员）。	值班长
	3. 通知工艺员、安全工程师和设备员。	车间主任
	4. 车间主任、技术员协同值班长指挥事故处理。	车间主任
	5. 硫化氢对人体的毒害较大，参加事故处理的人员必须佩戴防毒面具。	进入事故现场人员
	6. 迅速从事故柜中取出空气呼吸器，并正确佩戴。	外操、班长
	7. 若现场泄漏影响范围大，立即从周边装置事故柜中借用空气呼吸器。	外操、班长
	8. 2 人配合将中毒人员抬至远离事故现场的上风口，进行抢救。	抢救人员
	9. 由气防站急救车将中毒人员送至医院作进一步治疗和处理。	抢救人员

××车间生产安全事故应急处置卡 6

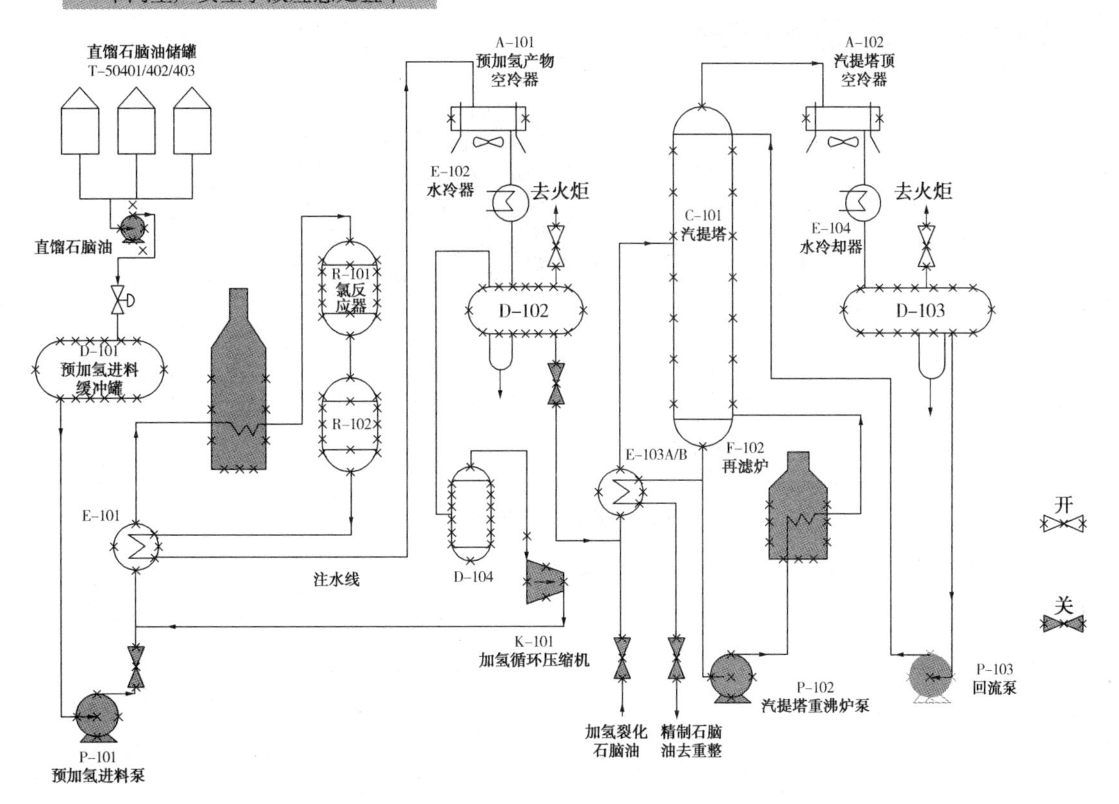

D-104、D-103 及其管线硫化氢泄漏中毒事故处置流程图

××车间生产安全事故应急处置卡 9

T 罐顶着火现场处置方案

步　骤	处　置	负 责 人
现场发现	发现 T 罐顶起火(假想该罐正在收料)。	发现火情第一人
报警	向中控室报告：T1 罐罐顶石脑油起火燃烧，现场没有人员受伤。	发现火情第一人
	向公司 119/120 报警：化工部大芳烃车间 T1 直馏石脑油罐罐顶着火、没有人员受伤，报警人×××。	值班长
	向厂应急响应中心及车间领导报告 T1 罐罐顶着火、现场没有人员受伤。	副值班长
应急程序启动	通知其他岗位人员增援：T 罐罐顶着火、现场没有人员受伤；请各岗位留守一人维持正常作业，其他人员立即到原料罐区集合，由值班长指挥开展应急抢险，请无关人员及施工人员立即沿上风向、到紧急集合点集中(重复数遍)。	值班长

××车间生产安全事故应急处置卡 9

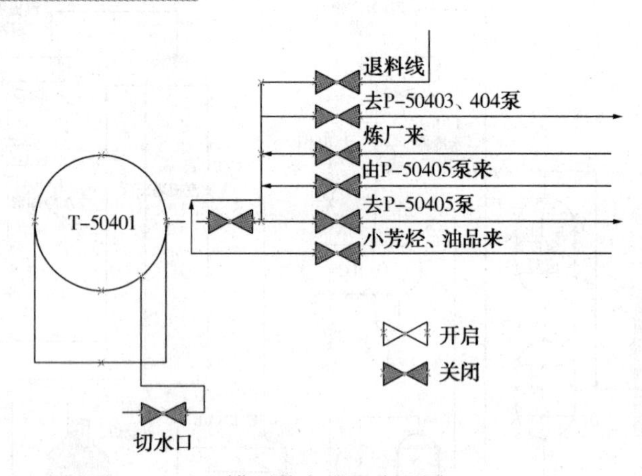

T 罐顶着火处置流程图

××车间生产安全事故应急处置卡 90

液化气系统泄漏现场处置方案

现　　象	处　　置	负 责 人
液化气管线、法兰、阀门以及软管和接头泄漏	1. 立即向班长和内操报告。	发现事件第一人
	2. 泄漏出的物料成雾状蒸气时，与空气混合后会形成爆炸性混合物，这时危险性较大，注意防护。	外操 1
	2. 班长、外操人员在现场处理立即采取措施减小泄漏量，或使装置紧急停车、降压，需要内操人员配合的应及时联系内操人员。	班长 外操
	4. 班长在组织外操人员自救的同时，应迅速将事故发生地点和性质通知中控，由中控人员报警并通知调度，由调度向厂有关部门汇报。	班长
	5. 班长向车间值班人员汇报，在厂有关部门的指示下进行装置停车或局部停车。	班长
	6. 车间领导组织当班人员进行局部停车或紧急停车。	车间值班领导

××车间生产安全事故应急处置卡 90

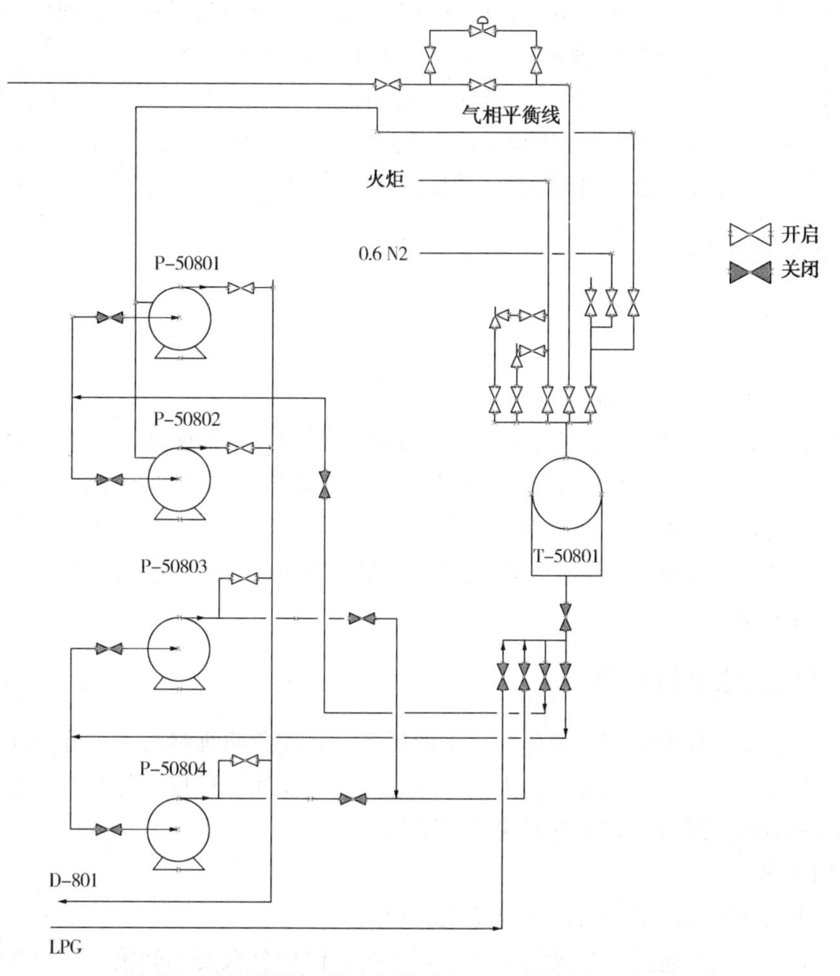

液化气系统泄漏(T 罐来料线罐根法兰泄漏)处置流程图

附录7　应急救援演练方案实例

一、应急演练目的

(1) 评估该企业应急准备状态，发现并及时修改应急预案、执行程序、行动检查表中的缺陷和不足；

(2) 评估该企业重大事故应急能力，识别资源需求，澄清相关单位和人员的应急职责，改善其协调问题；

(3) 检验应急响应人员对应急预案、执行程序的了解程度和实际操作技能，评估应急培训效果、分析培训需求；同时，作为一种培训手段，通过调整演练难度，进一步提高应急响应人员的业务素质和能力；

(4) 提高全员安全意识。

二、演练适用范围、总体思想和原则

本方案针对动用该企业内部应急力量进行全面演练进行情景设计，按照《安全生产法》、《危险化学品安全管理条例》等国家相关法律、法规、标准和企业应急预案的要求，进行演练策划，遵守“保护生命、安全第一、预防在先”的方针和“救护优先、防止和控制事故扩大优先、保护环境优先”的原则。在组织实施过程中，科学计划、结合实际、突出重点、周密组织、统一指挥、分步实施、讲究实效，保证演练参与人员、公众和环境的安全。

三、演练策划组

组　长：×××

副组长：×××　×××

成　员：×××　×××　×××

其承担的任务主要包括：确定演练目的、原则、规模、参演的单位；确定演练的性质与方法，选定演练的地点与时间，规定演练的时间尺度和公众参与的程度；确定演练实施计划、情景设计与处置方案，审定演练准备工作计划和调整计划；检查和指导演练准备与实施，解决演练准备与实施过程中所发生的重大问题；协调各类演练参与人员之间的关系；组织演练总结与追踪。

四、应急演练参与人员

按照应急演练过程中扮演的角色和承担的任务，将应急演练参与人员分为演习人员、控制人员、模拟人员、评价人员和观摩人员，这五类人员在演练过程中都有着重要的作用，并且在演练过程中都应佩带能表明其身份的识别符。

1. 演习人员

按该企业应急预案规定所有内部应急组织和人员。

其承担的任务主要包括：救助伤员或被困人员；保护公众安全健康；获取并管理各类应急资源；与其他应急响应人员协同应对重大事故或紧急事件。

2. 控制组

组长：×××

成员：×××　×××　×××(分别派驻指挥中心、事故岗位、消防队桥头)

其承担的任务包括：确保应急演练目标得到充分演示；确保演练活动对于演习人员具有一定的挑战性；保证演习进度、解答演习人员疑问和演练过程中出现的问题；保证演练过程的安全。

3. 评价组

组长：×××

成员：×××　×××　×××(分别派驻指挥中心、事故岗位、消防队桥头)

其承担的任务：观察演练人员的应急行动，并记录其观察结果；在不干扰演练人员工作的情况下，协助控制人员确保演练按计划进行。

4. 模拟人员

场外应急组织模拟人员：×××

模拟伤员：×××

模拟应急响应效果人员：×××(模拟泄漏)　×××(释放烟雾)

模拟被撤离和疏散人员：若干

5. 观摩人员

邀请市、区安监局、化医安环部前来观看。

五、应急演练时间、地点

应急演练时间：2014 年×月×日×：00-××：××时

地点：某化工企业

六、应急演练目标、评价准则及评价方法

根据演练范围和目的，确定展示以下演习目标(附表 5-1)。

附表 5-1　应急演练目标

序号	目　标	展示内容	目 标 要 求	备　注
1	应急动员	展示通知应急组织，动员应急响应人员的能力	责任方采取系列举措，向应急响应人员发出警报，通知或动员有关应急响应人员各就各位；及时启动应急指挥中心和其他应急支持设施，使相关应急设施从正常运转状态进入紧急运转状态	
2	指挥和控制	展示指挥、协调和控制应急响应活动的能力	责任方具备应急过程中控制所有响应行动的能力。事故现场指挥人员和应急组织、行动小组负责人都应按应急预案要求，建立事故指挥体系，展示指挥和控制应急响应行动的能力	
3	事态评估	展示获取事故信息，识别事故原因和致害物，判断事故影响范围及其潜在危险的能力	要求应急组织应具备通过各种方式和渠道，积极收集、获取事故信息，评估、调查人员伤亡和财产损失、现场危险性以及危险品泄漏等有关情况的能力；具备根据所获信息，判断事故影响范围，以及对公众和环境的中长期危害的能力；具备确定进一步调查所需资源的能力；具备及时通知场外应急组织的能力	

续表

序号	目　标	展示内容	目 标 要 求	备　注
4	资源管理	展示动员和管理应急响应行动所需资源的能力	要求应急组织具备根据事故评估结果，识别应急资源需求的能力，以及动员和整合内外部应急资源的能力	
5	通讯	展示与所有应急响应地点、应急组织和应急响应人员有效通讯交流的能力	要求应急组织建立可靠的主通讯系统和备用通讯系统，以使与有关岗位的关键人员保持联系	
6	应急设施	展示应急设施、装备及其他应急支持资料的准备情况	要求应急组织具备足够应急设施，且应急设施内装备和应急支持资料的准备与管理状况能满足支持应急响应活动的需要	
7	警报与紧急公告	展示向公众发出警报和宣传保护措施的能力	要求应急组织具备按照应急预案中的规定，迅速完成向一定区域内公众发布应急防护措施命令和信息的能力	
8	应急响应人员安全	展示监测、控制应急响应人员面临的危险的能力	要求应急组织具备保护应急响应人员安全和健康的能力，主要强调应急区域划分、个体保护装备配备、事态评估机制与通讯活动的管理	
9	警戒与治安	展示维护警戒区域秩序，控制交通流量，控制疏散区和安置区交通出入口的组织能力和资源	要求责任方具备维护治安、管制疏散区域交通道口的能力，强调交通控制点设置、执法人员配备和路障清理等活动的管理	
10	紧急医疗服务	展示有关现场急救处置、转运伤员的工作程序，交通工具、设施和服务人员的准备情况，以及医护人员、医疗设施的准备情况	要求应急组织具备将伤病人员运往医疗机构的能力和为伤病人员提供医疗服务的能力	
11	泄漏物控制	展示采取有效措施遏制危险品溢漏，避免事态进一步恶化的能力	要求应急组织具备采取针对性措施对泄漏物进行围堵、收容、清洗的能力	
12	消防与抢险	展示采取有效措施控制事故发展，及时扑灭火源的能力	要求应急组织具备采取针对性措施，及时组织扑灭火源，有效控制事故的能力	
13	撤离与疏散	展示撤离、疏散程序以及服务人员的准备情况	要求应急组织具备安排疏散路线、交通工具、目的地的能力以及对疏散人员交通控制、引导、自身防护措施、治安、避免恐慌情绪的能力并对人群疏散进行跟踪、记录	

为了确定演练是否达到目标要求，检验各应急组织指挥人员及应急响应人员完成任务的能力的目的，必须在演练覆盖区域的关键地点和各参演应急组织的关键岗位上，派驻公正的评价人员，全面、正确地评价演练效果。评价人员的作用主要是观察演练的进程，记录演习人员采取的每一项关键行动及其实施时间，访谈演习人员，要求参演应急组织提供文字材料，评价参演应急组织和演习人员的表现并反馈演习发现。按对人员生命安全的影响程度将演习发现划分为3个等级，从高到低分别为不足项、整改项和改进项。

七、演练现场规则

为确保演练参与人员、公众和环境的安全，应急演练必须遵守以下规定：

(1) 演习过程中所有消息或沟通必须以“这是一次演习”作为开头或结束语，事先不通知开始日期的演习必须有足够的安全监督措施，以便保证演习人员和可能受其影响的人员都知道这是一次模拟紧急事件；

(2) 参与演习的所有人员不得采取降低保证本人或公众安全条件的行动，不得进入禁止进入的区域，不得接触不必要的危险，也不使他人遭受危险；

(3) 演习过程中不得把假想事故、情景事件或模拟条件错当成真的，特别是在可能使用模拟的方法来提高演习真实程度的那些地方，如使用烟雾发生器、虚构伤亡事故和灭火地段等，当计划这种模拟行动时，事先必须考虑可能影响设施安全运行的所有问题；

(4) 演习不应要求承受极端的气候条件或污染水平，不应为了演习需要的技巧而污染大气或造成类似危险；

(5) 参演的应急响应设施、人员不得预先启动、集结，所有演习人员在演习事件促使其做出响应行动前应处于正常的工作状态；

(6) 除演习方案或情景设计中列出的可模拟行动及控制人员的指令外，演习人员应将演习事件或信息当作真实事件或信息做出响应，应将模拟的危险条件当作真实情况采取应急行动；

(7) 所有演习人员应当遵守相关法律、法规，服从执法人员的指令；

(8) 控制人员应仅向演习人员提供与其所承担功能有关并由其负责发布的信息，演习人员必须通过现有紧急信息获取渠道了解必要的信息，演习过程中传递的所有信息都必须具有明显标志；

(9) 演习过程中不应妨碍发现真正的紧急情况，应同时制订发现真正紧急事件时可立即终止、取消演习的程序，迅速、明确地通知所有响应人员从演习到真正应急的转变；

(10) 演习人员没有启动演习方案中的关键行动时，控制人员可发布控制消息，指导演习人员采取相应行动，也可提供现场培训活动，帮助演习人员完成关键行动。

八、应急演练前的准备

(1) 演练前1~2天，用广播通知全厂职工及企业周边群众，以免引起不必要的恐慌(企业已于演习前向周边群众发放了1000份《××地区化学事故紧急疏散须知》卡片)；

(2) 策划组对评价人员进行培训，让其熟悉企业应急预案、演练方案和评价标准；

(3) 培训所有参演人员，熟悉并遵守演练现场规则；

(4) 采购部门准备好模拟演练响应效果的物品和器材；

(5) 演练前，策划人员将通讯录发放给控制人员和评价人员；

(6) 评价组准备好摄像器材，以便进行拍摄图片及摄像，做好资料搜集和整理。

九、应急演练事故情景说明

2014年×月×日×：××时，×车间×岗位正在进行光气接收作业，突然光气贮槽A01进口阀门前阀兰与管道焊接处发生泄漏，泄漏未得到有效控制并逐步升级扩散。因现场大量腐蚀性烟雾造成电气短路导致全厂停电并引起该岗位易燃化学品贮槽A0n起火，消防队迅速出动，从应急取水口取水灭火。假定当时气象条件：气温30℃，多云，主导风向为东北风，风速2.1m/s。

十、演练程序

时间	场景	应急行动
＊＊：00	开始	策划组长宣布应急演练开始
＊＊：01	泄漏发生	假设×车间×岗位正在向光气贮槽 A01 进行光气接收作业，突然发生光气泄漏
＊＊：01	发现与初期处理	现场临时指挥者(事故第一时间内，现场最高行政职务者)组织当班人员配戴好防毒面具，通知在现场作业的外单位人员立即撤离现场，立即停止相关的光气生产操作。组织人员查找泄漏点，将系统压力消除 当班人员向现场临时指挥者报告：泄漏点位于光气贮槽 A01 进口阀门前阀兰与管道焊接处
＊＊：02	报警	现场临时指挥者向厂调度中心、车间领导报告：×岗位在光气接收过程中，贮槽 A01 进口阀门前阀兰与管道焊接处出现光气泄漏。并通知相邻岗位作好个人防护
＊＊：03	接警与动员	厂调度中心接警后，立即报告：应急总指挥、副总指挥 通知：××岗位立即启动喷氨装置，向×岗位厂房喷氨，注意喷氨量 总排风站加大喷氨处理尾气，并启动备用风机 应急救援指挥部成员迅速到应急指挥中心(预案规定为调度中心) 通知相邻岗位(岗位 1、2、3、4)作好停车准备
＊＊：05		事故车间领导及管理人员到达事故现场，投入抢险。事故车间负责人制定具体处置措施
＊＊：07		应急指挥部全体成员到达应急指挥中心。事故车间负责人向指挥部报告事故情况，并提出堵漏、抢险的具体措施
＊＊：09		总指挥命令各职能部门按其职责和分工各就各位，立即开展救援工作，相关应急设施从正常运转状态进入紧急运转状态
＊＊：12		应急救援组到达事故现场实施抢险
＊＊：14	队伍到位实施救援	医疗救护人员到达消防队桥头准备现场急救 应急救援车辆(包括应急车、厂办小车、供运处车辆)到达消防队待命 技安处调配氧气、空气呼吸器、防毒面具及药盒到事故现场备用 保卫处人员到达指定地点，并按要求设置多级警戒线，进行交通管制，清理路障，维持现场秩序 政工稳定组广播值班员到达，播放音乐待命 通讯系统出现故障，固定电话全部无信号，迅速启动移动电话通讯。通讯组人员进行应急抢修 环保处尘毒监测人员进入事故现场，对事故现场光气扩散区域进行光气浓度和风向、风速监测，并及时向指挥中心报告测试结果
＊＊：16	事态评估	应急救援组长向指挥部报告：泄漏无法堵住，并有液态光气流出，现场碱液即将用完 环保处尘毒监测人员向指挥中心报告：光气浓度严重超标，主导风向为东北风，风速 2.1m/s 总指挥命令：后勤保障组立即组织向事故岗位运碱岗位 1、2、3、4 立即在采取紧急措施和安全性停车后，撤离
＊＊：18	紧急撤离	事故现场腐蚀性烟雾太浓，视线距离不足 0.5m，副总指挥命令应急救援人员暂撤出厂房 在保卫处人员协助下，岗位 1、2、3、4 人员撤离到消防队桥头，政工稳定组清点人数，向指挥部报告：缺少岗位 1 职工 A

续表

时间	场景	应急行动
＊＊：23	搜救	指挥部命令一名保卫处和一名医疗救护人员立即乘应急车搜救
＊＊：25	紧急医疗服务	在岗位 1 发现职工 A 已中毒，经现场紧急处理后，转运至职工医院作进一步处置 政工稳定组组织撤离人员到急救站进行预防性医学处理
＊＊：26	事故扩大	事故现场出现电火光，全厂停电，易燃化学品贮槽 A0n 起火 应急救援人员用现场灭火设施灭火，火势逐步扩大
＊＊：27	事态评估	副总指挥命令消防车立即出动，投入灭火抢救 向总指挥报告事故现场情况 总指挥命令预启动全体(社区)应急预案
＊＊：28	消防车出动	
＊＊：29	消防与抢险	应急指挥中心指令全厂生产系统作安全性处置后，非抢险人员根据所处位置，分别撤离至消防队桥头和生活区
＊＊：30		消防队到达事故现场，队长制定具体处置方案，在应急取水口取水灭火 能计处切断事故岗位电源，启动保安电
＊＊：30	紧急公告	广播值班人员通知全厂职工家属及附近居民作好撤离准备
＊＊：30	求援	应急联络组向长寿区应急指挥中心请求：预启动全体(社区)应急预案
＊＊：35	紧急撤离	政工稳定组组织清点撤离人员(保卫处协助)，稳定撤离人员情绪
＊＊：35	后勤保障	后勤保障组向指挥中心报告完成后勤生活保障准备
＊＊：36	事态得到控制	火势得到控制
＊＊：40		事故岗位厂房内烟雾逐渐减少，管道中光气全部吹回贮槽
＊＊：45		火灾被扑灭，无人员伤亡
＊＊：45	现场恢复	固定电话系统故障排除 现场继续进行清理，污水排至废水系统进行无害化处理 应急抢险人员及设施洗消，人员清点，医疗服务人员对应急抢险人员进行预防性医学处理 恢复正常供电系统
＊＊：55	应急结束	总指挥发布命令：应急状态结束，解除警报
＊＊：58	演练结束	评价人员访谈演练参与人员，评价组向策划组提交书面评价报告 策划组长宣布演练结束，召开总结会

十一、应急演练总结与追踪

在演练结束 2 周内，策划组根据评价人员演练过程中收集和整理的资料，以及演习人员和总结会中获得的信息编写演练总结报告。策划组应对演练发现进行充分研究，确定导致该问题的根本原因、纠正方法、纠正措施及完成时间，并指定专人负责对演练中的不足项和整改项的纠正过程实施追踪，监督检查纠正措施的进展情况。

岗位(班组)应急预案卡片见附录 5。

附录8 危险化学品名称及临界量

序号	类　别	危险化学品名称和说明	临界量/t
1	爆炸品	叠氮化钡	0.5
2		叠氮化铅	0.5
3		雷酸汞	0.5
4		三硝基苯甲醚	5
5		三硝基甲苯	5
6		硝化甘油	1
7		硝化纤维素	10
8		硝酸铵(含可燃物>0.2%)	5
9	易燃气体	丁二烯	5
10		二甲醚	50
11		甲烷、天然气	50
12		氯乙烯	50
13		氢	5
14		液化石油气(含丙烷、丁烷及其混合物)	50
15		一甲胺	5
16		乙炔	1
17		乙烯	50
18	毒性气体	氨	10
19		二氟化氧	1
20		二氧化氮	1
21		二氧化硫	20
22		氟	1
23		光气	0.3
24		环氧乙烷	10
25		甲醛(含量>90%)	5
26		磷化氢	1
27		硫化氢	5
28		氯化氢	20
29		氯	5
30		煤气(CO、CO_2 和 H_2、CH_4 等的混合物)	20
31		砷化三氢(胂)	1
32		锑化氢	1
33		硒化氢	1
34		溴甲烷	10

续表

序号	类　别	危险化学品名称和说明	临界量/t
35	易燃液体	苯	50
36		苯乙烯	500
37		丙酮	500
38		丙烯腈	50
39		二硫化碳	50
40		环己烷	500
41		环氧丙烷	10
42		甲苯	500
43		甲醇	500
44		汽油	200
45		乙醇	500
46		乙醚	10
47		乙酸乙酯	500
48		正己烷	500
49	易于自燃的物质	黄磷	50
50		烷基铝	1
51		戊硼烷	1
52	遇水放出易燃气体的物质	电石	100
53		钾	1
54		钠	10
55	氧化性物质	发烟硫酸	100
56		过氧化钾	20
57		过氧化钠	20
58		氯酸钾	100
59		氯酸钠	100
60		硝酸(发红烟的)	20
61		硝酸(发红烟的除外，含硝酸>70%)	100
62		硝酸铵(含可燃物≤0.2%)	300
63		硝酸铵基化肥	1000
64	有机过氧化物	过氧乙酸(含量≥60%)	10
65		过氧化甲乙酮(含量≥60%)	10

续表

序号	类　　别	危险化学品名称和说明	临界量/t
66	毒性物质	丙酮合氰化氢	20
67		丙烯醛	20
68		氟化氢	1
69		环氧氯丙烷(3-氯-1.2-环氧丙烷)	20
70		环氧溴丙烷(表溴醇)	20
71		甲苯二异氰酸酯	100
72		氯化硫	1
73		氰化氢	1
74		三氧化硫	75
75		烯丙胺	20
76		溴	20
77		乙撑亚胺(二甲亚胺)	20
78		异氰酸甲酯	0.75

附录9　未在附录8中列举的危险化学品类别及其临界量

类　　别	危险性分类及说明	临界量/t
爆炸品	1.1A 项爆炸品	1
	除 1.1A 项外的其他 1.1 项爆炸品	10
	除 1.1 项外的其他爆炸品	50
气体	易燃气体：危险性属于 2.1 项的气体	10
	氧化性气体：危险性属于 2.2 项非易燃无毒气体且次要危险性为 5 类的气体	200
	剧毒气体：危险性属于 2.3 项且急性毒性为类别 1 的毒性气体	5
	有毒气体：危险性属于 2.3 项的其他毒性气体	50
易燃液体	极易燃液体：沸点≤35℃且闪点<0℃的液体；或保存温度一直在其沸点以上的易燃液体	10
	高度易燃液体：闪点<23℃的液体(不包括极易燃液体)；液态退敏爆炸品	1000
	易燃液体：23℃≤闪点<61℃的液体	5000
易燃固体	危险性属于 4.1 项且包装为Ⅰ类的物质	200
易于自燃的物质	危险性属于 4.2 项且包装为Ⅰ或Ⅱ类的物质	200
遇水放出易燃气体的物质	危险性属于 4.3 项且包装为Ⅰ或Ⅱ类的物质	200
氧化性物质	危险性属于 5.1 项且包装为Ⅰ类的物质	50
	危险性属于 5.1 项且包装为Ⅱ类或Ⅲ类的物质	200
有机过氧化物	危险性属于 5.2 项的物质	50
毒性物质	危险性属于 6.1 项且急性毒性为类别 1 的物质	50
	危险性属于 6.1 项且急性毒性为类别 2 的物质	500

注：以上危险化学品危险性类别及包装类别依据 GB 12268《危险货物品名表》确定，急性毒性类别依据 GB 20592《化学品分类、警示标签和警示性说明安全规范 急性毒性》确定。

附录10　常见化学物灼伤的急救处理

化学物质	作　用	清洗剂	可供参考的特殊治疗
无机酸类			
硫酸	脱水	流动清水	5%碳酸氢钠溶液
盐酸	脱水	流动清水	5%碳酸氢钠溶液
硝酸	氧化	流动清水	5%碳酸氢钠溶液
氢氟酸	原生质毒	流动清水	a. 25%硫酸镁溶液
			b. 10%葡萄糖酸钙溶液
			c. 石灰水溶液
			d. 季胺化合物——氯化苯甲烃胺溶液浸泡、湿敷
			e. 氢氟酸灼伤治疗液浸泡、湿敷
氢溴酸	氧化	流动清水	氨松酮
			5%氨水1份
			松节油1份
铬酸	氧化	流动清水	95%酒精
			5%硫代硫酸钠溶液
有机酸类			
草酸	腐蚀	流动清水	10%葡萄糖酸钙溶液
三氯乙酸	原生质毒	流动清水	5%碳酸氢钠溶液
冰乙酸	腐蚀	流动清水	5%碳酸氢钠溶液
乙酸	腐蚀	流动清水	5%碳酸氢钠溶液
氯乙酸	腐蚀	流动清水	5%碳酸氢钠溶液
丙烯酸	腐蚀	流动清水	5%碳酸氢钠溶液
甲酸	康生质毒	流动清水	5%碳酸氢钠溶液
无机碱类			
氢氧化钾(钠)	脱水	流动清水	3%硼酸溶液
	腐蚀		0.5%~5%乙酸溶液或10%枸橼酸溶液
氢氧化氨(氨水)	腐蚀	流动清水	0.5%~5%乙酸溶液或10%
			枸橼酸溶液
有机碱类			
甲胺	腐蚀	流动清水	3%硼酸溶液
乙二胺	腐蚀	流动清水	3%硼酸溶液
乙醇胺	腐蚀	流动清水	3%硼酸溶液
硫酸二甲酯	起疱	流动清水	5%碳酸氢钠溶液
二甲基亚矾	起疱	流动清水	5%碳酸氢钠溶液

续表

化学物质	作　用	清　洗　剂	可供参考的特殊治疗
酚类			
苯酚	原生质毒	流动清水	a. 50%酒精拭擦创面
			b. 5%碳酸氢钠溶液
			c. 浸过甘油聚乙二醇或聚乙醇与酒精的混合液(7∶3)棉花或纱布拭抹创面
甲酚	原生质毒	流动清水	a. 50%酒精拭擦创面
			b. 5%碳酸氢钠溶液
			c. 浸过甘油聚乙二醇或聚乙醇与酒精的混合液(7∶3)棉花或纱布拭抹创面
二氯酚	原生质毒	流动清水	a. 50%酒精拭擦创面
			b. 5%碳酸氢钠溶液
			c. 浸过甘油聚乙二醇或聚乙醇与酒精的混合液(7∶3)棉花或纱布拭抹创面
金属钾(钠)	腐蚀	用油覆盖	3%硼酸溶液
		忌用少量水冲洗	
石灰石	腐蚀	用油覆盖	3%硼酸溶液
		忌用少量水冲洗	
电石	腐蚀	用油覆盖	3%硼酸溶液
		忌用少量水冲洗	
黄磷	原生质毒	流动清水	a. 1%~2%硫酸铜溶液
		湿包	b. 3%硝酸银溶液
			c. 5%碳酸氢钠溶液
三氯化磷	氧化	忌用少量水冲洗	5%碳酸氢钠溶液

附录 11　致眼灼伤的化学物

	化学品名称
酸	盐酸、氯磺酸、硫酸、硝酸、铬酸、氢氟酸、乙酸(酐)、三氯乙酸、羟乙酸、巯基乙酸、乳酸、草酸、琥珀酸(酐)、马来酸(酐)、柠檬酸、己酸、2-乙基乙酸、三甲基己二酸、山梨酸、大黄酸
碱	碳酸钠、碳酸钾、铝酸钠、硝酸钠、钾盐镁钒、锂、氧化钙、干燥硫酸钙、碱性熔渣、碳酸钙、草酸钙、氰氨化钙、氯化钙、碳酸铵、氢氧化铵
金属腐蚀剂	硝酸银、硫酸铜或硝酸铜、乙酸铅、氯化汞(升汞)、氯化亚汞(甘汞)、硫酸镁、五氧化二钒、锌、铍、肽、锑、铬、铁及锇的化合物
非金属无机刺激及腐蚀剂	无机砷化物、三氧化二砷、三氯化砷、砷化三氰(胂)、二硫化硒、磷、五氧化二磷、二氧化硫、硫化氢、硫酸二甲酯、二甲基亚砜、硅

化学品名称	
氧化剂	氯气、光气、溴、碘、高锰酸钾、过氧化氢、氟化钠、氢氰酸
刺激性及腐蚀性碳氢化物	酚、来苏儿、甲氧甲酚、二甲苯酚、薄荷醇、木溜油、三硝基酚、对苯二酚、间苯二酚、硝基甲烷、硝基丙烷、硝基萘、氨基乙醇、苯乙醇、异丙醇胺、乙基乙醇胺、苯胺染料(紫罗兰维多尼亚蓝、孔雀绿、亚甲蓝)、对苯二胺、溴甲烷、三氯硝基甲烷
起疱剂	芥子气、氯乙基胺、亚硝基胺、路易士气
催泪剂	氯乙烯苯、溴苯甲腈
表面活性剂	氯化苄烷胺、气溶胶、局部麻醉剂、蘑菇孢子、鞣酸、除虫菊、海葱、巴豆油、吐根碱、围涎树碱、秋水仙、蓖麻蛋白、红豆毒素、柯亚素、丙烯基芥子油
有机溶剂	汽油、苯精、煤油、沥青、苯、二甲苯、乙苯、苯乙烯、萘、α和β萘酚、三氯甲烷、氯乙烷、二氯乙烷、二氯丙烷、甲醇、乙醇、丁醇、甲醛、乙醛、丙烯醛、丁醛、丁烯醛、丙酮醛、糠醛、丙酮、丁酮、环己酮、二氯乙醚、二恶烷、甲酸甲酯、甲酸乙酯、甲酸丁酯、乙酸甲酯、乙酸乙酯、乙酸丙酯、乙酸戊酯、乙酸苄酯、碘乙酸盐、二氯乙酸盐、异丁烯酸甲酯
其他	速灭威、二月桂酸二丁基锡、N，N'-二环乙基二亚胺、己二胺、洗净剂、除草剂、新洁尔灭、去锈灵、环氧树脂、龙胆紫、甲基硫代磷酰氯、甲胺磷、401、二异丙胺基氯乙烷、四氯化钛、三氯氧磷、异丙嗪、苯二甲酸二甲酯、正香草酸、辛酰胱氨酸、氟硅酸钠、环戊酮、聚硅氧烷、网状硅胶、溴氰菊酯

附录12　各类危险化学品灭火方法

类　别	品　名	灭火方法	禁用灭火剂
爆炸品	黑药	雾状水	
	化合物	雾状水、水	
压缩气体和液化气体	压缩气体和液化气体	大量水，冷却钢瓶	
易燃液体	中、低、高闪点易燃液体	泡沫、干粉	
	甲醇、乙醇、丙酮	抗溶泡沫	
易燃固体	易燃固体	水、泡沫	
	发乳剂	水、干粉	酸碱泡沫
	硫化磷	干粉	水
自燃物品	自燃物品	水、泡沫	
	烃基金属化合物	干粉	水
遇湿易燃物品	遇湿易燃物品	干粉	水
	钠、钾	干粉	水、二氧化碳、四氯化碳

续表

类　别	品　　名	灭火方法	禁用灭火剂
氧化剂和有机过氧化物	氧化剂和有机过氧化物	雾状水	
	过氧化钠、钾、镁、钙等	干粉	水
无机剧毒品	砷酸、砷酸钠	水	
	砷酸盐、砷及其化合物、亚砷酸、亚砷酸盐	水、砂土	
	亚硒酸盐、亚硒酸酐、硒及其化合物	水、砂土	
	硒粉	砂土、干粉	水
	氯化汞	水、砂土	
	氰化物、氰熔体、淬火盐	水、砂土	酸碱泡沫
	氢氰酸溶液	二氧化碳、干粉、泡沫	
有机剧毒品	敌死通、氯化苦、氟磷酸异丙酯、1240乳剂、3911、1440	砂土、水	
	四乙基铅	干砂、泡沫	
	马钱子碱	水	
	硫酸二甲酯	干砂、泡沫、二氧化碳、雾状水	
	1605乳剂、1059乳剂	水、砂土	酸碱泡沫
无机有毒品	氟化钠、氟化物、氟硅酸盐、氧化铅、氯化钡、氧化汞、汞及其化合物、碲及其化合物、碳酸铍、铍及其化合物	砂土、水	
有机有毒品	氰化二氯甲烷、其他含氰的化合物	二氧化碳、雾状水、砂土	
	苯的氯代物(多氯代物)	砂土、泡沫、二氧化碳、雾状水	
	氯酸酯类	泡沫、水、二氧化碳	
	烷烃（烯烃）的溴代物，其他醛、醇、酮、酯、苯等的溴化物	泡沫、砂土	
	各种有机物的钡盐、对硝基苯氯(溴)甲烷	砂土、泡沫 雾状水	
	胂的有机化合物、草酸、草酸盐类	砂土、水、泡沫、二氧化碳	
	草酸酯类、硫酸酯类、磷酸酯类	泡沫、水、二氧化碳	
	胺的化合物、苯胺的各种化合物、盐酸苯二胺(邻、间、对)	砂土、泡沫、雾状水	
	二氨基甲苯、乙萘胺、二硝基二苯胺、苯肼及其化合物、苯酚的有机化合物、含硝基的苯酚钠盐、硝基苯酚、苯的氯化物	砂土、泡沫、雾状水、二氧化碳	

续表

类　别	品　名	灭火方法	禁用灭火剂
有机有毒品	糠醛、硝基萘	泡沫、二氧化碳、雾状水、砂土	
	滴滴涕原粉、毒杀酚原粉、666 原粉	泡沫、砂土	
	氯丹、敌百虫、马拉松、烟雾剂、安妥、苯巴比妥钠盐、阿米妥尔及其钠盐、赛力散原粉、1-萘甲腈、炭疽芽孢苗、乌巴因、粗蒽、依米丁及其盐类、苦杏仁酸、戊巴比妥及其钠盐	水、砂土、泡沫	
腐蚀品	发烟硝酸、硝酸	雾状水、砂土、二氧化碳	高压水
	发烟硫酸、硫酸	干砂、二氧化碳	水
	盐酸	雾状水、砂土、干粉	高压水
	磷酸、氢氟酸、氢溴酸、溴素、氢碘酸、氟硅酸、氟硼酸	雾状水、砂土、二氧化碳	高压水
	高氯酸、氯磺酸	干砂、二氧化碳	
	氯化硫、	干砂、二氧化碳、雾状水	高压水
	磺酰氯、氯化亚砜	干砂、干粉	水
	氯化铬酰、三氯化磷、三溴化磷	干粉、干砂、二氧化碳	水
	五氯化磷、五溴化磷	干砂、干粉	水
	四氯化硅、三氯化铝、四氯化钛、五氯化锑、五氧化磷	干砂、二氧化碳	水
	甲酸	雾状水、二氧化碳	高压水
	溴乙酰	干砂、干粉、泡沫	高压水
	苯磺酰氯	干砂、干粉、二氧化碳	水
	乙酸、乙酸酐	雾状水、砂土、二氧化碳、泡沫	高压水
	氯乙酸、三氯乙酸、丙烯酸	雾状水、砂土、泡沫、二氧化碳	高压水
	氢氧化钠、氢氧化钾、氢氧化锂	雾状水、砂土	高压水
	硫化钠、硫化钾、硫化钡	砂土、二氧化碳	水或酸、碱式灭火剂
	水合肼	雾状水、泡沫、干粉、二氧化碳	
	氨水	水、砂土	
	次氯酸钙	水、砂土、泡沫	
	甲醛	水、泡沫、二氧化碳	

附录 13 低压液化气体的饱和蒸气压力和充装系数

序 号	气体名称	分 子 式	60℃时的饱和蒸气压力(表压)/MPa	充装系数/(kg/L)
1	氨	NH_3	2.52	0.53
2	氯	Cl_2	1.68	1.25
3	溴化氢	HBr	4.86	1.19
4	硫化氢	H_2S	4.39	0.66
5	二氧化硫	SO_2	1.01	1.23
6	四氧化二氮	N_2O_4	0.41	1.30
7	碳酰二氯(光气)	$COCl_2$	0.43	1.25
8	氟化氢	HF	0.28	0.83
9	丙烷	C_3H_8	2.02	0.41
10	环丙烷	C_3H_6	1.57	0.53
11	正丁烷	C_4H_{10}	0.53	0.51
12	异丁烷	C_4H_{10}	0.76	0.49
13	丙烯	C_3H_6	2.42	0.42
14	异丁烯(2-甲基丙烯)	C_4H_8	0.67	0.53
15	1-丁烯	C_4H_8	0.66	0.53
16	1，3-丁二烯	C_4H_6	0.63	0.55
17	六氟丙烯(全氟丙烯)(R-1216)	C_3F_6	1.69	1.06
18	二氯二氟甲烷(R-12)	CF_2Cl_2	1.42	1.14
19	二氯氟甲烷(R-21)	$CHFCl_2$	0.42	1.25
20	二氟氯甲烷(R-22)	CHF_2Cl	2.32	1.02
21	二氯四氟乙烷(R-114)	$C_2F_4Cl_2$	0.49	1.31
22	二氟氯乙烷(R-142b)	$C_2H_3F_2Cl$	0.76	0.99
23	1，1，1-三氟乙烷(R-143b)	$C_2H_3F_3$	2.77	0.66
24	偏二氯乙烷(R-152a)	$C_2H_4F_2$	1.37	0.79
25	二氟溴氯甲烷(R-12B$_1$)	CF_2ClBr	0.62	1.62
26	三氟氯乙烯(R-1113)	C_2F_3Cl	1.49	1.10
27	氯甲烷(甲基氯)	CH_3Cl	1.27	0.81
28	氯乙烷(乙基氯)	C_2H_5Cl	0.35	0.80
29	氯乙烯(乙烯基氯)	C_2H_3Cl	0.91	0.82
30	溴甲烷(甲基溴)	CH_3Br	0.52	1.50
31	溴乙烯(乙烯基溴)	C_2H_3Br	0.35	1.28
32	甲胺	CH_3NH_2	0.94	0.60
33	二甲胺	$(CH_3)_2NH$	0.51	0.58

续表

序　号	气体名称	分　子　式	60℃时的饱和蒸气压力（表压）/MPa	充装系数/（kg/L）
34	三甲胺	$(CH_3)_3N$	0.49	0.56
35	乙胺	$C_2H_5NH_2$	0.34	0.62
36	二甲醚（甲醚）	C_2H_6O	1.35	0.58
37	乙烯基甲醚（甲基乙烯基醚）	C_3H_6O	0.40	0.67
38	环氧乙烷（氧化乙烯）	C_2H_4O	0.44	0.79
39	顺2-丁烯	C_4H_8	0.48	0.55
40	反2-丁烯	C_4H_8	0.52	0.54
41	五氟氯乙烷（R-115）	CF_5Cl	1.87	1.05
42	八氯环丁烷（RC-318）	C_4F_8	0.76	1.30
43	三氯化硼（氯化硼）	BCl_3	0.32	1.20
44	甲硫醇（硫氢甲烷）	CH_3SH	0.87	0.78
45	三氟氯乙烷（R-133a）	$C_2H_2F_3Cl$		1.18
46	砷烷	AsH_3		
47	硫酰氟	SO_2F_2		1.00
48	液化石油气	混合气（符合GB 11174）		0.42或按相应国家标准

参 考 文 献

1 冯肇瑞，杨有启．化工安全技术手册．北京：化学工业出版社．1993.

2 陈莹．工业防火与防爆．北京：中国劳动出版社．1994.

3 佴士勇，宋文华，白茹．浅析危险化学品分类．安全与环境工程，2006，13(4)：35-38.

4 苏华龙编．危险化学品安全管理．北京：化学工业出版社，2006.

5 GB 15258—2009. 化学品安全标签编写规定［S］. 北京：中国标准出版社，2009.

6 GB/T 16483—2008. 化学品安全技术说明书内容和项目顺序［S］. 北京：中国标准出版社，2008.

7 胡永宁，马玉国，付林，俞万林．危险化学品经营企业安全管理培训教程．第二版．北京：化学工业出版社，2011.

8 周志俊．化学毒物危害与控制．北京：化学工业出版社，2007.

9 李荫中．危险化学品企业员工安全知识必读．北京：中国石化出版社，2007.

10 杨书宏．作业场所化学品的安全使用．北京：化学工业出版社，2005.

11 徐厚生．赵双其．防火防爆．北京：化学工业出版社，2004.

12 蒋军成．危险化学品安全技术与管理．北京：化学工业出版社，2009.

13 李万春．危险化学品安全生产基础知识．北京：气象出版社，2006.

14 赵耀江．危险化学品安全管理与安全生产技术．北京：煤炭工业出版社，2006.

15 唐艳春．MMEM 理论在安全生产中的应用．安全管理，2009，9(1)：48-50.

16 张荣．危险化学品安全技术．北京：化学工业出版社，2008.

17 崔政斌，冯永发．危险化学品企业安全技术操作规程．北京：化学工业出版社，2012.

18 汪元辉主编．安全系统工程．天津：天津大学出版社，1999.

19 樊运晓，罗云编著．系统安全工程．北京：化学工业出版社，2009.

20 国家安全生产监督管理总局编写．安全评价．第三版．北京：煤炭工业出版社，2005.

21 邢娟娟主编．企业重大事故应急管理与预案编制．北京：航空工业出版社，2005.

22 国家安全生产应急救援指挥中心组织编写．危险化学品应急救援．北京：煤炭工业出版社，2008.

23 中国疾病预防控制中心编．最新实用危险化学品应急救援指南．北京：中国协和医科大学出版社，2003.

24 张广华．危险化学品重特大事故案例精选．北京：中国劳动社会保障出版社，2007.

25 任树奎．危险化学品常见事故与防范对策．北京：中国劳动社会保障出版社，2004.

26 樊晶光．国内外危险化学品典型事故案例分析．北京：中国劳动社会保障出版社，2009.

27 方文林主编．危险化学品基础管理．北京：中国石化出版社，2015.

28 方文林主编．危险化学品法规标准．北京：中国石化出版社，2015.